IN
SIEBEN SCHRITTEN
ZUM
SELBSTVERSORGER

IN SIEBEN SCHRITTEN ZUM SELBSTVERSORGER

Leah M. Webb

Titel der Originalausgabe: The Seven-Step Homestead

Storey Publishing, LLC is an imprint of Workman Publishing Co., Inc., a subsidiary of Hachette Book Group, Inc., 1290 Avenue of the Americas, New York, NY 10104.

EDITED BY Lisa H. Hiley and Carleen Madigan
ART DIRECTION BY Jessica Armstrong
BOOK DESIGN BY Stacy Wakefield Forte
TEXT PRODUCTION BY Liseann Karandisecky
Cover and interior photography by © Thomas C. Webb
Additional interior photography by
© antonivano/stock.adobe.com, 215;
© Asovereign83/Dreamstime.com,173;
© Heather Kasvinksy, https://thisnoshtalgiclife.com, 152;
© Igor/stock.adobe.com, 114;
John Henry Nelson, 91;
© Lost_in_the_Midwest/stock.adobe.com, 219;
© Megan Marie Weaver/stock.adobe.com, 213 b.;
© SE Viera Photo/stock.adobe.com, 220 b.;
© Tony Campbell/stock.adobe.com, 209
Homestead plans by © Scott Jessop
Additional illustrations by Ilona Sherratt
© Storey Publishing,
LLC, except Courtesy of Ark of Taste, 168

Bibliografische Information der Deutschen Nationalbibliothek

Die Deutsche Nationalbibliothek verzeichnet diese Publikation in der Deutschen Nationalbibliografie; detaillierte bibliografische Angaben sind im Internet unter http://dnb.d-nb.de abrufbar.

ISBN 978-3-947021-80-2

1. Auflage 2024
© ökobuch Verlag GmbH,
Königstr. 43, 26180 Rastede
E-Mail: verlag@oekobuch.de
http://www.oekobuch.de

Unsere Bücher werden nach höchsten Ansprüchen an Nachhaltigkeit und Ökologie produziert und wir optimieren ständig weiter:

- Papiere und Pappen sind FSC® oder PEFC™ zertifiziert
- Druckfarben auf Pflanzenölbasis
- Druckplattenbelichtung komplett chemiefrei
- Klebstoffe lösungsmittelfrei
- 100% Öko-Strom bei Druck und Bindung
- Müllvermeidung und Recycling bei der Produktion
- kurze Wege, gedruckt in Deutschland

FSC
www.fsc.org
MIX
Papier aus verantwortungsvollen Quellen
FSC® C043106

Druck: Grafisches Centrum Cuno, Calbe

Für Mom für den Anbau
von Lebensmitteln und Blumen

Für Dad für die Arbeit
mit Werkzeugen und Anhängern

Für meinen Mann, TC, dafür,
dass er mir den Garten überlässt

Inhalt

Die sieben Schritte

SCHRITT 3
Obstbäume
und Sträucher
SCHRITT 5
Das ganze
Jahr ernten
SCHRITT 2
40 Quadratmeter
SCHRITT 4
Essbare und
blühende Stauden
SCHRITT 1
Klein anfangen:
Ein bis zwei Beete

SELBSTVERSORGUNG

– es geht um mehr als nur Nahrung

Ich hatte das Glück, in einem Haus mit Garten aufzuwachsen. Meine Mutter liebte die Gartenarbeit, aber als Kind habe ich nie verstanden, was sie da tat – und warum. Jetzt, da ich selbst Mutter bin, habe ich erkannt, wie viel Glück ich hatte, mit frischem Gemüse und inmitten dieses Paradieses aufzuwachsen. Ich gehe davon aus, dass es meinen Kindern genauso gehen wird, denn es wird wahrscheinlich einige Jahre dauern, bis sie verstehen, wie privilegiert wir waren, dass wir Platz zum Gärtnern hatten, Geld, um Kompost zu kaufen, Zeit, um die Infrastruktur aufzubauen, und den Wunsch, alles wachsen zu sehen.

Meine Gartenambitionen haben sich im Laufe der Jahre weiterentwickelt. Der Anbau begann mit der einfachen Neugierde, einen kleinen Teil meiner eigenen Lebensmittel anzubauen. Tomaten, frische Gurken und die Salate aus dem Garten hatten einen Geschmack, wie ich ihn nicht kaufen konnte. Sie schmeckten sogar so gut, dass ich anfing, mich über die mäßige Qualität der im Supermarkt erhältlichen Lebensmittel zu ärgern. Motiviert durch die kulinarische Anziehungskraft, begann ich, meinen Garten Jahr für Jahr zu vergrößern. Ich hatte das Beste probiert, und ich wollte mehr davon. Aber beim Anbau von Lebensmitteln geht es nicht nur um den Geschmack. Die gesündere Ernährung war die treibende Kraft, das war mir noch wichtiger als der hervorragende Geschmack. Ich erkannte, dass meine selbst angebauten Lebensmittel im Vergleich zu konventionell angebauten Lebensmitteln, die oft Tausende von Kilometern zurückgelegt hatten, bevor sie im Supermarkt ankamen, einen enormen gesundheitlichen Vorteil boten. Und dann waren da noch die vielen Stunden, die ich im Freien verbrachte, und die Bewegung, die mit dem Gemüseanbau verbunden war – das Bücken, Hocken, Tragen, Graben und andere Tätigkeiten, die eine Gärtnerin so tut. Vom Standpunkt der ganzheitlichen Gesundheit aus betrachtet, war der biologische Gartenbau ein wertvolles Instrument zur Verbesserung der persönlichen Gesundheit.

Auch der Einsatz von Treibstoff und Chemikalien in der industriellen Landwirtschaft hat meinen Wunsch geweckt, meine Lebensmittel selbst anzubauen. Der Einsatz von Pestiziden, der Betrieb schwerer landwirtschaftlicher Geräte, Plastikverpackungen und der Transport über riesige Entfernungen bedeuten, dass der Großteil der Lebensmittelproduktion die Erde vergiftet, die uns ernährt. Durch Gartenarbeit konnte ich jedes Mal, wenn ich eine Mahlzeit aus meinem Garten erntete, die Umweltfolgen der Landwirtschaft ein wenig ausgleichen. Ich schöpfte Hoffnung aus der Tatsache, dass ich durch das Sammeln von getrockneten Blättern, Zweigen und anderen organischen Abfällen zum Aufbau eines gesunden Bodens beitragen konnte. Ich beseitigte nicht nur einen Teil meines Kohlenstoff-Fußabdrucks, sondern kippte die Waage tatsächlich in die andere Richtung!

> ***Meine Gartenambitionen haben sich im Laufe der Jahre weiterentwickelt. Der Anbau begann mit der einfachen Neugierde, einen kleinen Teil meiner eigenen Lebensmittel anzubauen.***

Ein weiterer Beweggrund war, meinen Kindern den Genuss gesunder Lebensmittel beizubringen. Ich erinnere mich, dass ich in Barbara Kingsolvers Buch „Animal, Vegetable, Miracle" die Geschichte über ein Kind las, das Spaghetti für eine Wurzelpflanze hielt. Damals klang diese Assoziation absurd, aber meine Arbeit in der Umwelterziehung und als Freiwillige in den Schulen meiner Kinder bewies, dass dieser Irrtum und andere ähnliche Missverständnisse nur allzu verbreitet sind. Ich habe Jugendliche getroffen, die aus Angst keine Rübe anfassen, geschweige denn probieren wollten.

Das Gärtnern verändert die Einstellung komplett. Im Laufe von zwei Jahren, in denen ich einen Lerngarten für Kinder leitete, habe ich erlebt, wie Kinder sich um den letzten Rosenkohl stritten, lässig eine Handvoll Salat in den Mund schaufelten und Sauerampfer-Burritos mit Erdbeeren und Fenchelgrün kreierten. Das Gärtnern (und auch das Kochen) weckt die natürliche Neugierde der Kinder und fördert gesunde Gewohnheiten, ohne dass darüber gesprochen werden muss. Wenn man Kindern etwas über „gute" und „schlechte" Lebensmittel beibringt, ist eine differenzierte Sichtweise erforderlich (stark verarbeitete Lebensmittel sind nicht so schlecht, wenn eine Familie nur diese zu essen hat). Einem Kind zu zeigen, dass Gemüse erstens Spaß macht, und zweitens köstlich sein kann, ist eine Botschaft, die einem sich entwickelnden Geist leichter zu vermitteln ist.

Der eigene Anbau von Lebensmitteln vermittelt auch ein Gefühl der Sicherheit. Ich würde mich sicher nicht als Prepper bezeichnen, aber ich bereite mich gerne auf das Unerwartete vor. Wie die Geschichte immer wieder gezeigt hat, wenden sich die Menschen in Zeiten des Aufruhrs wie Krieg, wirtschaftlichen Schwierigkeiten und, wie wir erst kürzlich gesehen haben, Pandemien dem Gartenbau zu. In meiner eigenen Situation bin ich selbst mit einem großen Garten und vielen Legehennen weit davon entfernt, die gesamte Nahrung für meine Familie zu produzieren. Fette, Öle, Fleisch, Kartoffelchips, Eiscreme und andere Artikel auf meiner Einkaufsliste sind Lebensmittel, deren Herstellung noch mehr Arbeit (und Land) erfordern würde, als ich bereit bin zu investieren. Aber sollten diese Produkte eines Tages nicht mehr verfügbar sein, werde ich dankbar sein, dass ich zumindest ein gewisses Maß an Selbstversorgung erreicht habe.

Ich bin es auch leid, dass mein Geld die Reichen noch reicher macht. Meine Abhängigkeit von den Weltkonzernen spült nur noch mehr Geld in die Taschen derjenigen, die den Markt kontrollieren. Meine eigenen Lebensmittel anzubauen ist nicht billig, aber zumindest lenkt es das Geld von einem Monopol weg. Durch Investitionen in kleine Saatgutfirmen, lokalen Kompost und Erde sowie Waren von Bauernmärkten werden Arbeiter unterstützt, deren Einkommensklasse eher der meinen entspricht. Mein winziger Beitrag wird von kleinen Unternehmen viel mehr geschätzt als von der Ladenkette, bei der ich meine Chips kaufe.

Unnötig zu sagen, dass nicht jeder Lebensmittel anbauen kann. Zugang zu den Vorteilen, die ich aufgezählt habe, haben nur diejenigen von uns, die die Zeit, die Energie, das Geld und den Platz für den Anbau haben. In diesem Sinne ist das Gärtnern im eigenen Garten ein Privileg und stellt keineswegs ein universelles Gegenmittel dar, wenn es darum geht, die Gesundheitsprobleme einer entwickelten Nation zu lösen. Aber es stellt eine kleine Lösung für diejenigen von uns dar, die daran interessiert sind, eine aktivere Rolle in unserer Lebensmittelproduktion zu übernehmen.

Als jemand, der sich auf die grundlegenden gesundheitlichen Vorteile der Gartenarbeit für sein geistiges und körperliches Wohlbefinden verlässt, bin ich voll und ganz davon überzeugt, dass die Kultivierung des Bodens, ganz gleich wie groß oder klein die Anstrengungen auch sein mögen, uns ein Gefühl der Verbundenheit vermittelt. Vielleicht haben Sie dieses Buch in die Hand genommen, weil Sie Lebensmittel anbauen wollen, aber ich hoffe, dass Sie die Gartenarbeit – auch mit ihren Misserfolgen – ebenso befriedigend finden wie die selbst gezogenen Tomaten. Es ist unwahrscheinlich, dass Sie ein anderes Hobby finden, das so viel zu bieten hat.

> ***Das Gärtnern weckt die natürliche Neugierde der Kinder.***

Mein Ziel für Sie ist es, dass die Erfolge bei der Gartenarbeit die Misserfolge überwiegen, hoffentlich um ein Vielfaches, jedes Jahr mehr. Um das zu erreichen, müssen Sie mir vertrauen, wenn ich Ihnen sage, dass Sie es langsam angehen sollen. Der Anbau von Lebensmitteln scheint eine Selbstverständlichkeit zu sein. Schließlich essen und züchten die Menschen schon seit Tausenden von Jahren Lebensmittel. Wie schwer kann das schon sein? Die Entwicklung eines grünen Daumens (wohlgemerkt, ich sagte „Entwicklung", was bedeutet, dass wir nicht mit einem grünen Daumen geboren werden) erfordert Übung. Produktive Beete anzulegen erfordert Zeit und Ressourcen. Trotz Ihres Eifers, so viel wie möglich anzubauen, egal wie viel Platz Sie zur Verfügung haben, sollten Sie es langsam angehen lassen und klein anfangen. Machen Sie sich mit Ihrem Grundstück vertraut, mit dem Sonnenstand im Laufe der Jahreszeiten, mit der Art und Weise, wie Ihr Boden nach starken Regenfällen abfließt, mit den durchschnittlichen Höchst- und Tiefsttemperaturen. Denken Sie darüber nach, wie Sie mit Ihrem Raum interagieren, und informieren Sie sich über die örtlichen Ressourcen. Wenn Sie zu groß anfangen, verteilen Sie eine begrenzte Menge an Energie auf eine zu große Fläche. Dabei übersieht man zwangsläufig wichtige Details, die für ein besseres Wachstum wichtig gewesen wären. Beobachten Sie jede Saison, welche Sorten

gedeihen und welche nicht, welche Schädlinge am problematischsten sind und welche Zeitfenster am erfolgreichsten sind.

Die meisten Gartenbücher sind nach Themen sotiert, wobei der Boden in einem Kapitel behandelt wird, Kompost und Mulch in einem anderen, die Bepflanzung in einem weiteren. Dieses Buch wählt einen anderen Ansatz, indem es viele der gleichen Informationen in allen Kapiteln thematisiert, wobei davon ausgegangen wird, dass jedes Jahr eine Erweiterung der Anbaufläche und eine Zunahme der Anzahl und Vielfalt der Pflanzen erfolgt. In Schritt 1 lernen Sie, wie Sie Ihre Beete anlegen und die einfachsten Pflanzen anbauen. In Schritt 2 werden diese Informationen vertieft und einige weitere Techniken sowie eine Handvoll anspruchsvollerer Pflanzen vorgestellt. Jedes weitere Kapitel enthält genau die Informationen, die Sie benötigen, um den jeweiligen Schritt erfolgreich abzuschließen. Dieses Buch ist so konzipiert, dass Sie nach und nach lernen und Ihre Fähigkeiten mit genau der richtigen Menge an Wissen erweitern können.

Wenn Sie meinen Empfehlungen folgen, werden Sie am Ende mit etwa 170 Quadratmetern vielfältiger Anbaufläche, einem kleinen Gewächshaus, einem kleinen Obstgarten und einer ersten Hühnerschar viel Freude haben.

Die Schritte müssen nicht unbedingt in der Reihenfolge befolgt werden, obwohl Sie unbedingt mit den Schritten 1 und 2 beginnen sollten, wenn Sie ganz neu dabei sind. Sie können ein Kapitel überspringen, wenn es Ihnen spannender erscheint, und zu den früheren Kapiteln zurückkehren, wenn Sie Interesse haben. Die Reihenfolge, die ich vorgestellt habe, ist aus produktionstechnischer, logistischer und lerntechnischer Sicht am sinnvollsten, aber es kann sein, dass eine andere Reihenfolge für Sie passender ist.

Die meisten Gartenbücher sind nach Themen sortiert. Dieses Buch wählt einen anderen Ansatz, indem es viele der gleichen Informationen in allen Kapiteln thematisiert.

Unabhängig davon, in welcher Reihenfolge Sie an die Erweiterung Ihres Gartens herangehen, sollten Sie nicht an der anfänglichen Zeitinvestition sparen und sicherstellen, dass Sie sich in Ihren Bemühungen sicher und wohl fühlen, bevor Sie weitermachen, und, was immer Sie tun, nehmen Sie sich nie so viel vor, dass Sie den Reiz und die Freude am Anbau von Nahrungsmitteln verlieren.

SCHRITT

1

Klein anfangen

EIN BIS ZWEI BEETE

Sie wollen Ihren Tisch und Ihre Speisekammer mit frischem Obst und Gemüse aus dem eigenen Garten füllen? Wie schwer kann das schon sein? Sie sehen keinen Grund, klein anzufangen? Aber niemand nimmt zum ersten Mal ein Musikinstrument in die Hand und erwartet, dass er eine komplexe Melodie spielen kann. Warum sollten wir annehmen, dass es bei der Gartenarbeit anders ist? Daher: Wir lernen zuerst die grundlegenden Fähigkeiten, arbeiten daran, die einfachen Dinge zu beherrschen, und erweitern dann, wenn wir bereit sind.

Sie werden überrascht sein, was man in einem kleinen, gut gepflegten Garten alles anbauen kann.

1

Der Plan

- LEGEN SIE NUR EIN PAAR BEETE AN. Für Ihren ersten Garten empfehle ich ein oder zwei 3 Quadratmeter große Beete. Wenn Sie Ihre Bemühungen auf eine kleine Fläche konzentrieren, erhöhen sich Ihre Erfolgschancen, was Sie dazu anspornt, weiter zu gärtnern. Mit der Zeit werden Sie lernen, effizienter zu werden, was Ihnen hilft, Ihren Garten zu erweitern, ohne überfordert zu werden.

- LEGEN SIE BEETE MIT SCHICHTEN AUS MULCH AN, OHNE ZU GRABEN. Das bedeutet, dass Sie ein Beet aus Schichten von organischem Material anlegen, z. B. aus Stöcken, getrockneten Blättern, Mist, Kompost, Küchenabfällen, Pappe, Papier, Holzschnitzeln, Holzspänen oder zahlreichen anderen Gartenabfällen. Mit dieser Technik entsteht ein aufgeschüttetes Beet, bei dem der Boden nicht so stark aufgewühlt wird wie beim Umgraben.

- WÄHLEN SIE DIE AM EINFACHSTEN ZU ZIEHENDEN PFLANZEN. Kleine Beete können nur eine bestimmte Anzahl von Pflanzen aufnehmen, daher ist es am besten, Pflanzen mit den größten Erfolgschancen auszuwählen. Die anfänglichen Techniken zur Pflege dieser Pflanzen sind einfacher als die Methoden in den späteren Kapiteln, aber sie bilden die Grundlage für alle Phasen der Gartenerweiterung.

An dem für Sie am besten geeigneten Standort müssen möglicherweise einige große Äste oder sogar ganze Bäume entfernt werden, um die Sonneneinstrahlung zu verbessern – Aufgaben, die vor der Anlage Ihres Gartens viel einfacher zu bewältigen sind. Wir haben vier große Bäume gefällt, bevor wir mit dem Bau der Beete begonnen haben.

Bevor Sie loslegen

So verlockend es auch ist, so schnell wie möglich die Hände in den Boden zu stecken, halten Sie einen Moment inne, denken Sie langfristig und wählen Sie einen Standort, der Ihnen über Jahre hinweg Freude machen wird. Ein ertragreicher Garten erfordert ausreichend Sonne, eine gute Entwässerung und einen gesunden Boden. All diese Faktoren auf einmal zu berücksichtigen, kann schwierig werden, und je nach Ihrer besonderen Situation kann es den Anschein haben, dass es den perfekten Standort nicht gibt. Der Schlüssel liegt darin, so viele der folgenden Kriterien wie möglich zu berücksichtigen und gleichzeitig die Grenzen Ihres Standorts zu akzeptieren. Im Grunde können Sie die Vorteile und Grenzen eines Standorts vollumfänglich erst dann erkennen, wenn Sie dort einige Jahre gegärtnert haben.

Wählen Sie den besten Standort. Wählen Sie eine Fläche, die sich in Zukunft leicht erweitern lässt, wenn Ihr Garten an Größe, Produktivität und Vielfalt zunimmt. Ein idealer Standort verfügt über einen gut durchlässigen Boden und mindestens sechs, besser acht oder mehr Stunden Sonnenlicht pro Tag. Er sollte mit einem Schlauch erreichbar, vom Haus aus sichtbar und leicht zugänglich sein. In Gebieten, in denen es unterirdische Versorgungsrohre oder Stromleitungen gibt, sollten Sie sich über die Lage und Tiefe der Rohre informieren.

Beobachten Sie Ihre potenzielle(n) Fläche(n) über einige Wochen oder besser noch einige Jahreszeiten, wenn Sie etwas Geduld haben. Wenn es regnet, wohin fließt das Wasser? Wie lange dauert es, bis der Boden wieder trocken ist? In welche Richtung scheint die Sonne, und wie viel Sonne bekommen Sie ab? (Denken Sie daran, dass die Sonne in den Wintermonaten einen etwas anderen Weg nimmt, was zu kürzeren Tagen führt). Können Sie den Garten von einem Fenster aus sehen oder wenn Sie direkt vor Ihre Tür treten? Gärten, die nicht einsehbar sind, werden oft vernachlässigt!

Lernen Sie Ihren Boden kennen. Graben Sie mit einer Schaufel gut 20 Zentimeter tief in den Boden und sehen Sie nach, was darunter liegt. Ist der Boden braun, grau, rot, kieslastig, verdichtet? Wenn Sie in die Erde graben, haben Sie die Chance, alle wichtigen Hinweise zu bekommen: Dinge wie bautechnische Altlasten direkt unter der Oberfläche, fragwürdige Auffüllungen (wie Kohleasche, Kies oder Bauschutt) oder andere Überraschungen, die sich auf die Größe und Platzierung des Gartens auswirken werden.

Denken Sie an den Sonnenbedarf. Wie viel Sonne Sie brauchen, hängt davon ab, welche Pflanzen Sie anbauen wollen. Blattgemüse kann mit nur fünf oder sechs Sonnenstunden pro Tag angebaut werden, aber Fruchtgemüse wie Tomaten, Paprika, Gurken und Kürbisse benötigen acht oder mehr Sonnenstunden pro Tag. Wurzelgemüse wie Karotten und Rüben liegen irgendwo zwischen dem Grünzeug und den Früchten, aber mehr Sonne ist im Allgemeinen besser. Pflanzen, die nicht genug Sonne abbekommen, wachsen langsam und produzieren insgesamt weniger.

Schattige Gärten trocknen auch langsamer aus. Das mag in heißen, sonnigen Klimazonen von Vorteil sein (selbst Hitzeliebhaber wie Melonen und Paprika haben ihre Grenzen!), schafft aber in Regionen mit starken Niederschlägen einen Nährboden für Pilz- und bakterielle Infektionen. Gärtnerinnen in milderen Klimazonen oder solchen mit niedrigeren Jahrestemperaturen müssen ihre Sonneneinstrahlung maximieren, um mehr Wärme einzufangen.

Die USDA-Klimazone

Als USDA-Klimazonen, präzise USDA (US Department of Agriculture) Plant Hardiness Zones (Winterhärte-Zonen), bezeichnet man eine Klimaklassifikation von Gebieten anhand der durchschnittlichen niedrigsten Jahrestemperatur, die das amerikanische Landwirtschaftsministerium herausgegeben hat. Das Flachland von Deutschland, Österreich und der Schweiz liegt in den Zonen 6–7, der Alpenraum in den Zonen 5–6. Vereinzelte Gebiete mit mildem Klima wie das Rheinland, Küstenregionen Niedersachsens und Schleswig-Holsteins auf Grund des Golfstroms, ebenso Bremen und Hamburg, oder Gegenden um den Genfer- und den Bodensee können den Zonen 7 a bis 8 a zugeordnet werden. Die Buchstaben a und b am Ende einer Zonennummer bezeichnet das obere bzw. untere Ende einer Zone. Mit der Klimaerwärmung deutet sich eine Verschiebung der einzelnen Zonen an.

Die Winterhärtezonen helfen in erster Linie bei der Auswahl von winterharten Pflanzen und werden entsprechend beim Kauf mit angegeben.

Bodenentwässerung prüfen

Der einfachste Weg, die Drainage zu testen, ist, ein Loch zu graben, das etwa 30 Zentimeter tief und 30 Zentimeter breit ist. Füllen Sie das Loch mit Wasser und messen Sie, wie lange es dauert, bis das Wasser in den Boden eindringt. Führen Sie diesen Test unmittelbar nach einem Regenschauer durch, um zu beobachten, wie sich das Wasser verhält, wenn der umgebende Boden gesättigt ist. Alternativ können Sie das Loch und die Umgebung 5 Minuten lang gründlich wässern, bevor Sie den Test durchführen. Lassen Sie das Wasser 20 Minuten lang eindringen und wiederholen Sie die Bewässerung dann mehrmals, bis der Boden gesättigt erscheint.

In jedem Fall sollte das Loch innerhalb von drei Stunden trocken sein. Bleibt Wasser stehen, müssen Sie einen anderen Standort wählen oder Hochbeete bauen, damit die Wurzeln der Pflanzen nicht durchnässt werden.

Eine Bodenbearbeitung ist nicht erforderlich

Die Bodenbearbeitung ist ein viel diskutiertes Thema, und das ist verständlich, aber ich bearbeite den Boden nicht – und ich empfehle Ihnen, es auch nicht zu tun. Die Menschen haben den Boden seit der Erfindung der Landwirtschaft bearbeitet, also könnte man meinen, dass es sinnvoll ist, dies weiterhin zu tun. Doch in den meisten Fällen ist die Bodenbearbeitung für ein gutes Pflanzenwachstum einfach nicht notwendig, und sie bringt einige Nachteile mit sich.

Obwohl es wichtig ist, den Boden zu belüften und zu verhindern, dass er verdichtet wird, müssen wir nicht jedes Jahr mit einer Fräse durch die Beete fahren, um das zu erreichen. Regenwürmer und andere Bodenlebewesen erledigen diese Arbeit für uns, indem sie unterirdische Tunnel für den Luftaustausch und die Wasserinfiltration anlegen.

Wirbellose Bodenlebewesen wie Würmer und andere Zersetzer transportieren Nährstoffe durch das gesamte Bodenprofil. Bakterien und Pilze scheiden organische Säuren aus, die die Bindung der Bodenpartikel fördern. Die Tätigkeit der wirbellosen Tiere in Verbindung mit diesen klebrigen Säuren verleiht dem Boden eine Struktur, die Wasser und Nährstoffe halten kann. Durch die Bodenbearbeitung wird der Boden in einer Weise aufgebrochen, die diese Prozesse verändert und Nährstoffverluste begünstigt.

Bodenstörungen (Bodenbearbeitung, doppeltes Umgraben oder andere Methoden zur Zerkleinerung von Bodenklumpen) verletzen im Grunde die Erde, und die Natur klebt dann in Form von Unkraut ein Pflaster drauf. Durch die Bodenbearbeitung werden Unkrautsamen aufgewirbelt und an der Oberfläche abgelagert, wo sie keimen können. Wenn Sie auf die Bodenbearbeitung verzichten und den Boden mit einer Mulchschicht bedecken – ob lebendig oder nicht –, verringern Sie Das Unkrautwachstum. Das jährliche Aufbringen einer Kompostschicht auf die Bodenoberfläche ist eine weitere Möglichkeit, Unkraut zu minimieren, indem Unkrautsamen an der Bodenoberfläche erstickt werden.

Ihren Boden anreichern

Der Boden liefert Mineralien und andere wichtige Nährstoffe für die Pflanzen, aber diese Moleküle müssen irgendwo gesammelt und gespeichert wer-

Ein Gartentagebuch führen oder nicht

Die meisten Gartenberater empfehlen ein Gartentagebuch mit Aufzeichnungen als eine wichtige Komponente beim Erlernen des Gärtnerns. In 20 Jahren habe ich insgesamt eine, vielleicht zwei Seiten mit ein paar Notizen gefüllt, die mir letztlich aber auch nicht weitergeholfen haben. Mir rauben diese Aufzeichnungen einen Teil des Vergnügens an der Gartenarbeit. Ich bin sicher, dass sich meine Ergebnisse verbessern würden, wenn ich mir Notizen über meine Misserfolge und Erfolge machen würde, aber das ist einfach nicht mein Stil.

Ich kann Ihnen also nicht unbedingt empfehlen, meinem planlosen Vorgehen zu folgen. Ich habe Sorten angebaut, die ich gerne wieder einpflanzen würde, aber ich weiß nicht mehr, wie sie heißen oder wann sie in die Erde kamen. Ich habe mit Sorten experimentiert, mit denen ich lieber keine Zeit mehr verschwenden möchte, und doch tauchen sie auf mysteriöse Weise wieder auf.

Die ganzjährige Gartenarbeit (siehe Schritt 5) profitiert am meisten von guten Aufzeichnungen. Der richtige Zeitpunkt und die Auswahl der Sorten können über den Erfolg Ihres Herbst- und Wintergartens entscheiden. Und da es einige Versuche braucht, um den ganzjährigen Anbau richtig hinzubekommen, ist eine Handvoll Notizen ein wertvoller Leitfaden, wenn Sie es in der nächsten Saison erneut versuchen. Das Führen eines Tagebuchs ist keine Voraussetzung für den Erfolg. Wenn Sie sich aber dafür interessieren, sollten Sie von Anfang an damit beginnen, Sorten, Pflanzdaten, Misserfolge, Erfolge und alle anderen wichtigen Notizen während der Saison festzuhalten.

den. Hier kommt Kohlenstoff ins Spiel. Kohlenstoff ist der Grundbaustein allen Lebens auf der Erde; jedes lebende und ehemals lebende Wesen enthält viel davon. Wenn Lebewesen sterben und von Bakterien, Pilzen und anderen Organismen zersetzt werden, werden die Kohlenstoffmoleküle in einfachere Moleküle zerlegt, die als Speichereinheiten für Nährstoffe dienen. Der Zerfallsprozess setzt diese Nährstoffe frei und macht sie für die Pflanzenaufnahme verfügbar.

Kompost, Mist, Laub und andere Formen von verrottenden organischen Stoffen sind im Wesentlichen Haufen von Kohlenstoff. Wenn man dem Boden organisches Material hinzufügt, fügt man nicht nur die Nährstoffe hinzu, die in diesem verrottenden Material enthalten sind, sondern man fügt auch eine Speichereinheit hinzu – Kohlenstoff –, die noch mehr Nährstoffe nutzbar machen kann. Stickstoff zum Beispiel ist ein besonderes Molekül, das in der Luft und im Boden vorkommt. Es bewegt sich leicht zwischen den beiden, lässt sich aber im Boden leichter einfangen, wenn ausreichend Kohlenstoff vorhanden ist.

Organisches Material schafft auch Lebensraum für wichtige Organismen, die die Bodenflora weiter verbessern. Im Grunde schmeißen Sie eine Kohlenstoffparty und laden alle wichtigen Gäste ein. Würmer, Pilze, Bakterien und eine ganze Reihe weniger bekannter Akteure im Ökosystem Boden fressen gerne Kohlenstoff. Ihre Ausscheidungen und andere Nebenprodukte des Stoffwechsels helfen, die Bodenpartikel zusammenzuhalten und sind eine hervorragende Nährstoffquelle.

Testen oder nicht testen?

Viele Gärtner empfehlen, den Boden zu testen, aber ich glaube nicht, dass das notwendig ist. Die Bodenchemie ist kompliziert, und Bodentests werden von Landwirten oft dazu verwendet, die optimalen Anbaubedingungen für nur eine oder zwei Kulturen zu ermitteln, und nicht für die vielfältigen Kulturen im Hausgarten. Mängel, die durch Labortests festgestellt werden, werden in der Regel auf dieselbe Weise behoben – durch die Zugabe von Kompost und organischen Stoffen, die Anwendung von Direktsaatverfahren, das Anpflanzen von Deckfrüchten und das Aufbringen unterschiedlicher Mulchmaterialien, die alle in diesem Buch behandelt werden.

Die Messung der Bodengesundheit erfordert weit mehr als die Ermittlung idealer Stickstoff- und Phosphorwerte. Das Vorhandensein von Nährstoffen im Boden bedeutet nicht immer, dass diese Nährstoffe für die Pflanzenaufnahme zur Verfügung stehen. Daher muss man auch wissen, wie diese Nährstoffe gespeichert werden und ob sie für die Pflanzen verfügbar sind.

Wenn Sie die Anweisungen in diesem Buch befolgen und Ihrem Garten jedes Jahr Kompost oder Dünger zufügen, können Sie Ihren Boden im Laufe der Zeit auch ohne Bodentests verbessern. Wenn Sie jedoch alles getan haben, um den Boden richtig zu bewirtschaften, und Sie immer noch einen Misserfolg nach dem anderen haben, dann sollten Sie sich mit Bodentests befassen.

Eine Bodenuntersuchung empfehle ich, wenn Sie Sondermüll oder andere unerwünschte Schadstoffe auf dem Grundstück vermuten, auf dem Sie Ihren Garten anlegen wollen. Einige Verunreinigungen sind sichtbar – Kohleasche zum Beispiel wird leider häufig als Auffüllmaterial bei Neubauten verwendet. Wenn Sie Verunreinigungen sehen können, sollten Sie sich an Ihre örtliche Beratungsstelle wenden. Wenn Sie jedoch planen, eine Fläche zu nutzen, die in der Vergangenheit keine Verunreinigungen aufwies, ist es nicht dringend erforderlich, den Boden vorher zu testen.

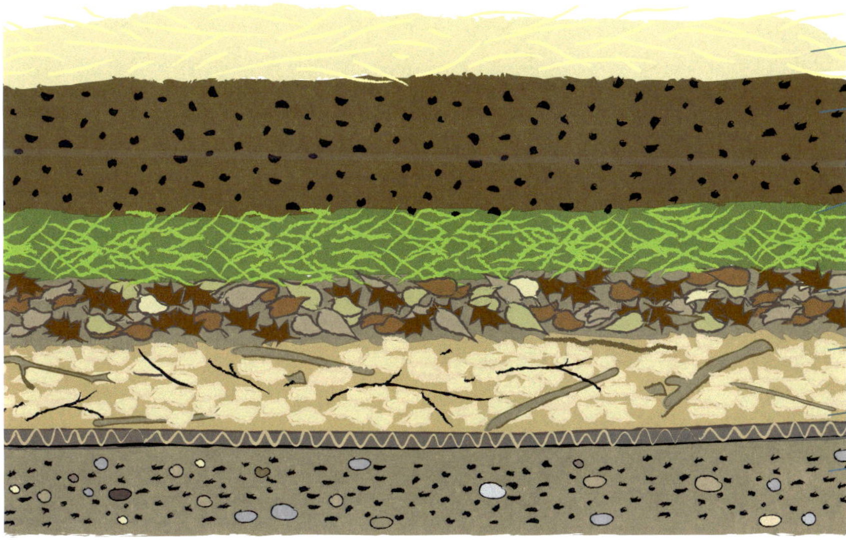

Die Schichten sind sehr flexibel und können mit weniger Schichten als hier gezeigt aufgebaut werden.

Bauen sie Ihre Beete

Ich empfehle Beete, die ohne Umgraben angelegt werden, indem organisches Material direkt auf den Boden geschichtet wird (Schicht-Mulchen). Diese einfache und wirksame Technik führt zu einem aufgeschütteten Beet, das die Drainage verbessert und gleichzeitig die Beete nahe genug am Boden hält, um genügend Feuchtigkeit für ein gutes Pflanzenwachstum zu speichern.

Beim Schicht-Mulchen bauen Sie im Wesentlichen ein reichhaltiges, gesundes Beet auf den vorhandenen Boden auf. Ich stelle mir das so vor, dass ich einen Komposthaufen direkt auf der Fläche anlege, die mein Garten werden soll. Die erste Schicht besteht aus dicker Pappe, um die vorhandene Vegetation zu ersticken. Die nächste Schicht besteht aus verschiedenen großen kohlenstoffreichen Abfallprodukten wie Stöcken, verrottendem Holz oder unbehandelten Schreinereiabfällen. Dann folgt eine dicke Schicht aus getrockneten Blättern, Mist, Kompost, Küchenabfällen, Kartonstücken, geschreddertem Papier, Holzspänen und/oder Holzhackschnitzeln. Diese kleineren Stücke organischen Materials fallen in die Ritzen zwischen den größeren Stücken, wodurch große Lufteinschlüsse vermieden werden und das Beet gefüllt wird.

Streuen Sie beim Anlegen dieser Schichten etwas Blutmehl oder einen anderen organischen, stickstoffreichen Dünger aus, um die Nährstoffversorgung des Beetes zu verbessern. Im Laufe der Zeit zersetzt sich dieser Kohlenstoffhaufen (der Prozess wird beschleunigt, wenn zusätzlicher Stickstoff hinzugefügt wird) und lädt Regenwürmer, Pilze, Bakterien und andere Organismen in die Beete ein. Am Ende haben Sie einen wunderbar dunklen und nährstoffreichen Boden genau dort, wo Sie ihn brauchen.

Bevor Sie Pflanzen oder Saatgut einsetzen, müssen Sie die angelegten Schichten mit einer dicken Decke aus Kompost, Erde oder gutem Stallmist bedecken. Dieser Schritt ist entscheidend: Er stellt sicher, dass die Pflanzen einen Platz für ihre Wurzeln haben, an dem sie sich festsetzen können. Obwohl sich die unteren Schichten des Beetes mit der Zeit zersetzen, bieten sie den Pflanzen in den ersten ein bis zwei Jahren nur wenig Nährstoffe. Durch das Aufbringen einer Deckschicht aus einem Kultursubstrat wird der Zersetzungsprozess in der ersten Saison des Beetes in Gang gesetzt. Diese ab-

Mulchbeete können direkt auf dem Boden ohne Umrandung angelegt werden, so wie es hier gemacht wurde.

Ein Wort der Vorsicht: Heu, Stroh und Blattherbizide

Heu und Stroh – und der Mist von Pferden, Kühen und anderen Nutztieren – sind eine hervorragende Ergänzung für den Garten (Heu und Stroh sollten einige Wochen lang gut gewässert werden, bevor sie in den Garten eingebracht werden, damit etwaige Samen die Chance haben zu keimen und abzusterben). Es ist jedoch unbedingt darauf zu achten, dass das Heu oder Stroh nicht mit einem breitblättrigen Herbizid wie Picloram, Clopyralid oder Aminopyralid gespritzt wurde. Herbizide werden in Gegenwart von Sonnenlicht, Mikroben, Wärme und Feuchtigkeit mit der Zeit abgebaut, aber einige Blattherbizide können bis zu drei oder vier Jahre lang wirken, selbst nachdem sie von Tieren verdaut wurden.

Obwohl diese Herbizide nicht alle Pflanzen angreifen, machen sie den Boden ungeeignet für den Anbau von Karotten, Erbsen, Auberginen, Tomaten, Paprika, Bohnen und anderem Gemüse. Ich kenne Gärtner, die den Fehler gemacht haben, Dung von Tieren zu verwenden, die mit behandeltem Heu gefüttert wurden, und die Ergebnisse waren wirklich enttäuschend, zumal das bescheidene Gemüsewachstum über Jahre hinweg anhalten kann. In diesem Fall bleibt nur die Möglichkeit, so viel Boden wie möglich abzutragen und durch neues, unbelastetes organisches Material zu ersetzen oder die Beete in den nächsten Jahren immer wieder mit Deckfrüchten zu bepflanzen, bis die Pestizide abgebaut sind.

Der Dung, den ich von meinen örtlichen Bauernhof beziehe, ist eine sichere Sache, da sich dort die Herkunft des Heus zurückverfolgen und überprüfen lässt. Die Beschaffung von herbizidfreiem Stroh für die Verwendung als Mulch im Garten ist etwas schwieriger, aber ich kann zweimal im Jahr spritzfreies Stroh von einem örtlichen Futtermittelgeschäft beziehen. Ich kaufe jeweils 10 Ballen und lagere sie in der Garage. Schon ein oder zwei Ballen würden den Jahresbedarf eines kleinen Gartens decken.

schließende Schicht muss nahrhaft sein, wenn Ihr Garten gedeihen soll – ich verwende am liebsten Pilzkompost. Er ist in großen Mengen im Landschaftsbau erhältlich.

Investieren Sie die Zeit und die Geduld im Vorfeld, und ich garantiere Ihnen, dass Sie langfristig mehr Erfolg bei der Gartenarbeit haben werden.

Sind Beetumrandungen notwendig?

Die Anhänger von Hochbeeten – Beete mit Einfassungen – behaupten, dass sie die beste Art zu gärtnern sind. Hochbeete haben ein paar Vorteile: Sie sehen ordentlich aus, halten die Erde zusammen, verhindern, dass Unkraut in die Beetwände kriecht, und sind gut durchlässig. Höhere Beete sind zum Pflanzen und Ernten leichter zugänglich, was für Gärtner, die sich nur schwer bücken oder hinknien können, von Vorteil ist. Ich verwende sie in meinem Vorgarten, der aus verdichtetem rotem Lehmboden besteht. Die Rahmen sind mit reichhaltigem organischem Material gefüllt, das die Pflanzenwurzeln von der feuchten Erde darunter fernhält. Außerdem habe ich die Unterseite jedes Hochbeetrahmens mit Gewebe ausgekleidet, um zu verhindern, dass sich Wühlmäuse unter das Beet graben und Pflanzenwurzeln abfressen (siehe Seite 72).

Hochbeete haben allerdings auch einige Nachteile. Da sie so gut entwässern, sind sie nicht ideal für höher gelegene oder sonnige, trockene Standorte. Außerdem können Hochbeete teuer werden, wenn man die Kosten für die Materialien zum Bau des Beetrahmens und die Mischung zum Befüllen berücksichtigt. Eine Möglichkeit, wenn Sie sich für Beeteinfassungen entscheiden, besteht darin, kostenloses lokales Material zu finden, anstatt es zu kaufen; ich verwende jeden geraden Baum mit einem Durchmesser ab 20 Zentimetern, der bei einem Sturm auf unser Grundstück fällt. Andere Materialien für den Bau von Beeteinfassungen sind große Felsen, Betonblöcke, Holzbretter oder Wellblechplatten.

Es gibt zahlreiche Methoden für den Bau von Hochbeeten, und Sie können sie an Ihre Bedürfnisse anpassen. Wie auch immer Sie sich entscheiden, Ihre Beete zu bauen – mit oder ohne Beeteinfassung, tief oder flach – die Schicht-Mulchmethode kann in allen Fällen angewendet werden.

Keinen grünen Daumen

Ich glaube nicht an den grünen Daumen, sondern daran, dass die Menschen zu früh aufgeben. Ich gärtnere seit 20 Jahren, habe 8 Jahre lang als Landschaftsgärtnerin gearbeitet, habe Pflanzen- und Bodenkunde studiert und unterrichte seit fast 9 Jahren Gartenarbeit. Wissen Sie, was ich jedes einzelne Jahr tue? Ich vermassle etwas und muss dann ein ganzes Jahr warten, um es erneut zu versuchen. Wenn man die Gartenarbeit mit Perspektive betrachtet, erkennt man, dass es Zeit braucht, um zu lernen, wie man es richtig macht. Wenn Sie schon früh einige Erfolge erzielen, werden Sie sich für die Gartenarbeit begeistern; wenn Sie mit vernünftigen Erwartungen und einem kleinen, überschaubaren Garten beginnen, sind Sie auf dem richtigen Weg. Konzentrieren Sie sich darauf, die grundlegenden Fertigkeiten gut zu erlernen, damit Sie eine solide Wissensbasis aufbauen und Ihr Selbstvertrauen entwickeln können. Manche Menschen werfen die Kelle weg, weil sie das Gefühl haben, dass der Garten außer Kontrolle geraten ist. Es ist hilfreich, sich selbst als Vermittler zu sehen, anstatt zu versuchen, alles, was im Garten passiert, zu kontrollieren. Unerwartete Umstände sind garantiert. Ihre Aufgabe ist es, das Unerwartete einzuplanen und das zu akzeptieren, was sich Ihrer Kontrolle entzieht. Ich kann mir ehrlich gesagt kein besseres Training für das Leben vorstellen.

SCHRITT FÜR SCHRITT

Mulchen von Blättern

Die Schritte sind nur eine Empfehlung, es gibt keinen falschen Weg, dies zu tun. Meine Beete werden oft mit nur wenigen Zutaten angelegt – einer Schicht aus Pappe, die mit Holzspänen, Blutmehl und Pilzkompost aufgeschichtet wird. Zusätzliche Zutaten sind ein Bonus. Gehwege können auch nur mit Pappe und einer dicken Schicht Holzspäne angelegt werden.

Unterste Schicht

- Schicht aus schwerem Karton

Legen Sie zwei oder drei Lagen Pappe auf. Überlappen Sie die Stücke um mindestens 20 cm, idealerweise 30 cm, und decken Sie alle Löcher in der Pappe mit zusätzlichen Lagen ab, um zu verhindern, dass Sonnenlicht das Gras erreicht.

Sparen Sie nicht an der Menge der Pappe. Leichtere Schichten töten das Gras nicht ab, d. h. das Gras wächst schließlich durch das organische Material, das Sie auf die Pappe schichten.

Alternativ können Sie auch nur getrocknetes Laub verwenden, um das Gras zu ersticken, aber um effektiv zu sein, muss die Laubschicht ca. einen halben Meter dick sein, bevor Sie das organische Material in den nächsten Schritten aufschichten.

Füllstoff

- Zweige und Abfälle von Sträuchern
- Hackschnitzel
- Geschreddertes Papier (nichts Glänzendes)
- Teilweise zersetzte Küchenabfälle
- Unbehandeltes Packpapier und Papiertüten
- Reste von Wellpappe
- Kompost oder Erde zum Auffüllen von Lücken

Häufen Sie zuerst die größten Stücke organischen Materials auf den Karton. Fügen Sie 10 bis 15 cm kleinere Stücke organischen Materials hinzu und schaufeln Sie sie in die Zwischenräume und Risse der ersten Schicht.

Stickstoffschicht

- Blutmehl (eine der konzentriertesten Formen von organischem Stickstoff; leicht auszubringen)
- Gülle (insbesondere von Geflügel)
- Grasschnitt (frisch, ohne Chemikalien)

Die Zugabe von Stickstoff zu den kohlenstoffreichen Schichten kann den Zersetzungsprozess beschleunigen und den Boden schneller fruchtbar machen. Bringen Sie 5 bis 8 cm Dung auf oder befolgen Sie die Anweisungen des Herstellers für die Anwendung von Granulatdüngern wie Blutmehl.

Nährboden

- Pilzkompost
- Kompost aus Kompostierungsanlagen
- Selbst hergestellter Kompost aus Küchenu nd Gartenabfällen (muss vollständig kompostiert sein, um als Deckschicht verwendet werden zu können)
- Organischer Kompost oder Dung in Säcken oder als Schüttgut
- Gealterter Dung

Schließen Sie das Beet mit 15 bis 20 cm Pilzkompost, Erde oder einem anderen organischen Nährboden ab.

Optional: Bedecken Sie das Beet mit einer dünnen Schicht Mulch, z. B. Stroh, Grasschnitt, getrocknetem Laub oder gealterten Holzspänen (keine frischen Holzspäne; mehr dazu auf Seite 71). Mulch fördert die Speicherung von Feuchtigkeit, die für das Pflanzenwachstum und die Zersetzung organischer Stoffe wichtig ist.

Kartons finden

Sie werden überrascht sein, wie einfach es ist, jede Menge Wellpappe für die Verwendung im Garten zu bekommen. Große, dicke Kartons, wie sie für den Transport von Fahrrädern und Geräten verwendet werden, sind ideal, aber jede Wellpappe ist geeignet. Vielleicht haben Sie noch Kartons von Online-Shopping-Lieferungen übrig, und Nachbarn und Freunde geben Ihnen gerne ihre Kartons. Eisenwarengeschäfte, Fahrradläden, Restaurants, Lebensmittelläden und viele Einzelhandelsgeschäfte erzeugen täglich eine schockierende Menge an Kartonagen: Erkundigen Sie sich bei den örtlichen Geschäften, ob sie bereit sind, diese zu teilen. Vermeiden Sie jedoch glänzenden Karton, da die Farbstoffe Giftstoffe enthalten können.

Beschaffung anderer Materialien

Die Flexibilität des Schicht-Mulchens ist eine seiner besten Eigenschaften. Bei der Anlage von Direktsaatbeeten braucht man keine Vorschriften zu beachten, weil so viele Zutaten gut funktionieren. Außerdem ist die Beschaffung von organischem Material mal einfach – und auch mal nicht so einfach; auch abhängig vom Ort, wo man wohnt. Verwenden Sie, was verfügbar ist, und noch besser, suchen Sie nach Material, das kostenlos ist! Machen Sie sich mit Landschaftsgärtnern und Baumpflegern bekannt, die vielleicht Gartenabfälle loswerden wollen.

Fragen Sie Schreiner und Bauunternehmer, ob Sie Holzabfälle, Holzspäne und Sägemehl sammeln können (nichts mit Farbe, Beize oder anderen chemischen Behandlungen). Vereinbaren Sie, dass Sie Säcke mit Laub, Grasschnitt und anderem organischen Material von Nachbarn abholen. Wenden Sie sich an Bauernhöfe mit Hühnern, Pferden oder Kühen – vielleicht freuen sie sich, wenn Sie ein paar Ladungen Dung abholen.

Wenn Sie beim Bau von Beeten mit etwas Kreativität und Flexibilität vorgehen, können Sie die Baukosten drastisch senken und gleichzeitig ein nährstoffreiches Kultursubstrat schaffen, das aus Produkten hergestellt wird, die andernfalls vielleicht auf einer Mülldeponie gelandet wären.

Es gibt einen Vorbehalt: Vermeiden Sie Zutaten, die Farbstoffe, Herbizide oder andere Schadstoffe enthalten. Wie bereits erwähnt, vermeide ich glänzende Pappe und tue mein Bestes, um Etiketten oder Verpackungsklebeband zu entfernen, bevor ich Pappe in meine Beete lege. Wenn Sie Grasschnitt von einem Nachbarn sammeln, sollten Sie zweimal nachdenken, ob der Rasen nicht ein bisschen zu grün oder überhaupt nicht „unkrautartig" ist. Ein übermäßig gepflegter Rasen kann mit Unkrautvernichtungsmitteln und chemischen Düngemitteln behandelt worden sein. Diese synthetischen Stoffe sind in Ihrem Gemüsegarten unerwünscht, da sie zumindest das Pflanzenwachstum hemmen und schlimmstenfalls zu gesundheitlichen Problemen führen können.

Wählen Sie Ihre Pflanzen

Für Ihren ersten Garten empfehle ich Ihnen, Pflanzen auszuwählen, die in Töpfen bereits gezogen wurden und als Setzlinge gepflanzt werden – und zum Üben einige Pflanzen zur Direktaussaat (Aussaat in den Boden). Kaufen Sie die Setzlinge bei lokalen Züchtern, auf Bauernmärkten und in kleinen Gärtnereien, um sicherzustellen, dass Sie Sorten anpflanzen, die für Ihre Region geeignet sind.

Vermeiden Sie den Kauf von Jungpflanzen bevor die Beete fertig sind, denn Sie sind dafür verantwortlich, dass die Pflanzen lebendig und gesund bleiben. Wenn Sie die ersten Pflanzen zu früh kaufen, müssen Sie sie vor dem Einpflanzen abhärten (siehe Seite 76). Wenn Sie Ihren Garten in den kommenden Jahren erweitern, sollten Sie Ihre eigenen Pflanzen aus Samen ziehen, um Kosten zu sparen und um eine größere Vielfalt an Pflanzen zu haben als die, die als Jungpflanzen erhältlich sind.

Im Vergleich zur Verwendung von Setzlingen kann die Direktaussaat im Garten aus mehreren Gründen eine Herausforderung darstellen: Erstens sind manche Samen sehr wählerisch bei der Keimung. Zweitens muss bei der Direktsaat mehr auf die Bewässerung geachtet werden, während die

Samen keimen und sich etablieren; sowohl Über- als auch Unterbewässerung sind problematisch. Drittens können Schädlinge die Sämlinge schnell auffressen, wenn sie aus dem Boden kommen (Pflanzen können Schädlinge besser abwehren, wenn sie größer und gut etabliert sind).

Einfache Pflanzen für Anfänger

Ich empfehle Anfängern immer, sich bei der Auswahl der Pflanzen auf die zu beschränken, die am einfachsten anzubauen sind. Die folgenden Pflanzenempfehlungen sind ideal für jemanden, der wenig bis gar keine Erfahrung im Gartenbau hat. Sie werden feststellen, dass einige dieser Pflanzen entweder aus Samen oder als Jungpflanzen gezogen werden können. Sie sind alle recht einfach aus Samen zu ziehen, aber auch als Jungpflanzen für diejenigen erhältlich, die es vorziehen, Pflanzen zu kaufen, und für diejenigen, die in kälteren Klimazonen mit einer kurzen Wachstumsperiode leben.

Direktsaat

- Buschbohnen
- Radieschen

Direktsaat oder Setzlinge

- Mangold
- Blattkohl (allgemein)
- Salatgurke
- Dill
- Grünkohl
- Blattsalate
- Okra*
- Sommerkürbis
- Zucchini

Setzlinge verwenden

- Basilikum
- Petersilie
- Paprika
- Tomaten
- Aubergine

* Die Okraschote ist in Deutschland weniger bekannt, wird aber immer populärer und kann im warmen Klima (oder Gewächshaus) gut angebaut werden. Sie wirkt wie eine Kreuzung aus Paprika und Peperoni und ist sehr gesund (wenig Kalorien und enthält dabei viel Vitamin A, Calcium und Eisen)

Manche Pflanzen mögen es kühl

Pflanzen gedeihen bei unterschiedlichen Temperaturen. Planen Sie daher den Anbau von Pflanzen in den von ihnen bevorzugten Jahreszeiten. Pflanzen der kühlen Jahreszeit wie Grünkohl, Mangold, Brokkoli, Blumenkohl, Weißkohl, Möhren, Salate und Rüben benötigen kühlere Temperaturen und sollten im Spätsommer für die Herbsternte oder im zeitigen Frühjahr gepflanzt werden, sobald der Boden aufgetaut ist und bearbeitet werden kann. (Nicht alle diese Pflanzen sind für Anfängerinnen empfehlenswert, aber ich habe sie aufgeführt, weil Sie diese Informationen für spätere Schritte benötigen).

Diese Pflanzen der kühlen Jahreszeit fühlen sich nicht wohl, wenn die Temperaturen zu hoch werden. Tatsächlich geraten die Pflanzen der kühlen Jahreszeit in Stress und „schießen", wenn die Temperaturen zu steigen beginnen – sie stellen die Blattproduktion ein und beginnen stattdessen zu blühen und Samen zu setzen. Dies ist der letzte Versuch der Pflanze, ihre Nachkommen in die Welt

Blattgemüse wie Kopfsalat eignet sich hervorragend tur Anfanger, da es relativ einfach anzubauen ist und zu den teureren Produkten im Supermarkt gehört.

zu schicken, bevor sie stirbt. Wenn das Schießen einmal begonnen hat, ist es nicht mehr aufzuhalten.

Die Pflanzen der kühlen Jahreszeit können ein gewisses Maß an Frost vertragen. Einige von ihnen sind sogar so frosttolerant, dass sie in milden Klimazonen den Winter mit wenig oder gar keinem Schutz überstehen können. Hier sind einige Pflanzen der Saison, geordnet von der größten bis zur geringsten Frosttoleranz (die Frosttoleranz kann durch die Auswahl von Sorten, die für die Überwinterung geeignet sind, noch verbessert werden).

kühlsaisonale Pflanzen

- Grünkohl
- Blattkohl (allgemein)
- Blattsalate
- Petersilie
- Mangold
- Radieschen
- Brokkoli
- Kopfkohl
- Dill

Und manche mögen es heiß

Wie Sie sicher schon erraten haben, handelt es sich bei den Pflanzen der warmen Jahreszeit um solche, die bei wärmeren Temperaturen gedeihen und keinen Frost zuverlässig überstehen. Ich hatte einmal das Glück, dass eine Schale mit Tomatensetzlingen wie durch ein Wunder Frost überlebte, aber ich würde meine wärmeliebenden Pflanzen niemals absichtlich dem Frost aussetzen. Diese wärmeliebenden Pflanzen werden in den Boden gesetzt, sobald keine Frostgefahr mehr besteht, da man sonst Gefahr läuft, sie durch einen Kälteeinbruch komplett zu verlieren. Außerdem keimen die Samen wärmeliebender Pflanzen wie Tomaten, Paprika und Bohnen nicht einmal, wenn die Bodentemperaturen zu niedrig sind.

Sommer-Pflanzen

- Basilikum
- Buschbohnen
- Salatgurke
- Aubergine
- Tomaten
- Okra (nur in wärmeren Klimazonen)
- Paprika
- Sommerkürbis
- Zucchini

Buschbohnen wie diese gelbe Wachsbohne gehören zu den am einfachsten direkt zu säenden Samen.

Es ist ganz einfach, Ihren Nutzgarten mit ein paar Pollenflugpflanzen zu ergänzen. Versuchen Sie es mit Ringelblumen, Löwenmäulchen oder Kosmeen (als Setzlinge) oder säen Sie direkt eine Handvoll Sonnenblumenkerne aus.

Finden Sie Ihr ideales Pflanzdatum

Der genaue Zeitpunkt für die Frühjahrs- und Sommerbepflanzung hängt davon ab, wo Sie leben. Im Allgemeinen hat man in Europa in nördlicheren Breitengraden kürzere und kühlere Wachstumsperioden als in den südlicheren. Für Ihre Entscheidung, wann Sie was pflanzen, benötigen Sie zwei wichtige Informationen: (1) die durchschnittlichen Daten für den ersten Herbstfrost und den letzten Frühjahrsfrost in Ihrer Region und (2) eine Pflanztabelle. Beides ist im Internet z.B. beim deutschen Wetterdienst, aber auch auf den entsprechenden Garten-Seiten, leicht zu finden und zu bekommen.

Frostfreie Termine

In meiner Region liegen der letzte Frühlingsfrost und der erste Herbstfrost im Durchschnitt am 5. April bzw. 9. Oktober. Diese Daten stellen die durchschnittliche frostfreie Periode dar, in der ich am zuverlässigsten Pflanzen für die warme Jahreszeit pflanzen und anbauen kann. Das bedeutet, dass ich mit der Anpflanzung von Pflanzen der warmen Jahreszeit erst nach dem 5. April beginnen sollte, wenn die Frostgefahr in meinem Gebiet vorüber ist. Mein Ziel ist es, die Pflanzen der warmen Jahreszeit zu ernten, bevor der erste Frost im Herbst kommt. Manchmal kann ich diese Spanne ein wenig in die eine oder andere Richtung ausdehnen, indem ich die langfristige Wettervorhersage im Auge behalte und Informationen von örtlichen Anbaubetrieben einhole, aber ich verwende diese Durchschnittswerte als Ausgangspunkt.

Das begrenzte Zeitfenster für den Anbau ist ein weiterer guter Grund, bei bestimmten Pflanzen Setzlinge anstelle von Samen zu pflanzen. Tomaten zum Beispiel tragen erst im Spätsommer Früchte. Wenn ich Anfang April Samen pflanzen würde, bekäme ich etwa drei Tomaten. Durch das Anpflanzen von Jungpflanzen habe ich einen Vorsprung von ein oder zwei Monaten. Im Vergleich dazu benötigen die Pflanzen, die ich auf Seite 27 für die Direktaussaat empfehle, eine kürzere Zeitspanne bis zur Reife und sind daher eine sichere Wahl für die Aussaat unmittelbar nach dem letzten Frost im Frühjahr.

Nützliche Gartengeräte

- Grabgabel zum Belüften des Bodens, Ernten von Wurzelgemüse und Entfernen von Pflanzen
- Gartenharke zum Verteilen von Erde, Kompost oder Mulch
- Schaufel zum Graben großer Löcher oder zum Bewegen von Erde
- 10-zinkige Mulch- und Kompostgabel zum Schaufeln von Mulch und Kompost
- Handkelle für das Anpflanzen von Jungpflanzen und schweres Unkrautjäten
- Schere oder schwere Schere für die Ernte von Gemüse und Blumen
- Gartenschere zum Schneiden großer Stämme und Zweige
- Schubkarre für den Transport von schweren oder sperrigen Gegenständen

Bepflanzungsvorschläge für 3-Quadratmeter-Beete

Verwenden Sie diesen Gartenplan für zwei 4 × 8 Fuß große Beete (ein Fuß entspricht 30 cm). Der Salat und die Radieschen scheinen vielleicht zu nahe an den Tomaten gepflanzt zu sein, aber diese frühen Pflanzen werden geerntet, lange bevor die Tomaten voll ausgereift sind. Okra wurde nicht berücksichtigt, da es nur in wärmeren Klimazonen angebaut wird. Wenn Sie Okra anbauen, halten Sie sich an die Abstandsempfehlungen in Anhang B. Die Einhaltung der Abstandsempfehlungen fördert das Wachstum und die Entwicklung der Pflanzen und beugt Krankheiten vor.

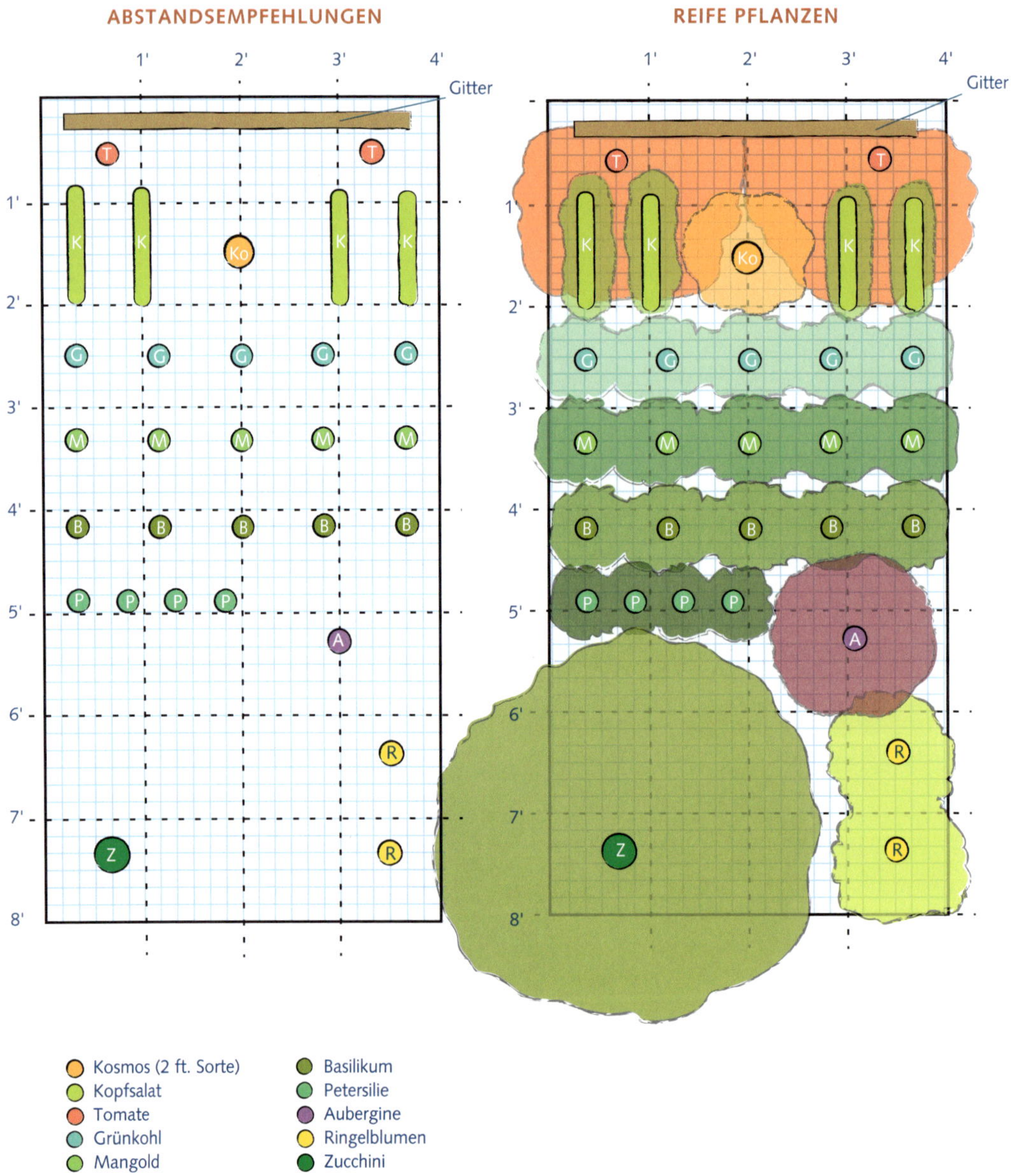

ABSTANDSEMPFEHLUNGEN

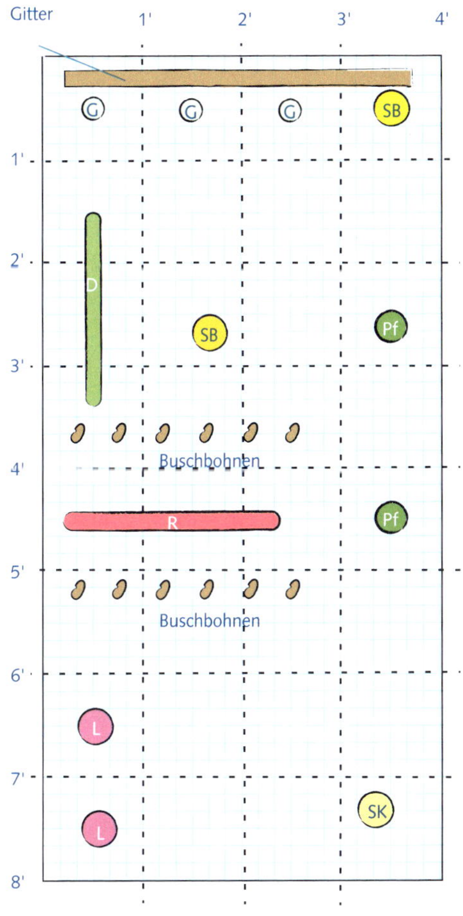

REIFE PFLANZEN

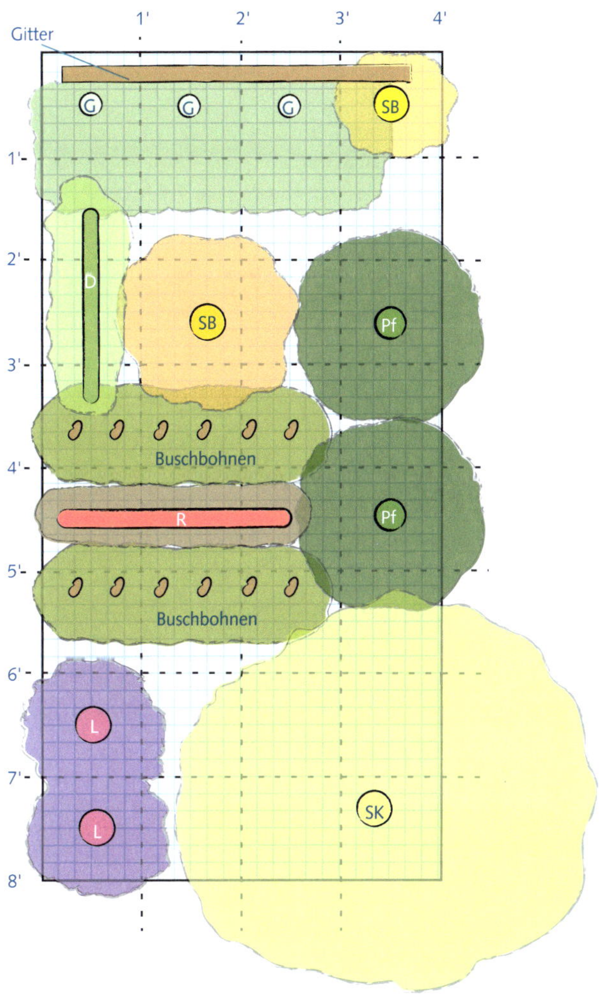

- Gurke
- Sonnenblume
- Rettich, Direktsaat
- Dill, Direktsaat
- Pfeffer
- Löwenmaul
- Sommerkürbis

Rausgehen und wachsen!

Nachdem Sie nun Ihre kleinen Beete angelegt und geplant haben, was Sie wann anpflanzen wollen, ist es an der Zeit, mit dem Anbau zu beginnen! Erwarten Sie nicht, dass alles perfekt läuft; wie bei den meisten Dingen im Leben ist auch die Gartenarbeit ein Prozess. Genießen Sie es, haben Sie Spaß an den verschiedenen Schritten und erkennen Sie, dass Gartenarbeit eine lebenslange Lernerfahrung ist. Jedes Jahr wird es neue Herausforderungen und Erfolge geben, die Ihr Fachwissen verbessern und Ihr Selbstvertrauen im Garten stärken werden.

Kulturen nicht verdrängen

Die meisten Gärtner, mich eingeschlossen, neigen dazu, zu viele Pflanzen in ein Beet zu setzen. Das ist schön und gut, wenn die Pflanzen klein sind, aber ihre ausgewachsenen Exemplare können sich nicht richtig entwickeln, wenn sie nicht genügend Platz haben. Die Planung der Beete erfordert daher eine gewisse Kenntnis der Größe der ausgewachsenen Pflanzen.

Salat und Petersilie zum Beispiel benötigen eine kreisförmige Fläche mit einem Durchmesser von etwa 15 Zentimetern. Grünkohl und Löwenmäulchen benötigen 25 cm. Mangold benötigt 40 cm. Gurken, Paprikaschoten und Tomaten benötigen einen halben Meter. Zucchini und Sommerkürbisse brauchen fast einen Meter. Sonnenblumen und Ringelblumen sind sehr variabel, da einige Sorten klein bleiben, während andere recht groß werden können. Informieren Sie sich vor der Aussaat auf dem Etikett oder der Saatgutpackung über die Anforderungen der einzelnen Sorten.

Manche Menschen verwenden Bindfaden, um ihre Beete in gleichmäßige Quadrate zu unterteilen; diese Hilfslinien helfen, eine Überfüllung der Pflanzen zu vermeiden. Etwas Ähnliches, aber genaueres, kann man mit Esstellern unterschiedlicher Größe oder mit aus Pappe ausgeschnittenen Kreisen erreichen.

Entfernen Sie die Spitzen von jungen Sämlingen wie Basilikum, Ringelblumen und Kosmeen (hier abgebildet), um ein buschigeres, volleres Wachstum zu fördern.

Kartonkreise in verschiedenen Größen ermöglichen es Ihnen, Ihren Garten unter Berücksichtigung der reifen Größe der verschiedenen Gemüse und Blumen zu bepflanzen.

SCHRITT FÜR SCHRITT

Anpflanzen

1. Wässern Sie die Pflänzchen vor dem Einpflanzen gut. Heben Sie mit einer Kelle ein Loch aus, das 5 cm breiter ist als der Wurzelballen und 2,5 bis 5 cm tiefer als die Pflanztiefe für den jeweiligen Setzling. Geben Sie eine kleine Handvoll Kompost oder 1 bis 2 Teelöffel körnigen organischen Dünger auf den Boden des Lochs. Um Zeit zu sparen, streue ich vor dem Einpflanzen meist ein wenig von meinem Kompost in das Loch.
2. Schieben Sie die Wurzeln des Setzlings leicht auseinander, wenn die einzelnen Wurzeln sich zu sehr verklebt haben.
3. Setzen Sie den Wurzelballen in das Loch und füllen Sie ihn leicht mit Erde auf. Die Erde sollte guten Kontakt mit dem Wurzelballen haben, um das Wachstum der Wurzeln zu fördern.
4. Bewässern Sie den Boden gut und gießen Sie in den ersten drei oder vier Tagen täglich, wenn Sie nicht mindestens einen halben Zentimeter Regenwasser pro Tag erhalten. Überwachen Sie danach die Bodenfeuchtigkeit, und gießen Sie alle paar Tage, wenn es nicht regnet.

SCHRITT FÜR SCHRITT

Saatgut

1. Ziehen Sie mit dem Finger oder einem kleinen Stock einen flachen Graben mit einer Tiefe, die für die jeweilige Samengröße geeignet ist. Größere Samen wie Zucchini oder Sonnenblumen können ohne Graben direkt in die Erde gesteckt werden.
2. Streuen Sie die entsprechende Anzahl von Samen in den Graben und beachten Sie dabei die Abstandsempfehlungen auf der Samenpackung oder in Anhang A.
3. Drücken Sie die Erde wieder an und klopfen Sie die Oberfläche leicht ab, damit die Samen an Ort und Stelle bleiben und die Erde nicht weggespült wird. Gießen Sie die neu gepflanzten Samen vorsichtig, damit sie sich gut etablieren (siehe Effektives Gießen, Seite 38).

Pflanzen in der richtigen Tiefe

Pflanzen lassen sich in zwei Kategorien einteilen: solche, die tiefer in den Boden gepflanzt werden können als die ursprüngliche Tiefe des Setzlings, und solche, die in der gleichen Tiefe gepflanzt werden müssen. Tomaten, Paprika, Ringelblumen und einige andere Pflanzen können tiefer gepflanzt werden, da ihre Stängel unterirdische Wurzeln bilden. Wenn Sie die Stängel dieser Pflanzen bis knapp unter die ersten Blätter eingraben, verbessert sich die Wurzelbildung, was zu einer starken, gesunden Pflanze beiträgt. Kohlarten (Grünkohl, Kohlrabi, Brokkoli, Blumenkohl und andere) profitieren ebenfalls davon, etwas tiefer eingegraben zu werden, da der Boden ihre Stängel stützen kann und sie nicht umkippen.

Die meisten Pflanzen – darunter Salate, Okra, Basilikum, Dill, Petersilie und Bohnen – sind nicht in der Lage, aus ihren Stämmen Wurzeln zu schlagen. Werden diese Pflanzen tiefer als bis zur Erdoberfläche eingegraben, verfaulen sie.

Der erste Satz von Blättern, der aus einem Keimling hervorgeht – die so genannten Keimblätter – sind nicht immer so geformt wie die Blätter der reifen Pflanze. Der zweite Satz – die so genannten echten Blätter – und jeder weitere Satz nimmt die Form der reifen Pflanze an, wie dieser winzige Grünkohlkeimling zeigt.

Hinzufügen von Saatgut um gepflanzte Setzlinge herum

Lesen Sie die Saatgutpackungen. Auf den meisten Packungen finden Sie die grundlegenden Informationen, die Sie für die Aussaat benötigen, z. B. Reihenabstand, Pflanztiefe, Pflanzdichte, Ausdünnungsempfehlungen und manchmal auch die ideale Bodentemperatur. Saatgutpackungen für Grünpflanzen wie Grünkohl, Kopfsalat und Mangold enthalten auch Pflanzanweisungen und Abstandsanforderungen für das Erreichen von kleinen und großen Blättern.

Messen und markieren Sie die Aussaat. Im Gegensatz zu Jungpflanzen braucht Saatgut Tage bis Wochen, um oberirdisch zu erscheinen. Daher sollte die Aussaat mit Stöcken, Schnüren oder Pflanzenetiketten markiert werden. Unmarkierte Aussaaten können leicht vergessen werden oder versehentlich zu nahe an eine andere Pflanze gesät werden. Verwenden Sie ein Maßband, um den Pflanzabstand zu anderen Samen oder Setzlingen zu bestimmen (messen Sie von der Mitte des Setzlings aus). Viele erfahrene Gärtner messen auf diese Weise, da dies eine narrensichere Methode ist, um die richtigen Abstände zu gewährleisten.

Prüfen Sie vor dem Pflanzen die Bodenfeuchtigkeit. Gießen Sie den Boden vor dem Pflanzen leicht an, falls erforderlich. Wenn Sie in feuchten Böden pflanzen (nicht schlammig oder aufgeweicht), müssen Sie das Saatbeet nach der Pflanzung nicht so lange bewässern und verringern so das Risiko, dass neu gepflanzte Samen weggespült werden.

Pflanzen Sie in der richtigen Tiefe. Als allgemeine Regel gilt, dass Samen in einer Tiefe gepflanzt werden sollten, die zwei- bis dreimal der Länge des Samens entspricht. Kleinere Samen wie Radieschen, Kopfsalat, Grünkohl, Mangold und Dill sollten etwa einen halben Zentimeter tief gepflanzt werden. Mittelgroße Samen wie Zucchini, Sommerkürbis und Gurke können 1 bis 2,5 cm tief eingesetzt werden. Die größten Samen, wie z. B. Bohnen und Sonnenblumen, sollten in einer Tiefe von 2,5 cm gepflanzt werden.

Pflanzen Sie in Reihen oder Hügeln. Die meisten Samen (und auch Pflanzen) werden in Reihen gepflanzt, um einen ausreichenden Abstand und eine gleichmäßige Aufnahme von Nährstoffen und Wasser durch gut entwickelte Wurzeln zu gewährleisten. Eine Ausnahme bilden Pflanzen wie Sommerkürbisse und Zucchini, die auf kleinen Hügeln gepflanzt werden, um ihrem buschigen Wuchs Rechnung zu tragen und weil sie für eine traditionelle Reihe viel zu groß werden. Wahrscheinlich werden Sie nur ein oder zwei dieser Kürbispflanzen auf einmal anbauen, weil sie so reichlich produzieren.

Gut gießen. Neu gepflanztes Saatgut braucht mehr Aufmerksamkeit, wenn es um die Bewässerung geht, denn die Samen keimen einfach nicht, wenn sie nicht gleichmäßig feucht gehalten werden. Die meisten Samen keimen innerhalb einer Woche, aber einige, wie Karotten, können bis zu

Wenn Sie mit wenig Platz arbeiten, sollten Sie große oder ausladende Pflanzen wie Zucchini und Kürbisse in die Ecke eines Beetes stellen und die Pflanze dazu bringen, außerhalb des Beetes zu wachsen, um Platz zu sparen.

Terminologie für die Anpflanzung

Pflanztiefe. Die Tiefe, in der ein Saatgut in den Boden eingebracht werden sollte. Wird das Saatgut zu flach gepflanzt, kann es sich nicht richtig Wurzeln bilden, wird es zu tief gepflanzt, kann die Keimung gänzlich verhindert werden.

Bodenlinie. Die Linie, an der eine direkt ausgesäte Pflanze von den Wurzeln zum Stamm übergeht. Diese Übergangslinie sollte beim Pflanzen der meisten Jungpflanzen beibehalten werden: Das heißt, dass kein Teil des Stängels eingegraben werden darf. Einige Pflanzen, wie z. B. Tomaten, treiben Wurzeln aus dem Stängel; diese Pflanzen profitieren davon, tiefer gepflanzt zu werden. (Siehe Pflanzen in der richtigen Tiefe, Seite 35.)

Saatgut-Abstand. Der Abstand zwischen neu gepflanzten Samen. Der Saatabstand wird meist in Zentimeter zwischen den Samen oder in Anzahl der Samen pro Meter angegeben. Halten Sie sich möglichst an die empfohlenen Abstände, aber bedenken Sie, dass Sie die Pflanzen später immer noch ausdünnen können. Bei Salatsamen zum Beispiel ist es schwierig, einen angemessenen Abstand einzuhalten, da sie so klein sind.

Abstand zwischen den Pflanzen. Der Abstand, der zwischen ausgewachsenen Pflanzen erforderlich ist, um ein gutes Wachstum zu gewährleisten. Das Saatgut wird oft in einer höheren als der optimalen Dichte gepflanzt, da nicht jede Saat aufgeht. Sobald die Sämlinge gut angewachsen sind, sollten sie auf den angegebenen Pflanzabstand ausgedünnt werden.

Reihenabstände. Meistens werden die Pflanzen in Reihen gepflanzt. Ein ausreichender Abstand zwischen den Reihen fördert die richtige Entwicklung der Pflanzen und beugt Krankheiten vor.

Sämlinge sollten ausgedünnt werden, sobald sie gut angewachsen sind, um Platz für das richtige Wachstum und die Entwicklung zu schaffen.

Halten Sie sich beim Ausdünnen an die Abstandsempfehlungen auf der Saatgutpackung oder lesen Sie in Anhang A nach.

drei Wochen brauchen. (Wegen ihrer pingeligen Keime empfehle ich Karotten nicht für Anfänger). Gießen Sie neu gepflanzte Samen täglich, am besten morgens, bis die Pflanzen ihre ersten echten Blätter haben (siehe Foto auf Seite 35).

Achten Sie auf das Wetter. Ein paar Tage mit leichten Regenschauern verbessern den Keimerfolg erheblich und ersparen Ihnen das ständige Gießen. Vermeiden Sie es jedoch, vor starken Regenfällen zu pflanzen, da sonst kleine Samen weggeschwemmt werden können oder Samen oder Setzlinge an Ort und Stelle verfaulen können.

Ausdünnen von etablierten Sämlingen. In vielen Fällen werden Sie die Sämlinge ausdünnen, sobald sie gut etabliert sind, um ihnen den Platz zu geben, den sie für ein gutes Wachstum brauchen. Es ist verlockend, sie sofort auszudünnen, nachdem sie aus dem Boden geschossen sind, aber es ist besser, zwei oder drei Wochen zu warten und sie erst auszudünnen, wenn die Sämlinge etwa 5 cm groß sind. Es kann sein, dass Sie einige frühe Sämlinge durch Über- oder Unterbewässerung oder Schädlingsbefall verlieren. Warten Sie also mit dem Ausdünnen, bis Sie sicher sind, dass Sie eine gute Überlebensrate haben.

Warten Sie mit dem Ausdünnen nicht zu lange. Zu lange mit dem Ausdunnen zu warten, kann ebenso problematisch sein wie ein zu frühes Ausdünnen, vor allem, wenn die Sämlinge dicht gedrängt stehen. Die Pflanzen bilden in ihren frühen Entwicklungsstadien starke, gesunde Wurzeln und Stämme. Eng stehende Pflanzen, die um Platz und Ressourcen konkurrieren, werden oft schwach und spindeldürr, da sie versuchen, ihre Konkurrenten an Höhe zu übertreffen.

Radieschen zum Beispiel entwickeln sich nicht zu würzigen kleinen Kugeln, wenn ihre Wurzeln nicht den nötigen Platz haben, um sich zu entwickeln. Wenn die Pflanzen größer werden, verhindern beengte Lebensbedingungen nicht nur ein gutes Wachstum, sondern begünstigen auch die Ausbreitung von Pilz- und Bakterienkrankheiten. Eine gute Luftzirkulation und ausreichend Platz sind wesentliche Voraussetzungen für das Pflanzenwachstum, und das Ausdünnen ist daher unverzichtbar, auch wenn es sich verkehrt anfühlt.

Bewässern Sie den Garten mit einem Schlauch, der auf einen sanften Strahl eingestellt ist, vor allem, wenn Sie gerade Samen gepflanzt haben. Halten Sie den Strahl in Bewegung, damit sich das Wasser nicht auf der Bodenoberfläche sammelt und versehentlich die Samen abwäscht.

Für kleinere Gärten ist ein Sickerschlauch eine gute Option. Große Gärten erfordern hingegen einen extrem hohen Wasserdruck, um das Wasser gleichmäßig über die gesamte Länge des Schlauches zu verteilen.

Wie man effektiv bewässert

Über- und Unterwässerung sind zwei der größten Fehler bei der Gartenarbeit. Pflanzen sind nicht mehr so wählerisch, wenn sie sich im Garten etabliert haben, aber anfangs ist es wichtig, sie ausreichend zu gießen (nicht zu viel und nicht zu wenig). Die Wurzeln junger Pflanzen brauchen Zeit, um in den umgebenden Boden einzuwachsen. Die Verfügbarkeit von Wasser ist daher auf das beschränkt, was in ihrem winzigen Wurzelballen vorhanden ist. Wenn der Boden um sie herum trocken ist, entzieht er ihnen die Feuchtigkeit.

Seien Sie sanft. Verwenden Sie eine Schlauchdüse, die den Boden sanft beregnet und so einen Regenfall imitiert. Ziel ist es, den Boden zu durchnässen, ihn nicht zu überschwemmen oder die obersten Schichten abzuwaschen. Wenn Sie eine Düse verwenden, halten Sie sie in Bewegung; wenn Sie zu lange an einer Stelle sprühen, spülen Sie die Erde oder die Samen weg. Dies ist besonders problematisch für neu gepflanzte Samen. Ein Sickerschlauch ist eine gute Option für kleine Flächen. Installieren Sie ihn vor dem Einpflanzen entlang der Reihe.

Tief wässern. Die Bewässerung von zwei etwa 3 qm großen Beeten sollte bei Verwendung eines Schlauchs und einer Düse etwa 10 Minuten dauern, bei Verwendung eines Sickerschlauchs 40 Minuten. Prüfen Sie, ob Sie genug gewässert haben, indem Sie Ihren Finger ein paar Zentimeter tief in den Boden stecken. Ist der Boden in dieser Tiefe feucht? Wenn ja, sind Sie fertig! Wenn nein, wässern Sie weiter! Das Durchsickern in tiefe Bodenschichten dauert oft länger, als man denkt.

Studieren Sie den Boden. Ist Ihnen schon einmal aufgefallen, dass sich das Wasser auf der Oberfläche des Bodens sammelt, obwohl Sie den Schlauch ständig neu ausrichten? Das kann zwei Ursachen haben: Entweder haben Sie den Boden gesättigt und die Bewässerung ist abgeschlossen, oder der Boden ist so trocken (oder voller Lehm), dass er das Wasser nicht so schnell aufnehmen kann, wie Sie es ausbringen. Wenn der Boden nach dem Gießen unter der Oberfläche trocken bleibt, gießen Sie noch einmal 10 Minuten lang mit geringerer Wassermenge, gehen Sie 15 bis 20 Minuten weg und kommen Sie dann zurück und gießen Sie die Fläche erneut. Wenn Sie zwischen den einzelnen Bewässerungsvorgängen Zeit verstreichen lassen, kann der Boden die Feuchtigkeit besser aufnehmen. Wenn Trockenheit ein ständiges Problem ist, sollten Sie sich für einen Sickerschlauch entscheiden.

Wie man hohe oder rankende Pflanzen stützt

Rankenpflanzen, die vertikal und nicht am Boden entlang wachsen, sind weniger anfällig für Krankheiten und Insektenbefall; sie bleiben dank der besseren Luftzirkulation trockener und sind für kriechende Insekten schwerer zu erreichen. Gurken zum Beispiel müssen nicht unbedingt vertikal angebaut werden, doch kann dies die Produktion verbessern und Insektenschäden verhindern. Vertikales Wachstum spart außerdem viel Platz, denn ein oder zwei Gurkenstöcke ohne Stütze können sich leicht über ein 3 qm großes Beet ausbreiten.

Gurken, Stangenbohnen, Erbsen und viele andere Pflanzen klettern von Natur aus mit wenig oder gar keiner Hilfe. Geben Sie ihnen einfach ausreichend Halt, und sie werden sich ihren Weg nach oben ranken. Tomaten und Paprika hingegen müssen mit Hilfe von Gartenschnüren an einer Stütze befestigt werden. Stellen Sie sicher, dass Sie die Pfähle und Spaliere vor dem Pflanzen anbringen, denn wenn sie in den Boden gesteckt werden, können sie die Wurzeln der Pflanzen beschädigen.

Ich empfehle, Paprika und Tomaten zu pikieren und Gurken zu spalieren. Die verschiedenen Sorten dieser Pflanzen wachsen unterschiedlich hoch, was sich auf die Gestaltung des Spaliers oder des Pfahls auswirkt. Lesen Sie die Beschreibung der Sorte, bevor Sie ein Spalier bauen, oder wählen Sie eine Sorte, die für das bereits gebaute Spalier geeignet ist. Möglicherweise müssen Sie auch Sonnenblumen anbinden, insbesondere wenn Sie eine kopflastige, einblütige Sorte anbauen.

Bau eines Spaliers aus Gitter

Biegen Sie ein 5 Meter langes Zaungitter über einen Gehweg und verkeilen Sie es zwischen zwei T-Pfeilern oder anderen stabilen Verankerungen. Befestigen Sie das Gitter mit Kabelbindern oder Draht an den Verankerungen. Säen Sie Samen aus oder pflanzen Sie Setzlinge am Fuß des Gitters und bringen Sie die Pflanzen dazu, an und über die Struktur zu wachsen. Eine solches Gitter könnte zwischen den zwei Beeten (mit dem Gehweg unter dem Spalier) gebogen werden und problemlos Tomaten (siehe Seite 40) und Gurken Halt geben.

Empfohlene Pfähle und Spaliere

Meine persönliche Sammlung von Pfählen und Spalieren erfüllt vier wichtige Kriterien. Erstens müssen die Stützen die Pflanzen für die Dauer der Saison aufrecht halten. Unter dem Gewicht ausgewachsener Pflanzen können schwache und unzureichende Stützen umkippen, was sehr mühsam zu korrigieren ist. Zweitens müssen die Stützen erschwinglich sein. Drittens verfüge ich über minimale Tischlerfähigkeiten, daher müssen die Stützen einfach zu bauen sein. Und schließlich müssen die Stützen beweglich sein, damit sie im Garten versetzt werden können, denn ich möchte nicht jedes Jahr Gurken, Tomaten und Paprika am gleichen Ort pflanzen.

Gurkensorten wie diese „Suyo Long" können bis zu drei Meter hoch wachsen. Informieren Sie sich über die maximale Größe der Sorte und bauen Sie ein entsprechendes Spalier. Wählen Sie kompakte Sorten, wenn Sie nur wenig Platz haben.

Stahlstäbe mit Kunststoffbeschichtung. Diese leichten Pflöcke sind in verschiedenen Längen und Stärken erhältlich und eignen sich am besten für Blumen und andere Pflanzen, die nur wenig Halt benötigen. Alternativ können Sie auch ein hohes Stück Bambus oder einen anderen langen, geraden Stock verwenden. (Verwenden Sie keinen frisch geschnittenen Bambus; er kann Wurzeln schlagen und möglicherweise invasiv werden).

Zaunpfosten aus Metall. Sie gehören zu den praktischsten Stützen, weil sie robust und vielseitig sind und jahrelang halten. Das Einschlagen eines T-Pfostens (oder U-Pfostens) in den Boden nimmt etwas mehr Zeit in Anspruch als das einfache Setzen eines Stabs, aber diese Zeit ist es wert. 1,5 Meter hohe T-Pfähle sind meine bevorzugten Pfähle für Paprika und andere kleinwüchsige Pflanzen, die schwere Früchte tragen.

Zaungitter. Gitter, die direkt an T-Pfosten befestigt werden, gehören zu den am einfachsten zu installierenden Optionen. 2,5 Meter lange Gitter können in aufrechter Position befestigt werden, und 5 Meter lange Gitter können zwischen T-Pfosten gebogen werden, um als Laube zu dienen.

Tomatenkäfige. Tomatenkäfige sind beliebt, weil sie leicht zu montieren sind, aber sie haben nur wenige Anwendungsmöglichkeiten, da sie leicht umfallen können. Käfige können für Paprika oder bestimmte Tomaten verwendet werden, aber sie müssen an einem T-Pfosten oder einem anderen stabilen Pfahl befestigt werden, damit sie nicht umfallen. Käfige mit einem breiten Boden, der sich nach oben hin verjüngt, sind etwas stabiler als Modelle, die sich nach unten hin verjüngen.

Ein 5 Meter langes Zaungitter, das zwischen zwei Beeten gebogen ist (mit dem Gehweg unter dem Spalier), beherbergt Tomaten und Gurken.

IndeterminierteTomaten an Holzstangen.

Determinierte Tomaten in einem Tomatenkäfig.

Zwei Tomatensorten

Es gibt zwei Tomatensorten: indeterminierte und determinierte Tomaten. Wie eine Pflanze wächst und gestützt wird, hängt von ihrem Typ ab, daher ist es wichtig, den Unterschied zu verstehen.

Indeterminiert. Diese Tomaten können unbegrenzt wachsen; sie treiben im Laufe des Sommers immer wieder Blütenstängel aus und tragen Früchte. Ohne Stütze wuchern die indeterminierten Tomatenpflanzen über den Boden. Ich habe gute Erfahrungen damit gemacht, eine einzelne Pflanze an einer Stange hochzuziehen und regelmäßig alle Ableger zu entfernen, die sich bilden. Wenn man sie entfernt, bleibt die Pflanze klar im Wuchs und die Luftzirkulation wird verbessert, was wiederum Krankheiten vorbeugt.

Determiniert. Diese Sorten haben eine bestimmte Höhe, bei der sie aufhören zu wachsen. Im Gegensatz zu indeterminierten Sorten bringen determinierte Tomaten im Allgemeinen eine einzige große Ernte hervor. Sie haben einen buschigeren Wuchs und werden so gezüchtet, dass sie etwa einen Meter hoch werden. Sie müssen immer noch beschnitten werden, um die Luftzirkulation zu verbessern, aber Sie müssen das nicht akribisch verfolgen. Erlauben Sie den Pflanzen, vier oder fünf Stämme zu entwickeln, anstatt nur einen oder zwei.

Determinierte Tomaten werden am besten in einem Tomatenkäfig angebaut und nicht an einer einzelnen Stange.

SCHRITT FÜR SCHRITT

Tomaten an der Stange

Tomaten können leicht zu widerspenstigen, krankheitsanfälligen Reben heranwachsen, wenn sie nicht richtig gestützt werden. Bei indeterminiertenTomaten verwende ich zum Stützen eine einzelne Stange um jede Pflanze ausreichend zu belüften und so die Krautfäule (eine durch den Boden übertragene Pilzinfektion) und andere Krankheiten zu verhindern. Unabhängig von der Stangenmethode erkranken Tomaten am Ende der Saison oft an Krautfäule, aber mit den richtigen vorbeugenden Maßnahmen kann man eine erfolgreiche, produktive Pflanze erhalten, selbst wenn die Blätter infiziert sind.

1. Schlagen Sie einen ca. 1,50 m hohen T-Pfosten in den Boden, der als Anker dient. Befestigen Sie eine ca. 3 m hohe Stange an dem Pfosten.
2. Graben Sie ein Loch direkt neben der Stange. Entfernen Sie die unteren Blätter von einer Tomatenpflanze und pflanzen Sie sie ein, wobei Sie sie ca. 20 cm tief eingraben. Mulchen Sie die Pflanze, um zu vermeiden, dass Erde auf die Blätter kommt und die Krautfäule verbreitet.
3. Entfernen Sie alle 10 bis 14 Tage die Triebe mit einer Gartenschere und binden Sie die Pflanze mit Gartenschnur locker an die Stange.
4. Wenn die Pflanze wächst, entfernen Sie Blätter, die den Boden berühren oder abzusterben scheinen. Werfen Sie die Blätter weg, anstatt sie zu kompostieren, da sie Krankheiten verbreiten können.

Mit der Kompostierung beginnen

Die Herstellung von eigenem Kompost ist eine großartige Möglichkeit zur Wiederverwendung verbrauchter Pflanzenmaterialien aus Garten und Hof und vermeidet gleichzeitig, dass Lebensmittelabfälle im Abfall landen. Die Kompostierung kann willkürlich oder akribisch erfolgen, wie Sie es wünschen, aber am Effektivsten ist es, wenn Sie das richtige Verhältnis von grünem und braunem Material erreichen, den Haufen belüftet halten und dafür sorgen, dass der Komposthaufen feucht bleibt.

Das Drei-Kammer-System

Ich verwende eine einfache Kompostanlage mit drei Kammern, die aus mit Draht zusammengebundenen Holzpaletten besteht. Es gibt sicherlich ästhetisch ansprechendere Designs, aber diese Konstruktion erfordert fast keine Zeit und kostet praktisch nichts. Man kann auch mit nur einer oder zwei Kammern auskommen, aber wenn man drei Kammern baut, können ein oder zwei Haufen aktiv verrotten, während die dritte Kammer neues Material erstmal nur aufnimmt (siehe Bild umseitig).

Wenn der Kompost in einer Kammer fertig ist, verteilen Sie diesen im Garten, und setzen dann mit einer Heugabel frischeren Kompost in den neu frei gewordenen Platz. Durch diesen Vorgang wird der Kompost belüftet und umgewälzt, was letztlich die Zersetzung beschleunigt. Das Umschichten von einem Haufen in einen anderen ist auch eine gute Gelegenheit, zusätzliches Material einzubringen, wenn der Kompost nicht ausreichend ist.

Das richtige Verhältnis finden

Alles, was auf einem Komposthaufen landet, wird grob in grüne und braune Materialien eingeteilt. Grünes Material ist in der Regel lebendig oder wurde erst kürzlich geerntet (z. B. Küchenabfälle oder Unkraut aus dem Garten) und enthält frischen tierischen Dünger. Grüngut ist reich an Stickstoff. Braune Materialien sind in der Regel getrocknet oder nicht grün, wie z. B. Stöcke, getrocknete Blätter und Papierschnipsel. Braunes Material ist eine Kohlenstoffquelle.

Einige Experten empfehlen ein Verhältnis von 20:1 zwischen braunen und grünen Zutaten, aber ich verwende einfach alle grünen Materialien, die ich zur Hand habe, und ergänze den Haufen nach und nach mit braunen. Ich benutze meine Sinne (vor allem den Geruchssinn), um festzustellen, ob ich zu viel von dem einen oder anderen Material hinzugefügt habe. Ein richtig angelegter Komposthaufen sollte erdig und pflanzlich riechen, nicht faulig.

Ist es schon Kompost?

Die Geschwindigkeit, mit der sich der Kompost zersetzt, hängt von mehreren Faktoren ab, darunter Temperatur, Feuchtigkeit und die von Ihnen hinzugefügten Bestandteile. Ich rechne damit, dass meine Komposthaufen etwa ein Jahr brauchen, um fertigen Kompost zu liefern, da ich das Kohlenstoff- und Stickstoffverhältnis nicht so genau nehme. Das Entstehen eines guten Komposts kann aber auch nur zwei bis drei Monate dauern, wenn man sich mehr auf das Verhältnis, die Feuchtigkeit und die Belüftung konzentriert.

Ich lebe in einer Region mit regelmäßigen Niederschlägen, so dass ich meinen Komposthaufen nicht gießen muss. Wenn Sie aber in einem trockenen Klima leben, kann eine Bewässerung notwendig sein, damit die Mikroben am Leben bleiben und die hinzugefügten Materialien aktiv abbauen.

In diesen Fällen sollten Sie darüber nachdenken, den Komposthaufen an einem Ort anzulegen, an dem er leicht bewässert werden kann.

Ein Kompostierungssystem mit drei Kammern ist leicht zu warten und liefert reichlich Kompost.

Zu viel braunes Material. Wenn Sie feststellen, dass sich der Haufen viel langsamer zersetzt als erwartet, haben Sie möglicherweise zu viele getrocknete Blätter oder andere braune Materialien hinzugefügt. Ohne ausreichend Stickstoff aus grünen Materialien bauen sich die Kohlenstoffquellen nur sehr langsam ab. Die Lösung? Fügen Sie einfach mehr Grünzeug hinzu.

Zu viel Grünzeug. Kohlenstoff erfüllt in einem Komposthaufen die gleiche Funktion wie im Boden: Er speichert Nährstoffe wie Stickstoff. Die Zugabe von grünem Material ohne genügend braunes führt dazu, dass überschüssiger Stickstoff ausgeschieden wird, da er nirgendwo gespeichert werden kann. Diese Ausgasung ist ein Grund, warum ein Komposthaufen stinken kann. Positiv ist, dass ein Komposthaufen mit viel Stickstoff mehr Wärme erzeugt, was dazu beitragen kann, Unkrautsamen abzutöten und die Zersetzung zu beschleunigen.

Zu viel Wasser. Ein Komposthaufen beginnt zu stinken, wenn er zu sehr mit Wasser gesättigt ist. Ein Grund dafür ist die Zugabe von zu viel feuchtem Grünmaterial und zu wenig trockenem braunem Material; auch die Wetterverhältnisse können eine Rolle spielen. Manche Gärtner decken ihren Kompost mit einer wasserdichten Barriere ab, um den Feuchtigkeitsgehalt besser kontrollieren zu können.

Wenn Sie einen stinkenden Komposthaufen haben, geben Sie den Kompost einfach in eine leere Tonne und geben Sie schichtweise braunes Material mit hinzu. Kartonreste eignen sich besonders gut für diese Anwendung, da sie Feuchtigkeit absorbieren. Versuchen Sie, beim Umsetzen des Haufens alle Klumpen aufzubrechen.

Hinzuzufügende (oder zu vermeidende) Materialien

Es gibt viele geeignete Zutaten für einen Komposthaufen, aber es ist auch wichtig zu wissen, dass bestimmte Dinge nicht hinzugefügt werden sollten. Eierschalen sind zum Beispiel in Ordnung, aber Fleisch und andere tierische Produkte sind tabu, da sie unerwünschte Tiere anlocken können und es lange dauert, bis sie sich zersetzen. Werfen Sie kranke Pflanzen nicht in den Garten oder auf den Komposthaufen, denn viele Krankheiten können jahrelang im Boden überdauern.

Pappe, Pappteller und Papierabfälle eignen sich hervorragend für die Kompostierung, aber achten Sie auf gefärbtes Papier und synthetische Materialien wie Kunststoff- und Glanzbeschichtungen oder Klebeband. Beachten Sie, dass Einwegbecher, -teller und -besteck aus kunststoffähnlichen, biologisch abbaubaren pflanzlichen Materialien in einem Hauskompostierungssystem wahrscheinlich nicht zersetzt werden können. Diese Produkte sind für die Zersetzung bei hohen Temperaturen ausgelegt, die nur in industriellen Kompostieranlagen erreicht werden.

braune Materialien (Kohlenstoff)

- Papierprodukte (nicht glänzend)
- Wellpappe
- Holzspäne oder Hobelspäne
- Kleine Zweige
- Sägemehl
- Getrocknete Blätter
- Getrockneter, pestizidfreier Grasschnitt

grüne Materialien (Stickstoff)

- Frischer, pestizidfreier Grasschnitt
- Obst- und Gemüseabfälle
- Tierische Düngemittel
- Kaffeesatz
- Pflanzen und Unkraut aus dem Garten
- Eierschalen

Jährlich Kompost zugeben

Jährliches Düngen der Beete mit Kompost ist absolut notwendig, vor allem wenn man bedenkt, dass man viele der Nährstoffe, die im Boden sind, bei der Ernte mit rausholt. Die meisten Gärtnerinnen gehen davon aus, dass es reicht, wenn man ab und zu kleine Mengen Kompost zugibt – aber ich bin da anderer Meinung!

Bei älteren, gut etablierten Beeten, die reichlich produzieren und keine große Nährstoffzufuhr von außen zu benötigen scheinen, dünge ich jedes Frühjahr etwa drei Zentimeter Kompost oder alten Stallmist. Manchmal überspringe ich sogar ein Jahr. Bei jüngeren Beeten oder solchen, die nicht so gut gedeihen, dünge ich jedes Frühjahr und manchmal auch im Herbst mit mindestens fünf Zentimeter Kompost.

Regelmäßiges Nachdüngen frisch angelegter Beete mit Kompost sorgt für einen guten Start.

Wöchentliche Gartenpflege

Die Langlebigkeit, der Ertrag und die allgemeine Robustheit eines Gartens verbessern sich, wenn die Anlage gut gepflegt wird. Und regelmäßige Pflege spart Ihnen langfristig Zeit. Wenn Sie zum Beispiel Unkraut zupfen, bevor es sich aussät, verhindern Sie, dass es sich erneut ausbreitet, und wenn Sie kranke Pflanzen proaktiv entfernen, schränken Sie die Ausbreitung von Krankheiten ein. Diese einfachen Aufgaben erfordern nur einen minimalen Zeitaufwand, wenn sie rechtzeitig erledigt werden, während ein Aufschieben arbeitsintensivere Aufgaben nach sich zieht.

Die Pflege von zwei kleinen Gemüsebeeten erfordert etwa eine Stunde Pflege pro Woche. In den Wochen, in denen gepflanzt und aufgeräumt wird, können zusätzlich ein bis zwei Stunden anfallen, während in manchen Wochen der Vegetationsperiode überhaupt keine Pflege erforderlich ist! In jedem Fall sollten Sie den Garten regelmäßig inspizieren und sich jede Woche etwas Zeit nehmen, um die notwendigen Arbeiten durchzuführen. Die folgenden Aufgaben werden Ihnen den Einstieg erleichtern.

- Entfernen Sie abgestorbene Pflanzen, indem Sie sie an der Erdoberfläche abschneiden und auf den Komposthaufen werfen. Lassen Sie die Wurzeln unter der Erde, um den Boden zu nähren.
- Ersetzen Sie diese Pflanzen durch saisonal geeignete neue Pflanzen.
- Entfernen Sie schießende Pflanzen, es sei denn, Sie hoffen, dass sie sich im nächsten Jahr wieder aussäen.
- Entfernen Sie verblühteBlüten, um eine kontinuierliche Blüte während der gesamten Saison zu fördern.
- Vergewissern Sie sich, dass vertikal wachsende Pflanzen richtig ranken und gut gestützt werden.
- Behalten Sie die Wettervorhersage genau im Auge, um zu wissen, wann Sie gießen müssen. Das Gießen am Morgen ist am besten, aber nicht immer praktisch.
- Mulchen Sie freiliegende Böden, um sie zu schützen, Unkraut zu verhindern und Feuchtigkeit zu speichern.
- Ziehen Sie das Unkraut mitsamt den Wurzeln raus. Schneiden Sie das Unkraut nicht an der Bodenoberfläche ab, sonst könnte es nachwachsen.

Die Ernte

Die Möglichkeit, Ihr eigenes Obst und Gemüse zu ernten, ist eine der größten Freuden der Gartenarbeit. Wie bei der Pflege sollten Sie auch bei der Ernte darauf achten, dass Sie nicht versehentlich den richtigen Zeitpunkt verpassen.

Ernte von Blattgemüse

Das Blattgemüse gehört zu den ersten Pflanzen, die geerntet werden, können aber zäh und bitter werden, wenn sie zu groß sind. Ernten Sie Blattgemüse wie Grünkohl und Mangold, wenn sie zart sind und die richtige Größe haben (30 cm Länge von der Spitze des Stängels bis zum Ende des Blattes bei Grünkohl und etwa 40 cm bei Mangold; beachten Sie die Anbauanleitungen der einzelnen Sorten für weitere Hinweise). Viele Blattgemüsearten – darunter Grünkohl, Mangold, Dill, Kopfsalat und Petersilie – werden kontinuierlich geerntet. Die untersten oder äußersten Blätter werden geerntet, und die Pflanze wird an Ort und Stelle belassen, um nachzuwachsen.

Blattsalate können entweder 2 bis 5 cm über der Bodenlinie abgeschnitten werden und nachwachsen, oder die reifen äußeren Blätter können einzeln entfernt werden. Kopfsalate wie Römersalat werden als Ganzes geerntet, sobald sie reif sind. Im Vergleich zu kräftigeren Blättern wie Grünkohl und Mangold sind Kopfsalate schnell zu ernten, haben aber ein enges Zeitfenster. Blattsalate können in der Regel drei- bis fünfmal geschnitten und geerntet werden, bevor sie anfangen zu schießen oder bitter werden.

Greifen Sie den gesamten Salatkopf und entfernen Sie die Blätter mit einer Schere 2-5 cm über der Bodenlinie. Die Pflanze wächst nach und ist in etwa zwei Wochen wieder erntereif.

Die äußersten Blätter können einzeln abgeknipst werden. Diese Technik ist zeitaufwändiger, führt aber zu einer saubereren, gleichmäßigeren Ernte.

Ernten Sie die unteren, reifen Blätter von Grünkohl, Kohl, Mangold und anderen Blattgemüsen. Fahren Sie damit fort, bis die Pflanze beginnt, einen Blütenstiel auszutreiben und keine Blätter mehr produziert.

Waschen und lagern

Gemüsesorten, die mit Mulch bedeckt sind, bleiben sauberer, aber Sie müssen sie trotzdem kurz abspülen, bevor Sie sie essen. Füllen Sie das Waschbecken mit Wasser, tauchen Sie das Grünzeug ein und schwenken Sie es dann vorsichtig, um Schmutz und andere Partikel zu entfernen. Zum Trocknen von Grünkohl, Kohl, Mangold und Kräutern nehmen Sie die gewaschenen Büschel einfach an den Stielen auf, gehen ins Freie und wirbeln das Grünzeug durch die Luft, um das Wasser abzuschütteln. Um Blattsalate zu trocknen, können Sie entweder eine Salatschleuder verwenden oder die Blätter in die Mitte eines sauberen Küchentuchs legen, die vier Ecken zusammennehmen, ins Freie treten und das Bündel herumschwenken.

Gewaschenes und getrocknetes Grünzeug kann in einem verschlossenen Beutel oder Behälter im Kühlschrank aufbewahrt werden. Grünzeug, das zu groß ist, um in einen Beutel zu passen, kann vor der Aufbewahrung zerkleinert werden. Grünkohl und Mangold sind bis zu 2 Wochen haltbar (1 Woche, wenn sie gehackt werden); Kopfsalat und Mangold halten sich in der Regel etwa 10 Tage. Sie werden überrascht sein, wie lange Ihr frisch geerntetes Grünzeug im Vergleich zu dem aus dem Supermarkt haltbar ist.

Sobald der Salat anfängt zu schießen (nach oben zu wachsen und einen blühenden Stiel zu bilden), werden Sie eine bittere Note bemerken, der durch eine milchige Substanz verursacht wird, die an den Stellen austritt, an denen das Blatt geschnitten wurde. Die Substanz ist nicht schädlich, aber ihr bitterer Geschmack ist nicht ideal und zeigt an, dass die Tage der üppigen Salaternte bald vorbei sind. Da wärmere Temperaturen das Schießen begünstigen, wird der Anbau von Salat in den wärmeren Monaten schwieriger. Das Gleiche gilt für Grünkohl und Mangold, obwohl diese hitzetoleranter sind als Salat.

Basilikum wird anders geerntet: Um die Pflanze gesund und produktiv zu halten, erntet man ganze Stängel direkt über den Knoten und schneidet sogar neue Blätter ab, die von oben wachsen. Die Knospen wachsen dann aus den Knoten heraus und bilden neue Stängel, was die Produktion verbessert.

Ernte von Wurzelgemüse

Radieschen sind das einzige Wurzelgemüse, das ich Anfängern empfehle. Kleine Salat-Radieschen reifen in nur vier Wochen, und Sie sollten die Pflanze im Auge behalten, damit sie rechtzeitig geerntet werden kann. Um zu prüfen, ob die Radieschen reif sind, legen Sie einfach Daumen und Zeigefinger auf beiden Seiten der Radieschenwurzel unter die Oberfläche, um zu sehen, ob sie eine angemessene Größe haben (die reife Größe der Sorte finden Sie auf der Samenpackung). Wenn ja, ist es Zeit zu ernten! Wenn nicht, schieben Sie etwas Erde um die Radieschenwurzel herum und kontrollieren Sie sie in der nächsten Woche erneut. Radieschen, die zu lange in der Erde bleiben, können eine harte Außenhaut entwickeln und anfangen zu platzen.

Am besten ist es, die Wurzeln sofort nach der Ernte zu waschen, denn Schmutz, der an Ort und Stelle trocknet, lässt sich nur schwer entfernen. Viele Wurzelgemüse haben essbare Grünteile, einige mit starkem Geschmack, die oft eine köstliche Ergänzung zu Suppen oder Salaten sind. Wenn Sie das Grünzeug essen wollen, sollten Sie es getrennt von den Wurzeln aufbewahren, da die Wurzeln länger haltbar sind (ein bis drei Monate). Wie das Blattgemüse lässt sich auch das Wurzelgemüse am besten in verschlossenen Behältern oder Beuteln im Kühlschrank aufbewahren.

oben: Anstatt einzelne Blätter von einer Basilikumpflanze zu entfernen, schneiden Sie ganze Stängel direkt über den Knoten ab, um die Pflanze zum Austreiben anzuregen und so einen besseren Ertrag zu erzielen.

unten: Der obere Teil der Radieschenwurzel ist manchmal oberhalb der Erdoberfläche sichtbar, so dass sich der Reifegrad leicht beurteilen lässt.

Ernte von anderem Gemüse

Viele Gemüsesorten – darunter Zucchini, Gurken, Sommerkürbisse, Buschbohnen und Okra – werden gegessen, lange bevor die Früchte (ja, das sind Früchte!) voll ausgereift sind. Okra zum Beispiel wird geerntet, wenn die Früchte ca. 10 cm lang sind. Wenn Sie dieses optimale Zeitfenster verpassen, werden Sie an einem lederartigen Snack knabbern, der viel zu faserig ist, um ihn zu genießen. Auch Zucchini und Sommerkürbisse können sehr groß werden und eine zähe Außenhaut entwickeln, während das Fruchtfleisch wässrig und voller großer Kerne ist. Diese Verwandlung von zart zu zäh dauert nur wenige Tage, daher ist es am besten, die Früchte täglich zu kontrollieren und zu ernten, wenn sie noch jung sind.

Tomaten und Paprika werden geerntet, wenn sie voll ausgereift sind. Grüne Paprikaschoten reifen immer weiter zu einer Farbe (rot, gelb, orange oder violett) heran, können aber auf Wunsch auch grün geerntet werden. Auch Tomaten können im grünen Zustand geerntet und im Haus (vorzugsweise an einem sonnigen Fenster) zur Reife gebracht werden. Wenn Sie die Reifung von Paprika und Tomaten an der Rebe abwarten, erhalten Sie die köstlichsten Früchte, die Sie je probiert haben. Tomaten von Pflanzen, die von der Krautfäule befallen sind, können manchmal durch frühzeitiges Ernten gerettet werden. Und Sie müssen alle Tomaten und Paprikas, unabhängig von ihrem Entwicklungsstadium, unmittelbar vor einem drohenden Frost ernten.

Verständnis der Fruchtbildung

Der Lebenszyklus einer Pflanze ist ein wichtiger Indikator für die Fruchtbildung. Sobald eine Pflanze blüht, sollten Sie nach bestäubenden Insekten und dann nach sich entwickelnden Früchten Ausschau halten. Kürbisse, Zucchini und Gurken haben getrennte männliche und weibliche Blüten, die sich durch das Vorhandensein einer Miniaturfrucht an der Basis der weiblichen Blüte unterscheiden. Männliche Blüten sind oft reichlicher vorhanden, vor allem zu Beginn der Saison, aber man kann die Entwicklung von Früchten erwarten, sobald man weibliche Blüten blühen sieht. Okra, Bohnen, Tomaten und Paprika haben männliche und weibliche Teile auf derselben Blüte. Wenn die Bestäubung abgeschlossen ist, reifen die meisten Blüten zu Früchten heran.

Die weiblichen Blüten sind durch das Vorhandensein einer winzigen Frucht an der Basis der Blüte zu erkennen.

SCHRITT

2

40 QUADRATMETER

Nachdem Sie nun ein oder zwei kleine Beete angelegt haben, sind Sie bereit, Ihren Garten zu vergrößern! Wenn Sie Ihre Anbaufläche auf 40 Quadratmeter vergrößern, können Sie mehr produzieren und neue Pflanzen anbauen. Wie Sie in diesem Kapitel erfahren werden, hat eine größere Vielfalt eine Reihe von Vorteilen, die dazu führen, dass Sie wesentlich mehr Gemüse und Obst ernten werden.

Setzen Sie kleine, schnell reifende Pflanzen wie Kopfsalat zwischen langsam wachsende Pflanzen wie Blumenkohl. Wenn die Salate geerntet werden, wird der Platz für den sich entwickelnden Blumenkohl frei.

2

Der Plan

- MEHR ANBAUFLÄCHE HINZUFÜGEN. Schicht-Beete können mit noch größeren Mengen organischen Materials angelegt werden, als Sie es sich vielleicht vorgestellt haben. Hügelkulturbeete (siehe Seite 58) sind ähnlich aufgebaut wie Mulchbeete, aber die inneren Schichten bestehen aus Holzstämmen. Diese Beete sind besonders gut in der Lage, Wasser zu speichern und Ihre Pflanzen dauerhaft mit Nährstoffen zu versorgen.
- DIVERSIFIZIEREN SIE IHRE ANPFLANZUNGEN. Wenn Sie mehr Platz haben, können Sie einige Stauden, darunter Kräuter und Blumen, anbauen. Sie können auch mit kohlenhydratreichem Gemüse wie Kartoffeln, Möhren und Rüben experimentieren.
- WEITERE FÄHIGKEITEN ENTWICKELN. Beginnen Sie mit der Aussaat im Haus, um die Saison vorzuverlegen, und pflanzen Sie Nachfolgekulturen, um die Produktion zu maximieren.
- WISSEN ÜBER BODENVERBESSERUNG UND MULCHEN. Das Ziel: Ihren Gartenboden weiter zu verbessern und zu schützen, um ein nachhaltiges Umfeld für Schädlingsbekämpfung, Krankheitsbekämpfung und Wasserrückhalt zu schaffen.

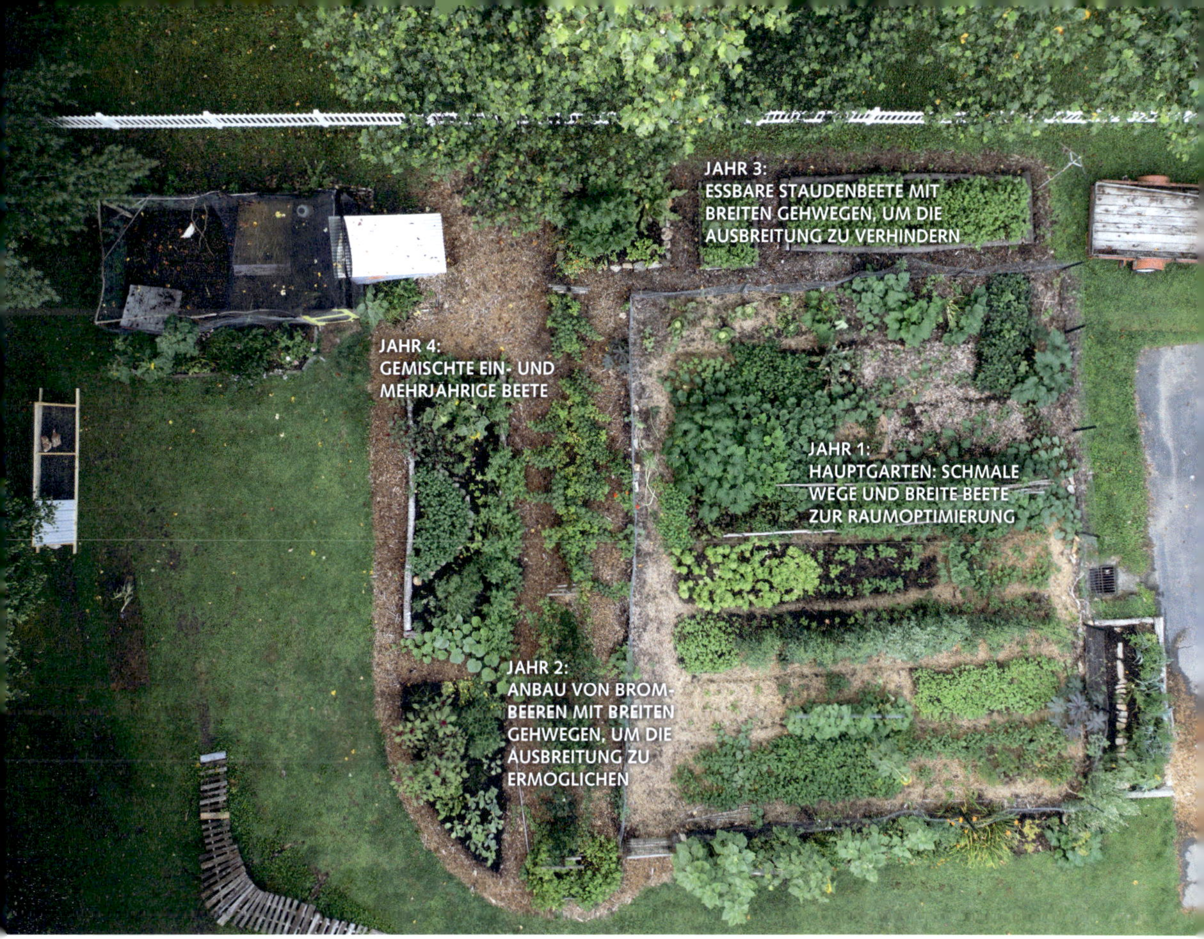

Ich habe fast jedes Jahr neue Beete angelegt und die Beet- und Gehwegbreiten auf der Grundlage meiner beabsichtigten Nutzung gestaltet.

Bevor Sie loslegen

Bestimmen Sie den Standort für Ihre neuen Beete anhand der gleichen Kriterien wie in Schritt 1. Wenn Sie den Bau von Hochbeeten planen, kalkulieren Sie die Kosten, bevor Sie damit beginnen, denn diese große Erweiterung kann sich als kostspielig erweisen. Die Anlage einiger weniger randloser Beete am Boden ist kostengünstiger. Vielleicht möchten Sie auch eine neue Bauweise ausprobieren: Hügelkulturbeete.

In der Gartenarbeit ist nichts in Stein gemeißelt; sie ist ein fließender Prozess, der kreative Problemlösungen für jede Situation und Herausforderung erfordert. Es gibt keinen richtigen oder falschen Weg, Ihren Garten zu gestalten, aber es gibt einige Überlegungen, die Sie im Hinterkopf behalten sollten. Gärten sollten sowohl ästhetisch ansprechend als auch funktional sein, was bedeutet, dass Sie bei der endgültigen Gestaltung ein Gleichgewicht zwischen diesen beiden Aspekten finden müssen.

Wählen Sie eine angemessene Breite der Gehwege. Breite Gehwege (über 1 Meter) sind leichter zu begehen und bieten Platz für größere Pflanzen, benötigen aber mehr Platz und Pflege. Schmalere Wege (50 cm) sind schwieriger zu begehen und können von Pflanzen überwuchert werden, erfordern aber weit weniger Platz und Pflege. Berücksichtigen Sie bei der Wahl der Gehwegbreite die räumlichen Beschränkungen und Ihre körperlichen Fähigkeiten, sich auf engen Räumen zu bewegen.

IHR LAYOUT ENTWERFEN
Jede dieser Gestaltungsideen bietet eine vergleichbare Anbaufläche, jedoch mit einer anderen Grundfläche. Entwurf A nutzt breite Beete und schmale Gänge für alle, die den Platz optimieren müssen.
Bei Entwurf B werden die Wege um die schmaleren Beete verbreitert, um die Manövrierfähigkeit zu erhöhen.
Entwurf C schafft einen ästhetisch ansprechenden Garten als Akzent für ein Haus oder ein anderes Gebäude.

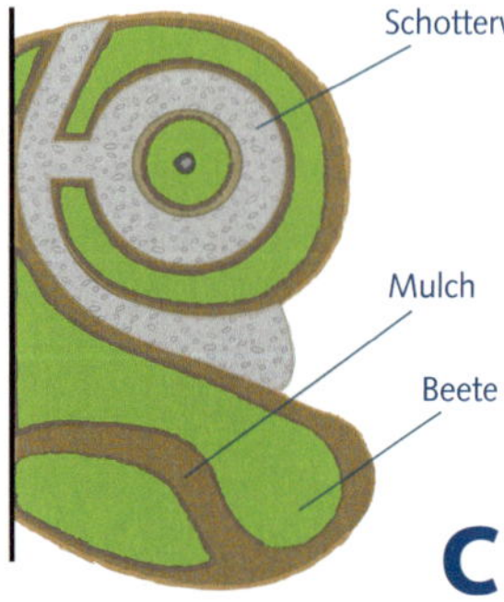

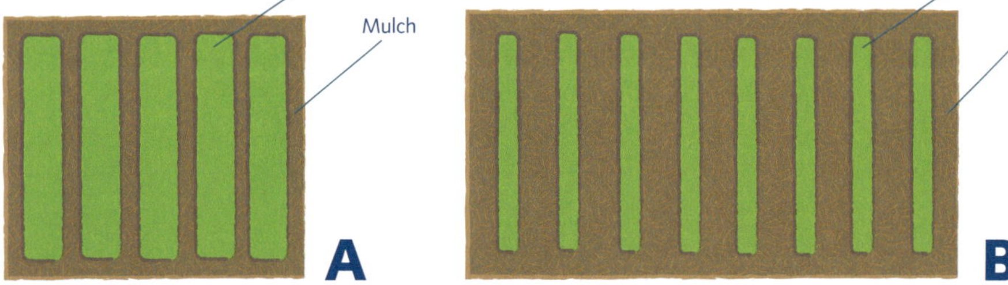

Machen Sie die Beete nicht zu breit. Breite Beete (über 1 Meter) optimieren die Raumnutzung, während schmalere Beete (um die 50 cm) einfacher zu handhaben sind. Unabhängig von der Breite müssen Sie die Mitte des Beetes leicht erreichen können. Probieren Sie vorher aus, ob Sie mit Ihren Händen an alle Stellen des Beetes kommen, um sicherzustellen, dass es eine angemessene Größe hat.

Schaffen Sie funktionale Formen. Beete können in einem rechteckigen Muster mit gleichmäßigen, parallelen Wegen angelegt werden, oder in einzigartigen geometrischen Formen, die dem Garten mehr ästhetischen Reiz verleihen. Ich wende beide Techniken an, bevorzuge aber die langen, rechteckigen Beete, die nicht breiter als ein Meter sind.

Denken Sie an zukünftige Erweiterungen. Wählen Sie ein Layout, das nicht nur in diesem Jahr, sondern auch in den kommenden Jahren erweitert werden kann. Die Entscheidung über die genaue Platzierung zukünftiger Beete kann eine Herausforderung sein, aber Sie schränken sich selbst ein, wenn Sie dies bei Ihrer Beetanlage nicht berücksichtigen.

Schädlinge nachhaltig bekämpfen

Die richtige Ernährung beugt sowohl chronischen als auch akuten Krankheiten beim Menschen vor. Bei Pflanzen ist das nicht anders. Wenn diese über den Boden ausreichend mit Nährstoffen versorgt werden, sind sie besser in der Lage, sich vor Insekten und Krankheiten zu schützen. Der Aufbau eines gesunden Bodens braucht Zeit, aber wenn Sie Ihren Boden jährlich mit Kompost düngen, können Sie auf lange Sicht mit weniger Problemen rechnen.

Die Anpflanzung von Blumen und einer größeren Vielfalt von Nahrungspflanzen bietet eine zweite Verteidigungslinie gegen Insekten. Blumen ziehen natürlich Bestäuber an, aber auch räuberische Insekten und Vögel, die sich an problematischen Raupen, Engerlingen, Motten usw. satt fressen können. Wenn Sie Blumen pflanzen, erhöhen Sie die Vielfalt und bauen im Grunde ein schützendes Netz auf. Mein Ziel ist es, 30 bis 35 Prozent meines Gartens mit Blumen zu bepflanzen, und zwar mit einer Mischung aus Stauden und einjährigen Pflanzen. Stauden blühen Jahr für Jahr, was Zeit, Geld und Energie spart, während einjährige Blumen in der Regel über längere Zeiträume der Vegetationsperiode blühen.

Ein nachhaltiger Schädlingsbekämpfungsansatz konzentriert sich auf die Verbesserung der Bodengesundheit, die Diversifizierung der Anpflanzungen, die Entfernung von Schädlingen und den Einsatz von physischen Barrieren, die in späteren Kapiteln empfohlen werden. Vermeiden Sie Pestizide so weit wie möglich, mit dem Ziel, ganz auf sie zu verzichten. Pestizide, auch solche, die als biologisch zertifiziert sind, haben ökologische Folgen, die nicht nur die Zielorganismen beeinträchtigen.

Neemöl ist zum Beispiel eines der am häufigsten verwendeten Pestizide unter Biogärtnern, aber Studien belegen, dass es genauso giftig ist wie einige der synthetischen Pestizide, die im kommerziellen Anbau verwendet werden. „Ganz natürlich" ist nicht gleichbedeutend mit „sicher". Das Versprühen eines Mittels, ob organisch oder nicht, mit der Absicht, einen Organismus abzutöten, wird auf jeden Fall andere Organismen wie Insekten, Säugetiere, Wasserlebewesen (im späteren Kreislauf) oder Mikroben schädigen.

Verbesserung der Feuchtigkeitsspeicherung im Boden

In Kapitel 1 habe ich die Bedeutung der organischen Substanz als Quelle der Pflanzennahrung beschrieben, aber ihr Nutzen geht weit über die Ernährung hinaus. Bodenlebewesen, die sich an organischen Stoffen laben, scheiden organische Verbindungen aus, die Bodenpartikel zu Klumpen zusammenkleben, die als Aggregate bezeichnet werden. Diese Aggregate eignen sich hervorragend zum Speichern von Nährstoffen, sind aber auch voller Poren und Kanäle, die Wasser und Luft transportieren und abfangen.

Wenn es regnet, wird das Wasser durch die Poren und Kanäle in tiefere Schichten transportiert, wo es langfristig besser gespeichert wird. Gesunde Böden, die reich an organischen Stoffen sind, haben Strukturen, die genügend Wasser für die Ernährung der Pflanzen speichern (Wasserrückhalt) und gleichzeitig genügend Wasser abgeben, um ein Durchnässen der Wurzeln zu verhindern (Drainage). Die Zugabe von organischen Stoffen in Verbindung mit dem In-Ruhe-lassen des Bodens

Pflanzen als Falle

Eine Pflanze lockt Schädlinge an und verringert so die Schäden an Ihren Nahrungspflanzen. Blumen wie Amaranth (hier abgebildet) können verwendet werden, um Flohkäfer von Nahrungspflanzen abzulenken (siehe Seite 61). Kapuzinerkresse kann Blattläuse auf sich ziehen. Ich entferne die beschädigten Blätter von meinem Amaranth und verwende die Blüten für Blumensträuße.

ist daher das Universalmittel gegen trockene und übermäßig nasse Böden.

Bleiben Sie bei Direktsaatmethoden. Pflügen und Umgraben pulverisieren die Bodenaggregate und das nützliche Porennetz. Aufgrund ihrer schlechten Struktur neigen bearbeitete Böden dazu, bei starkem Regen ausgewaschen zu werden. Wir brauchen diese Aggregate, Poren und organischen Klebstoffe, um unseren Boden an Ort und Stelle zu halten, das Wasser angemessen zu verteilen und die Feuchtigkeit auch in regenarmen Zeiten zu speichern.

Ein gesunder Boden verklumpt so, dass er Nährstoffe und genau die richtige Menge an Wasser hält.

Gras oder Mulch auf Gehwegen?

Einige Gärtner bevorzugen grasbewachsene Gehwege, die mit einem Mäher oder Fadentrimmer gepflegt werden.

Dieses Design funktioniert gut bei Hochbeeten, die eine physische Barriere bieten, um zu verhindern, dass Gras in die Beete kriecht, aber es ist nicht meine Präferenz, wenn man Beete im Boden anlegt. Gras von Gehwegen wächst garantiert in Bodenbeete und muss daher regelmäßig mit einem Kantenstecher, Spaten oder einer Schaufel entfernt werden.

Gemulchte Gehwege müssen alle zwei Jahre gemulcht werden, aber es ist kaum Unkraut zu jäten. Die Ausnahme ist die Stelle, an der die Mulchkante auf den Rasen trifft. Hier müssen Sie einmal im Jahr nacharbeiten.

Rasenwege sind besonders im zeitigen Frühjahr schön, wenn man das Wachstum des Gartens erwartet, aber es kann eine ständige Herausforderung sein, das Gras aus den Beeten herauszuhalten.

Fügen Sie keinen Sand hinzu, um die Drainage zu verbessern. Sand wird sicherlich kurzfristig die Drainage verbessern, aber er ist nicht ideal, wenn es Ihnen um Nährstoffreichtum geht. Sand ist nährstoffarm und trägt nur wenig zur langfristigen Gesundheit des Bodens bei. Im Gegensatz dazu führt organisches Material lebende und nicht lebende Komponenten in den Boden ein, die langfristig eine gute Drainage unterstützen.

Lassen Sie die Wurzeln an Ort und Stelle. Entfernen Sie verwelkte Pflanzen, indem Sie sie an der Bodenlinie abschneiden, anstatt sie herauszuziehen. Wenn Sie die Wurzeln an Ort und Stelle verrotten lassen, lagert sich organisches Material tiefer im Bodenprofil ab. Der Boden „ernährt" sich von den abgestorbenen Wurzeln, schafft neue Aggregate und Porenräume und verbessert so den Wasserrückhalt und die Drainage. (Unkraut sollten Sie aber mit Wurzel rausziehen; es könnte nachwachsen).

Auch bei großen Flächen Schichten verwenden

Das Schicht-Mulchen kann für jede beliebige Fläche verwendet werden. Dabei entstehen gemulchte, pflegeleichte Wege und nährstoffreiche Beete. Um Ihren Garten auf diese Weise zu erweitern, benötigen Sie viel Material, darunter Pappe, Kompost und idealerweise einen großen Haufen Holzspäne, Holzhackschnitzel oder Mulch.

Die Beschaffung von Materialien in großen Mengen wird immer wichtiger, je größer der Garten wird. Versuchen Sie also rauszufinden, wie Sie diese Produkte möglichst kostengünstig vor Ort erwerben können. Erkundigen Sie sich bei örtlichen Baumpflegern und Sägewerken nach Holzschnitzeln und Holzspänen. Mulch, Kompost und/oder Stallmist können oft gegen eine Gebühr geliefert werden, aber es kann auch billiger sein, für ein oder zwei Tage einen Lastwagen oder Anhänger zu mieten und das Material selbst abzuholen.

Die Erweiterung eines Gartens ist kein kleines Unterfangen, aber ich kann gar nicht genug betonen, wie sehr sich Ihre Investition in Arbeit und Material in Form von schönem, fruchtbarem Boden auszahlen wird. Wenn Sie jetzt die Zeit investieren, werden Sie auf Jahre hinaus belohnt.

Bei der Planung einer großen Erweiterung neben meinem Gewächshaus habe ich zunächst das Gras mit dicken Schichten von Pappe und Holzspänen bedeckt, wie hier gezeigt. Dann habe ich meine Beete abgesteckt und direkt auf den Holzspänen Beete angelegt.

SCHRITT FÜR SCHRITT

Hügelkultur Beetaufbau

Wählen Sie einen geeigneten Standort für Ihr Beet anhand der Kriterien für die Standortwahl auf Seite 17. Ihr erstes Hügelkulturbeet kann jede beliebige Größe haben, aber ich empfehle, mit einem 2 x 1-Meter Beet zu beginnen, das an der Spitze ca. 60 cm hoch ist. Die hier aufgeführten Materialien sind Richtwerte – es ist nicht wie beim Backen eines Kuchens! Es ist einfach wichtig, die relativen Proportionen im Auge zu behalten, vor allem, wenn Sie sich für eine Vergrößerung oder Verkleinerung entscheiden.

MATERIALIEN

- 8 bis 10 m lange Holzstämme mit einem Durchmesser von 20 cm
- 1 Kubikmeter organisches Material (Erde, Kompost, Holzspäne, Laub, Grasschnitt oder Holzhackschnitzel)
- 10 bis 14 m lange Stämme mit einem Durchmesser von ca. 10 cm
- Großer Haufen von Stöcken und Zweigen, die in 60-90 cm lange Stücke geschnitten werden
- ½ Pfund Blutmehl oder eine andere Stickstoffquelle
- 1 Kubikmeter Pilzkompost oder qualitativ gute Erde
- Strohballen oder andere Arten von Mulch

1. Entfernen Sie das Gras auf der Fläche, auf der das Beet angelegt werden soll, mit einem Spaten oder einer Flachkopfschaufel; behalten Sie das Gras für den Aufbau der inneren Schichten zurück. Durch das Entfernen des Grases entsteht eine Vertiefung im Boden, in der sich das Wasser sammeln kann. Alternativ können Sie, wie beim Mulchen mit Schichten, das Gras einfach mit mehreren Lagen Pappe abdecken und darauf aufbauen.
2. Legen Sie die größten Stämme dicht nebeneinander in parallelen Reihen auf den Boden oder die Pappe, um die Basis des Hügelkulturbeetes zu bilden.
3. Schichten Sie eine dünne Schicht organischen Materials über die Stämme, um eventuelle Lücken zu füllen. Die einzelnen Holzschichten sollen eng aneinander liegen.
4. Ordnen Sie die kleineren Stämme parallel zu den Basisstämmen so an, dass möglichst wenige Spalten entstehen. Füllen Sie eventuelle Lücken mit organischem Material auf.
5. Schichten Sie eine Schicht aus Stöcken und Zweigen auf. Streuen Sie das Blutmehl oder eine andere Stickstoffquelle über die Stöcke und bedecken Sie sie mit 15-20 cm Pilzkompost oder Erde. Verwenden Sie Ihre Hände oder die Rückseite einer Schaufel, um die Erde oder den Kompost leicht anzudrücken.
6. Bedecken Sie das Beet mit einer dünnen Schicht Strohmulch und bepflanzen Sie es sofort mit Pflänzchen. Die Pflanzen halten den Boden an Ort und Stelle, während sich das Beet festigt. Sobald sich der Boden gesetzt hat, können Sie im nächsten Jahr direkt säen.

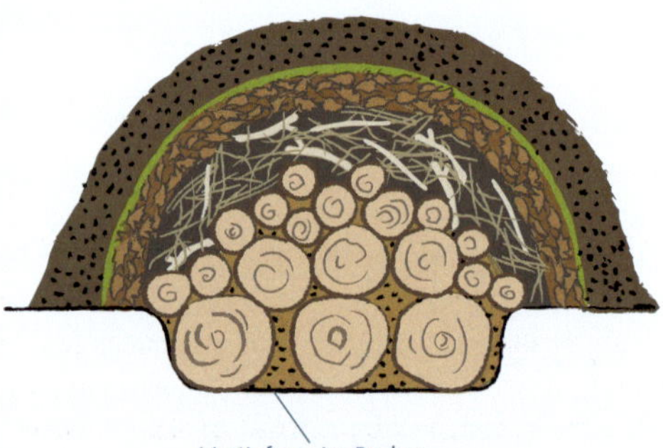

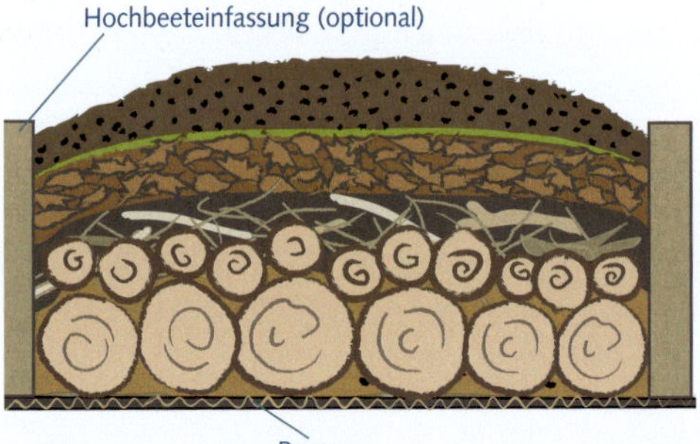

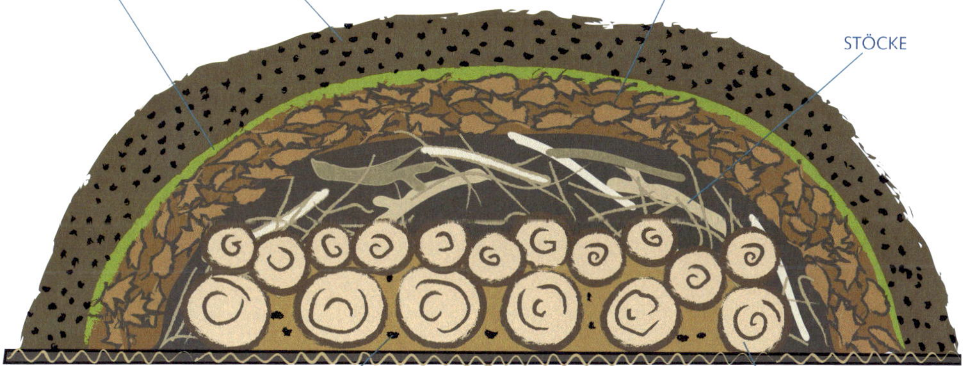

Ein Hügelkulturbeet anlegen

Der Begriff „Hügelkultur" beschreibt ein Beet, das ein bisschen wie eine Mulchschicht auf Steroiden wirkt. Der Boden einer Hügelkultur wird mit Stämmen ausgekleidet, darauf werden kleinere Stämme gestapelt, darauf kommen Stöcke, die Spalten zwischen den Stämmen werden mit getrockneten Blättern und anderen organischen Stoffen gefüllt, und zum Schluss wird eine Schicht Erde oder Kompost darauf gelegt. Wenn die Stämme verrotten, bilden sie ein schwammartiges Substrat, das in der Lage ist, Wasser zu speichern und gleichzeitig langsam Nährstoffe freizusetzen. Aus diesem Grund sind Hügelkulturbeete besonders in trockenen Regionen nützlich.

Die endgültigen Abmessungen des Beetes sind sehr unterschiedlich und hängen von der Größe des Holzes ab, das die Grundlage bildet. Stämme mit einem Durchmesser von nur 20 cm ergeben eine 50 cm hohe Hügelkultur, während Stämme mit einem Durchmesser von 30-60 cm eine Beethöhe von 90-120 cm ergeben. Wie beim Schichtbeet gibt es auch hier keine feste Formel. Fast jedes Holz ist geeignet (auch verrottetes Holz; nicht druckbehandeltes oder gestrichenes Holz), aber ich vermeide die Verwendung von Zedernholz, Robinienholz und anderen verrottungsfesten Hölzern, weil diese so langsam verrotten.

Neue Pflanzen hinzufügen

Sie haben jetzt Platz, um einige leicht zu ziehende kohlenhydratreiche Gemüsesorten – z.B. Rüben, Karotten und Kartoffeln – anzubauen und mit einigen mehrjährigen Kräutern und Blumen und vielleicht auch einigen neuen einjährigen Blumen zu experimentieren. Ich empfehle auch, in dieser Phase Erbsen und kleine Melonen anzubauen (siehe Seite 63).

Einfaches Wurzelgemüse

Kartoffeln*, Steckrüben, Kohlrabi und Karotten wachsen im Vergleich zu anderen kohlenhydratreichen Gemüsesorten wie Winterkürbis, Süßkartoffeln und Mais kompakt.

Wenn Sie viel Platz haben, können Sie die Ernte bei diesen Pflanzen gut aufbewahren (siehe Schritt 7). Steckrüben, Kohlrabi und Möhren sollten direkt gesät werden, während Kartoffeln vegetativ aus Saatkartoffeln gezogen werden. Eine einzelne Saatkartoffel wird in Stücke geschnitten und in den Boden gesteckt. Jedes Stück treibt dann eine neue Pflanze aus (siehe Kartoffeln pflanzen, Seite 66).

Diese Wurzelgemüsearten gehören zur kühlen Jahreszeit und werden daher im zeitigen Frühjahr gepflanzt, nachdem der Boden aufgetaut ist und die Temperaturen warm genug sind, um die Keimung der Samen zu fördern. Mit Ausnahme der Kartoffeln können diese Pflanzen im Spätsommer für die Herbsternte erneut ausgesät werden.

Das Pflanzen von Wurzelgemüse

Rüben sind das einzige Wurzelgemüse, das man in Wohnungen anbauen und in den Garten verpflanzen kann, aber man kann sie auch direkt aussäen. Rüben und Möhren können nur durch Direktsaat angebaut werden. Rübensamen keimen in etwa 5 bis 10 Tagen, wenn sie wie auf der Pflanztabelle angegeben ausgesät werden. Bei Karotten kann es bis zu 3 Wochen dauern, bis sie keimen. (Siehe Saatgutausbringung, Seite 34.)

Die Aussaat von Wurzelgemüse im Spätsommer und Herbst kann aufgrund der höheren Temperaturen und der intensiven Sonneneinstrahlung, die die Böden schneller austrocknen lassen als im zeitigen Frühjahr, eine Herausforderung darstellen. Pflanzen Sie um voraussichtliche Regenereignisse herum oder planen Sie bei Direktsaaten im Herbst

*Die Kartoffel ist kein Gemüse im eigentlichen Sinn, sondern zählt zu den landwirtschaftlichen Kulturen. Die Weltgesundheitsorganisation bezeichnet sie als „stärkehaltige Knolle", die weder zum Obst noch zum Gemüse gerechnet wird. Die Süßkartoffel wiederum zählt zum Wurzelgemüse.

Die Rübensamen wurden zwischen die Salatreihen gesät. Wenn der Salat geerntet wird, haben die Rübenwurzeln genügend Platz, um zu wachsen. Weitere Informationen finden Sie unter Maximierung der Produktion durch parallelen Anbau auf Seite 77.

tägliches Gießen ein. Wenn Sie zum ersten Mal mit dem Anbau von Wurzelgemüse beginnen, pflanzen Sie Ihre Samen etwas dichter als die auf der Packung empfohlenen Abstände, um eine ausreichende Keimung und Überlebensfähigkeit sicherzustellen. Dünnen Sie die Sämlinge aus, wenn sie etwa 5 cm groß sind und den ersten oder zweiten Satz echter Blätter gebildet haben. Das richtige Ausdünnen von Wurzelgemüse ist äußerst wichtig, da die Wurzeln Platz brauchen, um sich auszubreiten; sie werden sich nicht richtig entwickeln, wenn sie nicht ausreichend Platz haben.

Mangold ist köstlich und kann ähnlich wie Spinat zubereitet werden.

Angriff des Flohkäfers

Flohkäfer sind schwarze, flohähnliche Insekten, die bei der Inspektion der Pflanze sofort aus dem Blickfeld verschwinden. Sie hinterlassen jedoch ein ausgeprägtes Schadbild auf den Blättern, das ein verräterisches Zeichen für ihre Anwesenheit ist.

Ein Befall ist selten verheerend, es sei denn, es handelt sich um junge Setzlinge, die gerade aus dem Boden gekommen sind. Die Anzucht von Pflanzen wie Tomaten, Auberginen und Pak Choi in Wohnungen kann die Gefahr verringern, da die Sämlinge einen Platz haben, an dem sie sich außerhalb des Bodens, in dem die Flohkäfer leben, etablieren können. Pflanzen Sie die Setzlinge ein, sobald sie groß genug sind (mindestens 25 cm bei Tomaten und Auberginen und 10 cm bei Blattgemüse), um einem Befall standzuhalten.

Flohkäfer mögen auch die Blätter von Wurzelgemüse, darunter Rüben und Radieschen. Da es schwieriger ist, Wurzelgemüse in Wohnungen anzusiedeln, empfehle ich, Wurzelgemüse etwas dichter zu säen, als auf der Saatgutpackung empfohlen wird, wenn Sie feststellen, dass die aufkeimenden Setzlinge schnell aufgefressen werden. Dünnen Sie die Setzlinge erst aus, wenn Sie sicher sind, dass sie überleben.

Flohkäferbefall ist leicht an den ausgeprägten Blattschäden zu erkennen.

SCHRITT FÜR SCHRITT

Belüftung des Bodens

Die Belüftung sorgt dafür, dass Pflanzenwurzeln und Bodenorganismen ausreichend Luft und Platz zum Wachsen haben. Das Belüften von Schicht-Beeten ist nicht immer notwendig, da die Bauweise die Entwicklung von Poren im Boden auf natürliche Weise fördert.
Die Belüftung scheint jedoch vor allem bei älteren Mulchbeeten, die direkt auf verdichteten Lehmböden angelegt wurden, sinnvoll zu sein. (Bei jüngeren Beeten kann die Belüftung aufgrund großer und noch nicht zersetzter Teile organischer Substanz schwierig sein). Obwohl die organische Substanz des Mulchs mit der Zeit tiefer in den Boden eingearbeitet wird, beschleunigt das Belüften diesen Prozess.
Eine Belüftung ist bei Hügelkulturbeeten nicht möglich, da das organische Substrat, das zum Aufbau des Beetes verwendet wird, erst nach Jahren zersetzt wird. Hügelkulturbeete enthalten aufgrund ihrer Bauweise mehr als genug Luft und Porenraum und können daher weitgehend ungestört bleiben.

1. Düngen Sie ein leeres Beet mit Kompost.
2. Beginnen Sie an der Vorderseite des Beetes, stechen Sie einen Spaten tief in den Boden und kippen Sie den Stiel in einem 45-Grad-Winkel zurück, gerade so weit, dass die Oberfläche des Bodens aufgerissen wird. Ein Teil des nachgedüngten Komposts wird in die Risse fallen und organische Stoffe tiefer in den Boden bringen.
3. Wiederholen Sie diesen Vorgang im gesamten Beet alle 20 bis 30 Zentimeter.

Erbsen und Melonen hinzufügen

Sie haben jetzt genug Platz, um zwei neue einjährige Nahrungsmittel anzubauen: Erbsen und Melonen. Beide sind relativ einfach anzubauen, wenn man den richtigen Zeitpunkt und die richtige Sorte wählt. Erbsen sind eine rankende Pflanze und werden im zeitigen Frühjahr an einem Spalier entlang gepflanzt, sobald der Boden bearbeitet werden kann. Im Spätsommer pflanzt man sie erneut, um im Herbst zu ernten. Ich habe die Erfahrung gemacht, dass Erbsen, die im Frühjahr gepflanzt werden, bei mir nie besonders gut gedeihen, da mein Garten in dieser Zeit noch relativ wenig Sonne abbekommt.

Im Vergleich zu anderen Gärtnern in meiner Region, die eine stärkere Sonneneinstrahlung haben, kommt mein Frühjahrsgarten immer etwas später. Im Herbst habe ich dafür immer reichlich Erbsen. Ziehen Sie Ihre Pflanztabelle zu Rate, um herauszufinden, wann Sie Erbsen pflanzen sollten, aber scheuen Sie sich nicht, davon abzuweichen,

Erbsen sind eine der Lieblingsspeisen meiner Kinder im Garten.

Eine Mistgabel: Das ultimative Werkzeug für die Direktsaat

Irgendwann ist der Garten zu groß geworden, um ihn mit einem Spaten zu lüften. Ein zinkenförmiges Werkzeug, eine sogenannte Breitgabel (Forke), kann helfen. Stellen Sie sich auf die Mitte der Gabel, um sie in den Boden zu treiben. Verwenden Sie dann die langen Zinken, um den Boden wie mit einem Spaten zu lüften. Breitgabeln können auch nützlich sein, wenn Sie eine große Anzahl von Wurzeln oder Knollen wie Möhren, Kartoffeln oder Süßkartoffeln ernten. Seien Sie aber vorsichtig dabei, damit Sie nicht versehentlich in das Erntegut stechen.

wenn Sie feststellen, dass es ein optimaleres Zeitfenster gibt.

Melonen haben eine ähnliche Wuchsform wie Gurken und können daher an Spalieren oder am Boden angebaut werden. Wählen Sie kleine Sorten in der Größe von Honigmelonen (oder kleiner), die schneller reifen als größere Sorten wie Wassermelonen. Kajari-Melonen (auch eine Honigmelone)sind eine meiner Lieblingssorten, weil sie so kompakt sind und so schnell reifen.

Große Melonen sind schwieriger zu züchten und benötigen eine lange Wachstumsperiode. Ernten Sie Ihre Melonen, wenn sie süß riechen oder der Stiel, der zur Melone führt, beginnt, braun zu werden. Warten Sie nicht zu lange, sonst brechen die Früchte auf.

Einjährige, zweijährige und mehrjährige Pflanzen

Einjährige Pflanzen schließen ihren Lebenszyklus innerhalb eines Jahres ab. Die meisten bekannten Gartengemüsearten sind einjährig: Grünkohl, Kohl, Tomaten, Paprika, Kürbis, Zucchini und andere. Einjährige Pflanzen beginnen abzusterben, sobald ihre Saat aufgegangen ist. Manchmal fallen die Samen auf den Boden und keimen im nächsten Jahr als Durchwuchs.

Zweijährige Pflanzen schließen ihren Lebenszyklus in zwei Jahren ab. Rote Beete, Rosenkohl, Möhren und Petersilie tragen im ersten Lebensjahr Blätter und setzen im darauffolgenden Jahr Samen an. Es ist nicht immer einfach, eine zweijährige Pflanze von einer mehrjährigen oder einjährigen zu unterscheiden. Zweijährige Pflanzen folgen nicht unbedingt einem genauen Zeitplan: Witterung und Wachstumsbedingungen können eine zweijährige Pflanze dazu bringen, zu blühen, bevor sie in ihre zweite Wachstumsperiode eintritt, oder sie kann mehrere Jahre überdauern, wenn sie unter besonders günstigen Bedingungen angebaut wird. Zweijährige Gartenpflanzen werden oft wie einjährige Pflanzen behandelt, da sie meist im ersten Jahr geerntet werden.

Stauden werden einmal gepflanzt und wachsen Jahr für Jahr wieder nach. Die meisten Stauden sterben im Winter ab und bilden im folgenden Jahr neue Blätter und Blüten. Stauden können jahrzehntelang überdauern (und sich oft ausbreiten, manchmal aggressiv), solange sie einen geeigneten Lebensraum haben.

Einheimische blühende Stauden wie die Melisse ziehen Bestäuber an und dienen ihnen als wichtige Nahrungsquelle.

Mehrjährige Kräuter und Blumen anbauen

Mehrjährige Kräuter und Blumen gehören zu meinen Lieblingspflanzen im Garten, weil sie, wenn sie einmal gut eingewachsen sind, nur noch wenig Pflege benötigen. Bereiten Sie für Kräuter in Töpfen das Beet wie bei einjährigen Pflanzen vor, befolgen Sie die Pflanzanweisungen auf Seite 69 und mulchen Sie die neu gepflanzten Kräuter, um Wasserverlust und Unkraut zu vermeiden (siehe Seite 71). Dazu heben Sie die Pflanzen etwas über die Bodenlinie an und füllen die Lücken mit Mulch auf. So bleibt der Mulch von den Stängeln fern und beugt Fäulnis und Krankheiten vor. Vergessen Sie nicht, die Neupflanzungen regelmäßig zu gießen, bis sie gut eingewachsen sind.

Vergewissern Sie sich, dass die Kräuter in Ihrer Zone gedeihen können. Die verschiedenen Kräuter vertragen extreme Temperaturen (Tiefstwerte im Winter und Höchstwerte im Sommer) in unterschiedlichem Maße. Schnittlauch zum Beispiel ist in den USDA-Zonen 3 bis 10 winterhart, Oregano in den Zonen 5 bis 12. Ein Gärtner in Zone 4 kann zuverlässig Schnittlauch anbauen, aber Oregano wird den Winter wahrscheinlich nicht überleben. Ein Jahr mit einem langen oder besonders strengen Winter kann Ihre Region in eine niedrigere Zone verschieben, was ungewollt zum Absterben empfindlicher Kräuter führt.

Um dies zu vermeiden, sollten Sie Stauden wählen, deren Winterhärtezone mindestens eine Stufe niedriger ist als Ihre eigene Zone (wenn Sie z. B. in Zone 7 leben, wählen Sie Stauden, die für Zone 6 oder niedriger geeignet sind), um das Überdauern zu sichern. In Anhang B finden Sie weitere Informationen über die Winterhärte einer Pflanze. Beachten Sie jedoch, dass Sie gelegentlich Sorten finden können, die mehr oder weniger winterhart sind als die dort aufgeführten. Lesen Sie das Etikett einer Pflanze, um ihren genauen Bereich zu erfahren. Wenn Sie Stauden von lokalen Gärtnern kaufen und sich beraten lassen, können Sie sicher sein, dass Sie in Pflanzen investieren, die über Jahre hinweg gut gedeihen werden.

Vermeiden Sie aggressive Ausläufer. Bestimmte mehrjährige Pflanzen, wie z. B. einige Mitglieder der Minzgewächse, verbreiten sich über unterirdische Ausläufer, die sich bis zu zwei Meter von der Mutterpflanze entfernen können. Andere Pflanzen wie die Katzenminze (ebenfalls aus der Familie der Minze) verbreiten aggressiv Samen. Solche Pflanzen können einen hohen Pflegeaufwand erfordern, um ihre Ausbreitung zu kontrollieren, und sie können schwer zu entfernen sein. Führen Sie eine kurze Internetrecherche durch, um sicherzugehen, dass Sie keine Art pflanzen, die den Garten überschwemmt oder die in Ihrer Region als invasiv eingestuft wird. Obwohl ich in Schritt 4 Ratschläge für den Anbau einiger aggressiverer Stauden gebe, empfehle ich Ihnen, mit einigen der in diesem Kapitel besprochenen pflegeleichteren Optionen zu beginnen.

Platzieren Sie Ihre Stauden an einem geeigneten Ort. Viele Stauden bevorzugen sechs oder mehr Sonnenstunden am Tag, andere vertragen auch vollen Schatten. Kräuter pflanzt man am besten so nah wie möglich am Haus, damit man schnell ernten kann, was man in der Küche braucht. Blühende Stauden sind leichter zu pflegen, wenn sie getrennt von einjährigen Gemüsebeeten gepflanzt werden (Ausnahmen werden in Schritt 4 erläutert).

Lassen Sie unter der Pflanze etwas Platz für Mulch.

SCHRITT FÜR SCHRITT

Kartoffeln pflanzen

Kartoffeln bevorzugen leichte Böden. Besonders beliebt und geeignet für den Anbau im eigenen Garten sind u.a. die Sorten Annabelle, Linda, Melina und Laura. Lassen Sie sich hier am besten beim Kauf beraten und achten Sie dabei auf die Unterscheidung „Frühkartoffel, Mittlere Kartoffel und Spätkartoffel", die zu unterschiedlichen Zeitpunkten geerntet werden (Juni/August/September) und unterschiedlich gut gelagert werden können (am besten die Spätkartoffeln).

Pflanzen Sie Kartoffeln jedes Jahr an einem neuen Standort, um Schädlinge wie Kartoffelkäfer, die im Boden überwintern, zu bekämpfen. Diese Schädlinge tauchen im Frühjahr auf und können leicht eine Ernte finden, die an der gleichen Stelle wie im Vorjahr gepflanzt wurde. Wenn Sie Wühlmäuse und andere unterirdische Nagetiere als lästig empfinden, sollten Sie Kartoffeln in Töpfen mit einem Fassungsvermögen von 30 bis 60 Litern anbauen oder Hochbeete anlegen und dort Kartoffeln pflanzen.

Kartoffeln sind Knollen (unterirdische Stängel), die traditionell in tiefe Furchen gepflanzt werden, aber ich bevorzuge eine Methode ohne Ausgraben, die die Bodenstruktur und -funktion besser erhält.

1

2

3

1. Schneiden Sie die Pflanzkartoffeln in etwa eiergroße Stücke mit mindestens einem Auge (Keimansatz)pro Stück. Verwelkte oder keimende Kartoffeln sind gut geeignet. Sehr kleine Kartoffeln können im Ganzen gepflanzt werden. Breiten Sie die Kartoffelstücke auf einem Blech oder einer anderen flachen Oberfläche aus und lassen Sie sie einige Tage lang trocknen, bevor Sie sie pflanzen. Das Versiegeln der Schnittfläche trägt zum Schutz vor Krankheiten bei, ist aber nicht entscheidend, wenn Sie vergessen haben, im Voraus zu planen.
2. Verwenden Sie eine Gartenhacke oder eine Schaufel, um einen flachen Graben auszuheben, der etwa drei Zentimeter tief und zehn Zentimeter breit ist. Legen Sie die Kartoffelstücke mit der Schnittfläche nach unten und den Augen

4

5

6

nach oben in den Graben. Verschiedene Sorten haben unterschiedliche Platzanforderungen, aber die Reihen sind in der Regel einen halben Meter Meter auseinander mit 25 cm Abstand zwischen den Pflanzen.

3. Bedecken Sie die Kartoffeln mit 5-10 cm Kompost oder Dung, gefolgt von der Erde, die Sie aus dem Graben entfernt haben. Mulchen Sie mit einer dicken Schicht aus spritzmittelfreiem Stroh oder alten Holzspänen.

4. Die Sorten reifen unterschiedlich schnell, aber die meisten können innerhalb von 90 bis 120 Tagen geerntet werden (kleinere Kartoffeln sind in der Regel früher reif; prüfen Sie die Empfehlungen für Ihre spezielle Sorte). Sie sind erntereif, wenn das Laub zu welken beginnt. Schneiden Sie die Kartoffelpflanze vor der Ernte mit einer Gartenschere etwa 15 cm über dem Boden ab und entsorgen Sie das Grün auf dem Komposthaufen. Dieser einfache Schritt sorgt für eine effiziente Ernte.

5. Graben Sie die Kartoffeln von Hand aus, indem Sie mit den Fingern in die Erde rund um die Pflanzen eindringen, die äußersten Kartoffeln ertasten und die ganze Pflanze herausziehen. Sammeln Sie die Kartoffeln ein, schütteln Sie überschüssige Erde von den Wurzeln ab und entsorgen Sie die Wurzeln auf Ihrem Komposthaufen. Sie können die Kartoffeln auch mit einer Schaufel oder Forke ernten, aber seien Sie vorsichtig, damit Sie die Knollen nicht anstechen.

6. Breiten Sie die Kartoffeln aus und lassen Sie sie ein paar Tage lang in der Sonne trocknen. Ich spüle meine Kartoffeln vor der Lagerung ab, aber manche Leute behaupten, dass sie länger haltbar sind, wenn sie schmutzig bleiben. Lagern Sie die Kartoffeln in einem Karton oder einem anderen luftdurchlässigen Behälter an einem kühlen (nicht gekühlten), trockenen und dunklen Ort wie einer Garage. Unter idealen Bedingungen können Kartoffeln je nach Sorte bis zu sechs Monate gelagert werden.

Dieser 1x1 Meter große Holzrahmen, der mit einem leichten Gitter bespannt ist, wird von mir zum Waschen verwendet. Spülen Sie stark verschmutztes Gemüse ab und lassen Sie es vor der Lagerung trocknen.

Pflanzen Sie mehrjährige Pflanzen im zeitigen Frühjahr oder im Spätherbst um, um erheblichen Hitze- und Wasserstress zu vermeiden. Verwenden Sie eine Schaufel oder einen Spaten, um den Wurzelballen der etablierten Pflanze auszugraben und die Pflanze aus dem Boden zu heben. Dabei werden Sie einen Teil der Wurzeln abtrennen, also versuchen Sie, so viel Erde wie möglich um die Wurzeln herum intakt zu lassen. Verwenden Sie eine Schaufel, um den Wurzelballen zu teilen, bevor Sie die neue Staude in ein entsprechend großes Loch setzen und die Erde in und um die Wurzeln verdichten.

Eingepflanzte Stauden sind in der Regel etwa eine Woche lang welk, bis sich ihre Wurzeln etabliert haben. Gießen Sie die verpflanzten Stauden täglich, am besten morgens. Ausführlichere Anweisungen zum Ausgraben und Teilen von Stauden finden Sie ab Seite 134.

Ernten Sie mehrjährige Kräuter. Mehrjährige Kräuter werden etwas anders geerntet als einjährige, da man nicht immer die ganze Pflanze erntet. Übereifriges Ernten kann manchmal zu einem unzureichenden Wachstum im nächsten Jahr führen. Oregano und Schnittlauch zum Beispiel können wegen ihrer aromatischen Blätter bis zum Boden abgeschnitten werden, denn aus den Wurzeln wachsen in der nächsten Saison neue Triebe und Blätter. Thymian, Salbei und Rosmarin hingegen sollten weniger stark geschnitten werden, da das Wachstum im nächsten Jahr aus den Stängeln und nicht aus den Wurzeln erfolgt.

Etagenzwiebel

Etagenzwiebeln (auch Ägyptische Zwiebeln oder Luftzwiebeln genannt) sind eine lustige und produktive Staude, die Sie in Ihrem Garten anbauen können. Sie können online bestellt werden, wenn Sie sie vor Ort nicht finden können. Diese Zwiebeln bilden einen Blütenkopf aus Bulbillen, einer Ansammlung von Miniaturzwiebeln, die auf den Boden fallen, Wurzeln schlagen und zu neuen Pflanzen heranwachsen. Dichte Zwiebelbüschel sollten ausgedünnt werden, um eine gute Entwicklung zu fördern.

Das Zwiebelgrün ist frosttolerant, kann in milderen Klimazonen bis in den Spätherbst und Frühwinter überdauern und kann nach Bedarf geerntet werden. Die Zwiebeln werden nie größer als drei Zentimeter im Durchmesser, was sie zum perfekten Ersatz für Schalotten macht. Sie können die gesamte Pflanze – mitsamt der Zwiebel – oder nur die grünen Teile ernten. Lassen Sie mindestens 15 Zwiebeln in der Erde, bei großen Flächen auch mehr, um eine ausreichende Vermehrung im nächsten Jahr zu gewährleisten.

Etagenzwiebeln bilden Bulbillen, einen Blütenkopf aus Brutkörper und Brutknospen, der mit winzigen Zwiebelknollen gefüllt ist. Die Zwiebeln fallen bei der Reifung zu Boden und lassen neue Pflanzen entstehen.

Einjährige Blumen hinzufügen

Einjährige Pflanzen können oft fast eine ganze Vegetationsperiode lang zum Blühen gebracht werden und eignen sich daher hervorragend, um die Vielfalt zu erhöhen, Nützlinge anzulocken und den Raum zu verschönern. Die Blumen, die ich empfehle, sind einfach zu züchten und sorgen für viel Farbe, Höhe und Struktur in den Beeten. Viele dieser Pflanzen gibt es in verschiedenen Farben und Größen. Achten Sie also darauf, eine Sorte auszuwählen, die für Ihren Verwendungszweck geeignet ist.

Die vorgeschlagenen Blumen sind relativ leicht aus Samen zu ziehen und können entweder direkt im Garten oder in Wohnungen im Haus ausgesät werden. Durch die Aussaat im Haus erhalten die Pflanzen einen Frühstart, was für Gärtner mit kurzen Wachstumsperioden oder für diejenigen, die eine frühe Blütenpracht in der Saison sicherstellen wollen, sehr wünschenswert ist. Anleitungen für die Aussaat finden Sie auf Seite 73.

Geben Sie den Pflanzen einen angemessenen Abstand. Der genaue Abstand zwischen den einjährigen Blumen hängt von der Größe der ausgewählten Pflanze ab. Lesen Sie die Empfehlungen zu den Abständen auf der Saatgutpackung oder dem Pflanzenetikett.

Gießen Sie die Pflanzen anfangs häufig. Das Pflanzen und Pflegen von einjährigen Blumen ist ähnlich wie das Pflegen von einjährigem Gemüse: Sie müssen während der Anzucht häufig gegossen werden und bevorzugen feuchte, gut durchlässige Böden.

Entfernen Sie die verblühten Blüten, um eine kontinuierliche Blüte zu fördern. Durch regelmäßiges Entfernen der verblühten Blüten mitsamt den Blütenstielen wird die Pflanze dazu angeregt, weitere Blüten zu bilden. Wenn Sie zu viele Blüten zu Samenköpfen heranreifen lassen, signalisieren Sie der Pflanze, dass ihr Lebenszyklus abgeschlossen ist, und sie stirbt ab.

Stützen Sie kopflastige Pflanzen. Wind und starker Regen können in einem Blumenbeet verheerende Folgen haben, wenn hohe Pflanzen nicht richtig gestützt werden. Je nach Wuchsform der einzelnen Sorten profitieren Zinnien, Sonnenblumen, Tithonien und Kosmeen oft von einer Stütze.

Brunnenkresse

Zinnie

Kosmee

Strand-Silberkraut blüht bis in den späten Herbst hinein, auch wenn es mehrere Fröste gegeben hat.

Die attraktiven Blüten der Ringelblume können getrocknet, in Öle eingelegt und zur Herstellung heilender Hautpflegeprodukte wie Salben und Lippenbalsam verwendet werden.

Holen Sie Schnittblumen ins Haus. Häufiges Ernten der Blumen fördert eine kontinuierliche Blüte. Zinnien, Sonnenblumen, Löwenmäulchen, Tithonia, Ringelblumen, Kosmeen und Ringelblumen und viele andere sind hervorragende Schnittblumen.

Einjährige Blumen können sich wieder aussäen. Zinnien, Sonnenblumen, Ringelblumen und Tithonien säen sich zuverlässig wieder aus, wenn man die getrockneten Blütenköpfe im Garten lässt.

Einjährige Blumen

- Ringelblume*
- Chrysanthemen*
- Kosmeen
- Nelken*
- Kapuzinerkresse
- Stiefmütterchen*
- Petunien*
- Löwenmäulchen*
- Strand-Silberkraut*
- Tithonie
- Zinnien

*Einige einjährige Blumen gedeihen gut in kühleren Temperaturen. Die Ringelblume zum Beispiel ist eine kältebeständige einjährige Pflanze, die ich im zeitigen Frühjahr und im Herbst pflanze. Herbstpflanzen blühen in meiner Region bis weit in den Dezember hinein.

Mulchen

Mulch verringert den Wasserverlust, unterdrückt Unkraut, schützt den Boden vor zu heißer Sonne und extremen Temperaturen, bringt wertvolles organisches Material ein und sorgt für einen ordentlicheren Garten. Andererseits kann Mulch auch Schnecken, Insekten und Wühlmäuse anlocken. Die Vorteile überwiegen in der Regel die Nachteile. Beobachten Sie also, was in Ihrem Garten passiert, und passen Sie Ihre Mulchstrategie nach Bedarf an.

Die Mikroben im Boden ernähren sich von Mulch und entziehen dem Boden dabei vorübergehend Nährstoffe, insbesondere Stickstoff. Obwohl diese Nährstoffe bei der Zersetzung des Mulchs wieder in den Boden gelangen, bedeutet dieser vorübergehende Nachteil, dass langsam zersetzende Mulche wie Holzspäne für einjährige Beete nicht ideal sind. Einjährige Pflanzen haben einen relativ kurzen Lebenszyklus und daher ein kurzes Zeitfenster, um ihre Nährstoffe aufzunehmen. Mulchen Sie einjährige Pflanzen mit schnell zersetzenden Substraten wie pestizidfreiem Stroh, Kompost oder alten Holzspänen.

Mehrjährige Pflanzen sind weniger anfällig für vorübergehende Schwankungen in der Nährstoffverfügbarkeit, da sie Jahr für Jahr stehen bleiben; Die Nährstoffaufnahme erfolgt langfristig und nicht nur in einer einzigen Saison. Die beste Wahl für Mulch um Stauden und Gehwege ist daher ein Mulch, der sich langsamer zersetzt (und daher nicht so oft erneuert werden muss) und der vorzugsweise reichlich und kostenlos vorhanden ist.

Ein paar Mulchoptionen

Landwirtschaftliche Abfallprodukte wie Pflanzenteile, die nach der Ernte auf dem Feld zurück bleiben, sind regional verfügbare Produkte, die oft reichlich vorhanden sind und als organischer Dünger für den Boden verwendet werden und die Bodenfruchtbarkeit erhöhen können. Erkundigen Sie sich nach den Anbaumethoden des Betriebs und seinen Einsatz von Pestiziden vor der Anwendung dieser Produkte in Ihrem Garten.

Frische Hackschnitzel von Baumpflegern und handelsübliche Mulchmaterialien zersetzen sich nur langsam und werden daher am besten für Gehwege, Rabatten und Staudenbeete verwendet.

Sägemehl und Holzspäne zersetzen sich schneller als frische Hackschnitzel. Lassen Sie die Hackschnitzel ein bis zwei Jahre lang liegen bevor sie zur Anwendung kommen.

Stroh und Heu können Unkrautsamen einbringen in den Garten. Um dies zu verhindern, lassen Sie die Ballen im Freien und bewässern Sie sie gut, damit sie die Samen zum Keimen bringen. Nach ein paar Wochen brechen die Ballen auseinander und die Keimlinge sind abgestorben. Nun können Sie Stroh und Heu verwenden wie vorgesehen.

Laub fällt im Herbst naturgemäß in Massen von den Bäumen. Getrocknetes Laub eignet sich am besten als Mulch, wenn es zerkleinert wird, aber Sie können es auch ganz normal verwenden, wenn Schreddern nicht in Frage kommt.

Pilzkompost (oder jede andere Art von Kompost) ist meine Lieblingsmulchart für Gemüsebeete, insbesondere in Bereichen, in denen ich säen und keine Setzlinge verwenden will. Die Samen keimen direkt im Kompost – wenn sie genug Was-

Bevor Sie eine neue Mulchschicht auftragen, entfernen Sie mit einem Spaten, einer Schaufel oder einem Kantenstecher das Gras, das sich an den Seiten der gemulchten Beete angesammelt hat.

ser bekommen. Groberer Mulch wie alte Holzspäne und Stroh müssen von der Fläche entfernt werden, bevor Sie mit dem Säen beginnen.

Fehler beim Mulchen

Schütten Sie den Mulch nie direkt auf Unkraut oder Gras. Entfernen Sie zuerst das Unkraut oder ersticken Sie die Vegetation mit Pappe. Frisch gejätete Gartenbeete benötigen nur ein paar Zentimeter Mulch, befestigte Gehwege 5 bis 15 Zentimeter und frisch mit Pappe erstickte Flächen 20 bis 30 Zentimeter.

Erneuern Sie den Mulch alle zwei Jahre. Unter dem Mulch bildet sich bei der Zersetzung gesunder Boden. Dies ist der perfekte Ort für Unkrautsamen. Sie sollten also von Zeit zu Zeit eine weitere Mulchschicht auftragen.

Mulchen Sie um die Begrenzung herum. Unkraut kann leicht durch die Umzäunung hindurchwachsen, so dass es fast unmöglich wird, es durch Mähen oder von Hand zu entfernen. Dieses Unkraut sieht nicht nur unschön aus, sondern kann auch zu einer Quelle für Unkrautsamen im Garten werden. Schieben Sie Pappe unter die Begrenzung und bedecken das Ganze mit reichlich Mulch.

Pflegen Sie die Kanten einmal im Jahr. Gras und andere Pflanzen dringen in die gemulchten Ränder ein – daher sollten Sie die Ränder jedes Jahr mit einem Kantenstecher, einem Spaten oder einer Schaufel säubern. Das Aufstellen von Ziegelsteinen, Baumstämmen oder anderen physischen Barrieren entlang des Randes von gemulchten Bereichen kann dies verhindern.

Stark gemulchte Beete können Nagetiere wie Wühlmäuse anziehen, die die Wurzeln beschädigen. Schützen Sie Ihre Pflanzen vor wühlenden Nagetieren, indem Sie sie in Hochbeete pflanzen, deren Boden mit festem Stoff oder einem dichten dünnen Gitter bedeckt ist.

Erste Samen ausbringen

Die Anzucht von Jungpflanzen aus Saatgut spart Geld und ermöglicht eine größere Auswahl an Sorten, so dass es sich trotz der Herausforderungen lohnt, diese Fähigkeit zu erlernen. Selbst diejenigen von uns, die schon seit Jahren Pflanzen aus Samen ziehen, haben Schwierigkeiten. Beginnen Sie jetzt mit dem Experimentieren, und in ein paar Jahren werden Sie erfahren genug sein, um Ihren ganzen Garten mit Pflanzen zu füllen, die Sie aus Samen gezogen haben.

Einfache Pflanzen auswählen

Extrem kleine Samen wie Sellerie sind in der Wohnung schwer anzubauen, weil die kleinsten Samen die kleinsten Setzlinge hervorbringen. Kleinere Setzlinge sind im Allgemeinen schwieriger zu pflegen. Andere Samen, wie Tomaten und Paprika, benötigen warme Bodentemperaturen, um zu keimen. Ich empfehle daher zwei Saatgutlisten für den Einstieg in die Anzucht. Die erste Liste enthält einjährige Blumen und Gemüse mit größeren Samen, die sich am einfachsten im Haus anbauen lassen. Mit diesen Pflanzen haben Sie die größten Erfolgschancen. Die zweite Liste enthält Pflanzen mit kleinen Samen, die leicht keimen, aber mehr Aufmerksamkeit erfordern, um reif zu werden.

am einfachsten anzubauen

- Gurke
- Sommerkürbis
- Zucchini

ein bisschen anspruchsvoller

- Rote Bete
- Mangold
- Blumenkohl
- Grünkohl
- Kopfsalat
- Paprika
- Tomaten

Die richtigen Töpfe verwenden

Verwenden Sie kleine bis mittelgroße Töpfe, die mit einer guten Anzuchterde gefüllt sind. Standard-Anpflanztöpfe eignen sich am besten für Rüben, Mangold, Salate, Grünkohl, Kohl, Tithonie, Kapuzinerkresse, Sonnenblumen und Ringelblumen. Einzelne Töpfe mit einem Durchmesser von 5 bis 10 Zentimetern sind am besten für Sommerkürbisse, Zucchini und Gurken geeignet. Diese Pflanzen wachsen schnell und brauchen den zusätzlichen Platz zum Wachsen. Wählen Sie keine Töpfe, die kleiner sind als empfohlen: Je kleiner der Topf ist, desto schwieriger ist es, die Feuchtigkeit zu kontrollieren.

Gebrauchte Standard-Töpfe sind oft kostenlos in Gartencentern erhältlich, aber auch neu nicht sehr kostspielig. Waschen Sie die Töpfe kurz ab, und lassen Sie sie dann in der Sonne trocknen. Alternativ können Sie auch wiederverwendbare Kunststoff- oder Silikontöpfe oder -schalen im Gartenfachhandel kaufen. Wiederverwendbare Kunststoffschalen sind viel dicker als Einwegschalen und halten bei guter Pflege etwa ein Jahrzehnt

Rüben sät oder pflanzt man am besten in Dreiergruppen.

Die Lampen sollten nur wenige Zentimeter über den Pflanzen hängen. Wenn möglich: Bewegen Sie sie nach oben, während Ihre Pflanzen wachsen.

lang. Letzter Tipp: Sie können auch Gegenstände aus der Recycling-Tonne verwenden, z. B. Einweg-Joghurtbecher, leere Eierkartons oder sogar leere Toilettenpapierrollen. Achten Sie darauf, Löcher in den Boden der Gefäße zu stechen, damit das Wasser ablaufen kann.

Verwenden Sie anstelle von Blumenerde eine hochwertige Saatgutmischung. Saatgutmischungen sind leichter und halten in der Regel das Wasser besser als einfache Blumenerde. Verwenden Sie keine Erde direkt aus dem Garten, da sie oft zu dicht ist.

Gießen Sie sorgfältig. Setzlinge reagieren empfindlich auf Trockenheit und Übersättigung. Ziel ist es, den Boden jeden Morgen feucht zu halten, bevor die Pflanzen dem Licht ausgesetzt werden. Die Häufigkeit des Gießens hängt von einer Reihe von Faktoren ab (Temperatur, Bodenart, spezifische Pflanze usw.), daher ist es am besten, auf ein leichtes Welken der Pflanzen und Trockenheit im Boden zu achten. Sie können auch das Gewicht des Topfes vor und nach dem Gießen vergleichen. Das Gewicht des Topfes ist einer der besten Indikatoren für den Wasserbedarf. Die Pflanzen ziehen es oft vor, zwischen dem Gießen ein wenig auszutrocknen, anstatt unnötig viel Wasser zu bekommen.

Alle Setzlinge brauchen Licht. Der einfachste Weg, um drinnen zu wachsen, ist die Verwendung von LED-Leuchtmitteln oder einfachen Leuchtstoffröhren, die nur ein paar Zentimeter über den Setzlingen angebracht sind. Eine Zeitschaltuhr für das Wachstumslicht sorgt dafür, dass Ihre Pflanzen jeden Tag mindestens 14 Stunden Sonne bekommen. Wenn Sie kein Licht haben, stellen Sie Ihre Pflanzen direkt vor das sonnigste Fenster. Bringen Sie sie so oft wie möglich ins Freie, wenn es das Wetter erlaubt (nach der Keimung und wenn es sonnig ist und die Temperaturen über 4 °C liegen), damit sie noch mehr Licht bekommen. Pflanzen, die nicht mit künstlichem Licht versorgt werden oder oft ins Freie gebracht werden (selbst wenn sie an einem sehr sonnigen Fenster wachsen), werden schlaff und schwach.

Manche Samen brauchen Wärme. Tomaten, Paprika und einige andere Samen keimen nur, wenn die Bodentemperaturen konstant zwischen 21° und 27°C liegen. Diese Temperaturen sind im Winter und zu Beginn des Frühjahrs schwer zu erreichen, wenn man die Samen im Haus aussät. Anzuchtmatten für Saatgut können dabei helfen, eine niedrige, konstante Wärme zu gewährleisten und die Keimung zu fördern. Pflanzen der kühlen Jahreszeit wie Salate und Kohl keimen auch ohne Wärme, aber die Keimung wird durch Wärme verbessert.

Mit Thermostaten ausgestattete Saatgutmatten sind am besten geeignet, da Sie die Temperatur am besten kontrollieren können. Matten ohne Thermostat funktionieren zwar auch, aber sie können schnell wärmer werden als erwünscht. Achten Sie bei der Verwendung von Heizmatten immer auf die Bodenfeuchtigkeit, da der Boden schneller austrocknet.

Härten Sie Setzlinge vor dem Auspflanzen ab. Pflanzen, die im Haus gezogen wurden, dürfen nicht plötzlich ins Freie gepflanzt werden. Die Sonne kann die Blätter verbrennen und die Pflanzen in manchen Fällen sogar den Garaus machen. Beginnen Sie damit, Ihre Pflanzen jeden Tag einige Stunden in die Sonne zu stellen, und erhöhen Sie diese Zeit im Laufe einer Woche schrittweise um einige Stunden. Pflanzen, die ohne künstliches Licht gezüchtet wurden und stattdessen je nach Witterung

SCHRITT FÜR SCHRITT

Aussaat in Töpfen

Sehen Sie sich Ihre Pflanztabelle oder Saatgutpackungen an, um zu bestimmen, wann Sie in Ihrer Region pflanzen sollten. Menschen sind oft versucht, zu früh mit der Aussaat im Innenbereich zu beginnen, aber das führt dazu, dass die Pflanzen zu groß für ihre Töpfe werden. Wenn Sie zu spät in der Saison mit der Aussaat beginnen, bleibt den Pflanzen hingegen nicht genügend Zeit.Saatgutpackungen an, um zu bestimmen, wann Sie in Ihrer Region pflanzen sollten. Menschen sind oft versucht, zu früh mit der Aussaat im Innenbereich zu beginnen, aber das führt dazu, dass die Pflanzen zu groß für ihre Töpfe werden. Wenn Sie zu spät in der Saison mit der Aussaat beginnen, bleibt den Pflanzen hingegen nicht genügend Zeit.

1. Füllen Sie jeden Topf bis zum Rand mit Erde, aber stopfen Sie sie nicht fest. Die Erde wird sich nach dem Gießen natürlich setzen, und es ist wichtig, einen Rand über der Bodenlinie zu lassen, der Wasser auffangen kann. Gießen Sie die Töpfe vor der Aussaat leicht an, wenn der Boden besonders trocken ist. Beschriften Sie die Töpfe.
2. Machen Sie mit dem Finger oder einem Bleistift eine kleine Vertiefung in der für das jeweilige Saatgut geeigneten Tiefe. Legen Sie ein oder zwei Samen hinein und schieben Sie dann etwas von der umgebenden Erde über die Samen oder streuen Sie bei flach gepflanzten Samen frische Erde darüber.
3. Gießen Sie die Töpfe mit einem sehr sanften Strahl oder stellen Sie sie in Schalen mit Wasser für die Bodenbewässerung. Die Sämlinge reagieren empfindlich auf Sättigung, daher sollten sie nicht zu viel Wasser bekommen. Es ist besser, die Schalen zwischen den Wassergaben ein wenig austrocknen zu lassen.
4. Die Häufigkeit der Bewässerung hängt von mehreren Faktoren ab (Temperatur, Bodenart, spezifische Bodenbeschaffenheit usw.), achten Sie also auf den Zustand der Pflanzen und Bodentrockenheit. Kontrollieren Sie morgens, ob der Boden feucht ist, bevor die Pflanzen dem Licht ausgesetzt werden.

rausgestellt wurden, benötigen wahrscheinlich keine Abhärtungszeit, da dies bereits im Laufe ihrer Entwicklung geschehen ist.

Pflanzen Sie zum richtigen Zeitpunkt. Pflanzen Sie Ihre Setzlinge ins Freie, sobald die Temperaturen angemessen sind, die Setzlinge abgehärtet sind und die Pflanzen eine gute Wurzelentwicklung aufweisen. Ziehen Sie die Pflanzen vorsichtig aus den Töpfen, um zu sehen, ob die Wurzeln und die Erde zusammen herausrutschen und die Form des Topfes beibehalten.

Die Wurzeln sollten reichlich vorhanden und gut entwickelt sein, aber nicht zu stark gewunden. Setzen Sie die Pflanze in ihren Topf zurück, wenn die Wurzeln unterentwickelt sind und die Erde von den Wurzeln abfällt. Warten Sie einige Tage, bevor Sie prüfen, ob sich die Wurzeln besser entwickelt haben. Wenn Ihre Pflanzen die Prüfung bestanden haben, massieren Sie die Wurzeln leicht frei, bevor Sie die Wurzelballen in die Erde setzen.

Vergewissern Sie sich, dass die Setzlinge gut entwickelte Wurzelballen haben, bevor Sie sie in den Garten pflanzen.

Beschaffung von Saat

Wenn es um den Kauf von Saatgut geht, herrscht kein Mangel an Möglichkeiten. Ich ziehe es vor, kleinere ökologische und/oder biodynamische Saatgutunternehmen zu unterstützen, vorzugsweise solche aus der Region. Aber auch das Internet bietet hier eine tolle Auswahl.

Einige der interessanteren und optisch reizvollen Sorten sind verlockend, aber ich empfehle, vor dem Kauf die Beschreibung zu lesen. Als Anfänger suchen Sie nach Begriffen wie zuverlässig, pflegeleicht, winterhart, ertragreich, tolerant und resistent. Sicherlich wähle ich von Zeit zu Zeit auch ein paar spezielle Sorten aus, aber ich greife dabei stets auf bewährte, zuverlässige Produzenten zurück.

In meinem Sommergarten gibt es drei Stadien von Buschbohnen, die nacheinander gepflanzt werden: neue Triebe wie diese, Bohnen, die sich auf die Produktion vorbereiten, und Pflanzen, die fast fertig mit der Produktion sind.

Maximierung der Produktion durch Folgepflanzungen

Pflanzen produzieren selten eine ganze Vegetationsperiode lang. Buschbohnen z. B. tragen vier bis sechs Wochen lang Bohnen, dann sterben die Pflanzen ab. Sie können eine gleichmäßigere Versorgung mit Bohnen während des gesamten Sommers erreichen, indem Sie die Samen derselben Pflanze zu verschiedenen Zeitpunkten säen. Im Beispiel der Buschbohne würden Sie alle vier bis sechs Wochen Bohnen aussäen, um eine regelmäßige Versorgung für mehrere Monate zu gewährleisten.

Die Nachfolgepflanzung stellt auch sicher, dass Sie nicht zu einem bestimmten Zeitpunkt riesige Mengen eines Gemüses ernten. Viele Gärtnerinnen und Gärtner pflanzen lange Reihen mit einer einzigen Pflanze an und lagern oder frieren dann alles ein, was sie nicht verbrauchen können. Das ist zwar eine gute Methode, um die Speisekammer mit Vorräten für den Winter zu füllen, aber es ist nicht so praktisch wie das kontinuierliche Anpflanzen und nicht so gesund wie der Verzehr von frischem Gemüse. Ich versuche zwar immer noch, einen Überschuss für die Lagerung zu haben (wenn möglich), aber eine zeitlich verlängerte Ernte bedeutet weniger Arbeit, da man immer nur eine geringere Menge einer Ernte verarbeiten muss.

Durch Folgepflanzungen können Sie das Erntezeitfenster für viele Gemüsearten verlängern.

Was und wann was zu pflanzen ist

Die Anzahl der Folgepflanzungen, die Sie pro Saison anbauen können, hängt von der Gesamtzahl der frostfreien Tage und der Anzahl der Tage ab, die eine Pflanze zur Reife benötigt. Mehr frostfreie Tage bedeuten eine größere Anzahl von Anpflanzungen pro Saison. Schnell reifende Pflanzen wie Salate, Radieschen und Grünkohl können ab dem zeitigen Frühjahr bis zum Spätherbst alle drei Wochen gesät werden.

Langsam reifende Pflanzen wie Buschbohnen, Zucchini, Sommerkürbisse, Sonnenblumen, Gurken, Rote Beete, Möhren, Rüben und Kartoffeln können alle vier bis sechs Wochen gepflanzt werden. Da im Garten immer wieder neue Pflanzen gepflanzt werden, sollten einige dieser Pflanzen – Zucchini, Sommerkürbisse, Rüben und Gurken – am besten anfangs in Töpfe gesetzt werden. Auf diese Weise verbrauchen Sie keinen wertvollen Platz im Garten, bis die betreffende Pflanze ausgepflanzt werden kann. Ersetzen Sie eine alte Pflanze jedes Mal durch eine neue und andere Pflanze.

einfache Kulturen für die Nachfolgebepflanzung

- Rote Bete
- Buschbohnen
- Karotten
- Gurken
- Grünkohl
- Kopfsalat
- Kartoffeln
- Radieschen
- Rüben
- Zucchini

Gemüse wie Tomaten, Paprika und Okra werden nicht oft in Folge gepflanzt, da diese Pflanzen eine ganze Vegetationsperiode benötigen, um zu reifen. Die Nachfolgepflanzung dieser Kulturen erfordert eine Vegetationsperiode mit sehr wenigen Frosttagen.

Einen Schritt weiter: Zwischenbepflanzung

Bei der Folgepflanzung kann man noch einen Schritt weiter gehen, indem man frühzeitig den Ersatz für eine Pflanze vorsieht. Ich weiß zum Beispiel, dass mein Frühspinat schießen wird, wenn die Temperaturen steigen, was bedeutet, dass ich einen Ersatz auf Abruf brauche. Ich kann diese Ersatzpflanze entweder in einen Topf setzen oder etwas wie Buschbohnensamen zwischen meine Spinatreihen pflanzen. Der Spinat wird an den Wurzeln abgeschnitten, wenn die Buschbohnen den Platz einnehmen. Diese Art der Bepflanzung erfordert einige Kenntnisse über den Platzbedarf und die Langlebigkeit der Pflanzen, ist aber eine hervorragende Methode, um die Produktion auf kleinem Raum zu maximieren.

Die Salate im zeitigen Frühjahr wurden strategisch geerntet, um Platz für einen sich entwickelnden Blumenkohl zu schaffen.

Saisonale Gartenpflege

Aufräumen im Herbst. Wenn die Saison zu Ende geht und der Frost die letzten Früchte des Sommers einholt, sollten Sie den Garten für den Winter aufräumen. Pfähle und Spaliere werden am besten trocken gelagert, um ihre Lebensdauer zu verlängern. Kranke Pflanzen sollten aus dem Komposthaufen und dem Garten entfernt und isoliert werden, um zu verhindern, dass die Infektion auf die Pflanzen der nächsten Saison übergreift.

Vorbereitungen im Winter und zu Beginn des Frühlings. Lassen Sie nicht befallene Pflanzen im Winter an Ort und Stelle, um den Boden zu schützen. Beginnen Sie mit der Säuberung einige Monate vor der Pflanzung, um sicherzustellen, dass die Beete vorbereitet und fertig sind. Schneiden Sie abgestorbene Pflanzen an der Bodengrenze ab und geben Sie die Pflanzenreste auf den Komposthaufen. Pflanzen, die weniger Rückstände hinterlassen, wie z. B. Salat, können an Ort und Stelle belassen werden, um sich zu zersetzen, und im Frühjahr mit Kompost überdeckt werden. Die meisten Stauden gehen in den Winterschlaf, und die abgestorbenen Reste sollten entfernt werden, bevor die Stauden im Frühjahr wieder austreiben.

SCHRITT

3

OBSTBÄUME

und Sträucher

Die Erweiterung Ihres Gartens um mehrjährige Früchte bietet unendlich viele Möglichkeiten. Ich habe mich auf gängige mehrjährige Früchte beschränkt, die in einer Vielzahl von Klimazonen wachsen, aber viele andere Früchte können auch für Ihre Region geeignet sein. Einige der interessanteren Sorten können Ihnen helfen, Herausforderungen wie Witterungsbedingungen, Topografie, Bodenbeschaffenheit und Schädlinge zu meistern. Wenn Sie bereit sind, ein wenig zu experimentieren und Geduld mitzubringen, können Sie schöne Ernten einfahren.

Die Pflaumenblüten gehören zu den ersten Farbtupfern im Frühjahr.

3

Der Plan

- WÄHLEN SIE EINEN STANDORT FÜR DIE EWIGKEIT. Mehrjährige Früchte können nährstoffarme Böden vertragen, gedeihen aber nicht in staunassen oder besonders trockenen Böden. Wählen Sie einen Standort mit guter Drainage, Zugang zu Wasser, ausreichender Sonne und viel Platz für ausgewachsene Pflanzen.

- BEWERTEN SIE IHRE FORTSCHRITTE. Während Sie die Strategie für die Platzierung der mehrjährigen Früchte festlegen, sollten Sie überlegen, ob Sie mit Ihren derzeitigen Bemühungen zufrieden sind oder ob Sie Anpassungen vornehmen müssen. Inzwischen haben Sie ein besseres Verständnis für die Faktoren, die den Erfolg der Gartenarbeit beeinflussen. Sie haben viel Zeit (und wahrscheinlich auch Geld) in Ihren aktuellen Garten investiert, aber wenn etwas nicht funktioniert, sollten Sie es ändern.

- FÜNF PFLANZEN AUSWÄHLEN. Wählen Sie drei verschiedene Obstbäume, z. B. Apfel, Birne und Pflaume (jeweils zwei), vier Heidelbeersträucher (mindestens zwei verschiedene Sorten) und eine einzige Brombeer- oder Himbeersorte (drei bis fünf Pflanzen, genug für eine Reihe von 3 bis 6 Metern).

- SPRECHEN SIE MIT LOKALEN ZÜCHTERN, um zu erfahren, was in Ihrer Region gut gedeiht, und wählen Sie dann Sorten aus, die für Ihre Winterhärtezone geeignet sind.

Bevor Sie loslegen

Bäume und Sträucher brauchen Zeit, um sich zu etablieren. Denken Sie langfristig, wenn Sie einen Mini-Obstgarten anlegen. Rechnen Sie frühestens in zwei Jahren mit ersten Früchten, wenn die Pflanzen gesunde Wurzeln schlagen. Nehmen Sie sich auch Zeit für die richtige Planung: Die meisten Obstpflanzen lassen sich nur schwer versetzen, wenn sie eine bestimmte Größe erreicht haben. Blaubeeren und andere Sträucher lassen sich versetzen, aber das gilt weniger für Bäume oder ausladende Stauden wie Himbeeren.

Machen Sie sich keine Gedanken über die Bodenqualität. Obstbäume und Sträucher bevorzugen mäßig nährstoffreiche Böden. Sie können besser nach Nährstoffen suchen als flach wurzelnde Pflanzen, weil ihre Wurzeln länger und tiefer reichen. Es ist fast unmöglich, den Boden um die Baumwurzeln herum zu verbessern; die Pflanzen müssen lernen, auf dem natürlichen Boden zu gedeihen. Eine Nachdüngung mit Kompost oder einem organischen Dünger im Wurzelbereich im Frühjahr kann die Pflanzengesundheit verbessern, aber es gibt keinen Grund, einen Baumstandort auf die gleiche Weise vorzubereiten wie ein Gemüsebeet.

Geben Sie Bäumen und Sträuchern viel Sonne. Die Obstproduktion ist energieintensiv, das heißt, Obstbäume und -sträucher müssen so viel Sonnenenergie wie möglich nutzen. Blaubeeren, Brombeeren, Himbeeren, Johannisbeeren, Stachelbeeren und Pflaumen können schon bei sechs Sonnenstunden pro Tag Früchte tragen, aber der Ertrag steigt mit zunehmender Sonneneinstrahlung. Die meisten anderen Obstbäume und -sträucher bevorzugen acht oder mehr Sonnenstunden pro Tag.

Beheben Sie Drainageprobleme vor der Pflanzung. Nur sehr wenige Obstbäume, Sträucher und Reben vertragen zu feuchte Böden. Lesen Sie vor der Pflanzung den Abschnitt Test der Bodendrainage, Seite 18, um sicherzustellen, dass der Boden schnell und effizient abfließt. Damit das Wasser von den Wurzeln wegfließt und sich nicht um sie herum ansammelt, können Sie vor dem Pflanzen der Bäume oder Sträucher Erde aufschütten, um das Bodengefälle zu verändern und so den Wasserfluss umzuleiten.

Stellen Sie den Zugang zu Wasser sicher. Trotz der obigen Warnung können Obstbäume in trockenen Böden nicht überleben, vor allem nicht im ersten Jahr des Wachstums, so dass Sie Zugang zu einem Schlauch oder einer anderen Wasserquelle benötigen. Auf Seite 91 finden Sie eine neue Technik, bei der das Wasser aufgefangen wird, um sicherzustellen, dass der Boden so viel Regenwasser wie möglich aufnimmt.

Lokalisieren von Frostzonen

Die kalte Luft bewegt sich bergab und setzt sich an Tiefpunkten oder in Bereichen ab, in denen die Luftbewegung durch Bäume oder Gebäude behindert wird. Frostzonen – kleine, oft isolierte Bereiche, in denen kalte Luft eingeschlossen wird – kann es in Tälern, an Hängen oder in städtischen Gebieten geben. In diesen Gebieten kann es Frost geben, auch wenn die Umgebung frostfrei ist. Für die Gartenarbeit wird dies problematisch, wenn die

Die meisten Obstbäume, darunter auch dieser Pfirsich, bringen weitaus mehr Blüten (und Früchte!) hervor, wenn sie an einem sonnigen Standort stehen.

Tageshöchsttemperaturen Obstbäume dazu verleiten, zu früh zu blühen. Wenn die Blüten über Nacht Frostschäden erleiden, kann es sein, dass der Baum keine Früchte trägt oder die Früchte schlecht entwickelt sind.

Bei der Entscheidung, wo Obst und andere empfindliche Stauden gepflanzt werden sollen, ist es wichtig zu wissen, wie die Topografie die Luftbewegung beeinflusst. Im Idealfall vermeiden Sie Frostzonen aber das ist je nach Größe und Lage Ihres Grundstücks nicht immer möglich. Wenn Frostzonen ein Risiko darstellen, sollten Sie sich für Obstsorten entscheiden, die später im Frühjahr blühen. Ein Frühapfel wie Gala blüht zum Beispiel lange vor einem Spätapfel wie Pink Lady. Die Wahl von Spätfrüchten kann die Auswirkungen eines schädlichen Frostes abmildern.

Diversifizieren Sie

Im vorigen Kapitel haben wir uns mit den Vorteilen der Vielfalt für den Aufbau eines schützenden Netzes befasst (Blumen ziehen Insekten an, Insekten ziehen Vögel an usw.), aber jetzt wollen wir uns die Vorteile unter dem Gesichtspunkt des Ertrags ansehen. Bei der Anlage eines Obstgartens, egal wie groß oder klein er ist, sollten Sie vor allem zu Beginn verschiedene Baum- und Straucharten pflanzen. Wenn Sie von jeder Obstsorte nur wenige Exemplare pflanzen, können Sie herausfinden, was funktioniert und was nicht, bevor Sie viel Geld investieren. Pflanzen Sie dann mehr von den Sorten, die gut gedeihen.

Ich habe zum Beispiel zwei schlecht gewachsene Aprikosen ersetzt, die nie Früchte trugen. Inzwischen habe ich gelernt, dass Aprikosen in meiner Region zwar winterhart sind, aber nur selten Früchte tragen. Die anfängliche Investition in mehr als nur zwei Aprikosen wäre ein noch kostspieligerer Fehler gewesen.

Ein weiterer Vorteil der Diversifizierung Ihres Obstgartens besteht darin, dass sie das Auf und Ab der Ernte ausgleichen kann. Es ist üblich, dass der Erfolg der verschiedenen Kulturen von Jahr zu Jahr unterschiedlich ausfällt. So kann es sein, dass Ihre Birnen ein ertragsarmes Jahr erleben, während Ihre Äpfel eine Rekordernte einfahren. Der Baumschnitt, auf den ich später eingehe, kann dazu beitragen, die jährliche Produktion auszugleichen, aber in manchen Jahren können Sie nur wenig tun, um den Erfolg zu kontrollieren. Die Anpflanzung einer Vielzahl von Bäumen und Sträuchern trägt dazu bei, den kumulativen Erfolg im Laufe der Zeit zu steigern.

Wählen sie die richtigen Sorten

Einige Bäume und Sträucher tragen auch dann keine Früchte, wenn Ihre Region für die jeweilige Pflanze geeignet erscheint. Beispielsweise sind einige Feigensorten bis zur Zone 5 winterhart. Die Pflanze kehrt wie eine Staude Jahr für Jahr zurück, trägt aber nur in den Zonen 8 und darüber Früchte. Achten Sie darauf, dass Sie eine Pflanze wählen, die nicht nur winterhart ist, sondern auch in Ihrer Region zuverlässig Früchte trägt. Besuchen Sie örtliche Gartencenter und fragen Sie die Fachleute, was sich bei ihnen bewährt hat, und nutzen Sie dieses Wissen, um Ihre eigenen Bemühungen zu unterstützen. Es gibt Tausende von Apfelsorten, doch die meisten von uns kennen nur ein paar der gängigsten, wie Red Delicious, Gala oder Holsteiner Cox. Örtliche Erzeuger können Sie über weniger bekannte Sorten informieren, die für bestimmte Bedürfnisse besser geeignet sind, wie z. B. Finkenwerder Herbstprinz, Gloster oder Celler Dickstiel, der für Allergiker besonders geeignet ist.

Halten Sie nicht an einem Fehler fest, nur weil Sie viel Zeit damit verbracht haben, ihn zu machen. Ersetzen, entfernen oder versetzen Sie Bäume oder Sträucher, die bei Ihnen nicht gedeihen.

Kältebedürfnis

In Nord- und Mitteleuropa heimische Obstbäume haben ein gewisses Kältebedürfnis, das den Baum im Winter zur Ruhe kommen lässt und die Voraussetzung dafür ist, dass der Baum im Frühjahr wieder blüht. Nötig sind Temperaturen unter 7°C, die – etwas abhängig von der Sorte – an mindestens 20 Tagen vorherrschen müssen. Früher war das kaum problematisch, aber zu Zeiten des Klimawandels wird hierzu vermehrt geforscht. Sie wissen nun aber zumindest, dass Sie dem Baum im Winter keine Jacke anziehen sollten.

Den Bestäubungsbedarf kennen

Bestimmte Bäume und Sträucher benötigen eine Fremdbestäubung (die Übertragung von Pollen von einer Pflanze auf eine andere), um Früchte zu tragen. Diese Arten von Bäumen und Sträuchern müssen zusammen mit einem „Pollenspender" gepflanzt werden. Ohne einen solchen produzieren sie nur sehr wenige oder gar keine Früchte. In einigen Fällen kann es sich bei dem Pollenspender um genau dieselbe Sorte handeln, z. B. wenn ein Granny Smith einen anderen Granny Smith bestäubt. Die meisten Fremdbestäuber ziehen es jedoch vor, mit einer anderen Sorte gepflanzt zu werden (z. B. ein Gala-Apfel mit einem Cox-Apfel).

Hin und wieder trifft man auf eine Sorte, die zwar Pollen von einem Pollenspender annimmt, bei der die eigenen Pollen aber steril sind. Die Weitergabe von Pollen ist also nicht möglich. Wenn Sie zum Beispiel einen Jonagold (steril) mit einem Gala (nicht steril) pflanzen würden, würde der Jonagold Früchte tragen, der Gala aber nicht. In diesem Fall bräuchte man eine dritte Sorte, z. B. Cortland, um die Fruchtbildung bei allen drei Sorten zu gewährleisten. Wenn Sie Bäume kaufen, die einen Fremdbestäubung benötigen, wählen Sie zwei Sorten

Birnen werden von Insekten bestäubt und müssen in der Nähe einer anderen Birnensorte gepflanzt werden, um Früchte zu tragen.

Checkliste für die Auswahl von Obstsorten

Verschiedene Obstsorten werden auf Eigenschaften wie Größe, Krankheitsresistenz, frühe Fruchtbildung, späte Fruchtbildung, lange Lagerfähigkeit und/oder dornenlose Reben (wie bei Brombeeren und Himbeeren) gezüchtet. Jede Eigenschaft hat ihre Vorteile, aber Sie müssen wissen, was Sie kaufen, um entsprechend planen zu können. Fragen Sie sich bei der Suche nach Sorten, die am besten zu Ihren Bedürfnissen passen:

- Ist diese Sorte in meiner Region winterhart?
- Habe ich zwei fremdbefruchtende Sorten, die zur gleichen Jahreszeit blühen?
- Sind meine Sorten kompatibel bezüglich der Pollen?
- Wie groß wird mein Baum oder Strauch werden, und habe ich genügend Platz?
- Habe ich eine selbsttragende Brombeere oder Himbeere gewählt, oder brauche ich ein Spalier?

Es gibt keine festen Regeln, die für alle Früchte gelten, daher ist es wichtig, die Besonderheiten der jeweiligen Sorte zu kennen. Auch nicht unwichtig: Schmeckt mir der Apfel / das Obst?

(drei, wenn eine der Sorten steril ist), die zur gleichen Jahreszeit blühen und kompatibel gelten. Um eine gute Bestäubung zu gewährleisten, pflanzen Sie die Bäume nicht weiter als 15 Meter voneinander entfernt.

Bäume und Sträucher wie Pfirsich, Feige und einige Kirschsorten gelten als Selbstbestäuber, das heißt, sie benötigen keinen Pollenlieferanten. Obwohl der Fruchtertrag oft durch die Anwesenheit einer zweiten Sorte verbessert wird, ist diese zweite Pflanze nicht unbedingt erforderlich. Im Folgenden sind einige gängige Fremd- und Selbstbestäuber aufgeführt.

Fremdbestäuber

- Apfel
- Heidelbeere
- Papaya
- Birne
- Pflaume
- Süßkirsche

Selbstbestäuber

- Aprikose
- Brombeere
- Zitrusfrüchte (die meisten)
- Feige
- Maulbeere
- Nektarine
- Pfirsich
- Himbeere
- Felsenbirne
- Sauerkirsche

Pflanzen auswählen, die größenmäßig passen

Bäume und Sträucher können sehr viel Platz beanspruchen. Das Beschneiden hilft, die Größe und Form eines Baumes oder Strauches zu kontrollieren, aber es ist nicht empfehlenswert, einen Baum in Standardgröße (etwa 6 m hoch, je nach Sorte) auf eine Höhe von weniger als 3 m zu reduzieren. Das, was oben an Baum übrig bleibt, reicht nicht aus, um ein ausgewachsenes Wurzelsystem zu versorgen, und mit zunehmendem Alter des Baumes wird der Ertrag dann immer weniger. Wenn Sie kleine Bäume wollen, wählen Sie kleine Sorten.

Stehen die Pflanzen zu dicht beieinander, erhöht sich die Wahrscheinlichkeit von Krankheiten und der Ernte-Ertrag sinkt. Und wenn sie um be-

Der Pfirsich „Bonanza“ ist eine Zwergsorte, die nur einen Meter hoch wird. Die Früchte sind im Vergleich zu anderen Sorten weniger fleischig, aber ihre kompakte Größe macht sie zu einer interessanten Ergänzung für den Hausgarten.

Ein säulenförmiger Apfelbaum wächst in einer 60 bis 90 cm breiten Form und hört bei max. 3 Meter Höhe auf zu wachsen. Solche Bäume können in kleine Räume gepflanzt oder als interessante Akzentpflanzen verwendet werden.

Allgemeine Abstandsempfehlungen für ausgewählte Bäume und Sträucher

Die folgenden Größen- und Abstandsempfehlungen sind als allgemeine Orientierungshilfe für den Anfang gedacht. Manche Pflanzen werden höher oder niedriger als angegeben. Zum Beispiel werden die meisten Standardpfirsiche nur 4 Meter hoch. Genauere Informationen zu Größe und Abständen finden Sie auf dem Etikett der jeweiligen Pflanze.

PflanzenNTYP	HÖHE BEI REIFE	ABSTANDSEMPFEHLUNG
Standard-Baum	5,40-7,50 m	9,00-10,50 m
Halbwüchsiger Baum	3,60-4,50 m	4,50 m
Zwergbaum	1,80-3,00 m	3 m
Säulenförmiger Apfel	2,40 m	0,90-1,20 m
Feige	2,40-3,60 m	4,50 m
Brombeere, Spalier	3 m	0,90 m
Brombeere, selbsttragend	0,90-1,50 m	0,90-1,50 m
Himbeere, Spalier	1,50-1,80 m	0,90-1,20 m
Himbeere, selbsttragend	1,50-1,80 m	0,90-1,80m
Heidelbeere, Sorte: Rabbiteye	4,50 m	4,50
Heidelbeere, hoher Busch	1,80-3,00 m	2,40 m
Heidelbeere, halbhoch	0,60-1,20 m	0,60-1,50 m
Heidelbeere, niedriger Busch	0,30 m	0,60 m

grenzten Platz konkurrieren, breiten sich zum Beispiel Himbeeren sehr aggressiv aus.

Beim Pflanzen sollten Sie daher unbedingt die Größe im Blick haben, die der Baum oder der Strauch erreichen wird, wenn er ausgewachsen ist. Die Verwendung von Bäumen und Sträuchern als Hecken oder Einfassungen, das Ausrichten von Pflanzen entlang eines Zauns oder einer Hauswand (siehe Spalierobstbäume, unten) oder die Auswahl säulenförmiger Äpfel sind Techniken, um mehr Sorten auf kleinerem Raum unterzubringen.

Spalier-Obstbäume

Spalierbäume werden so beschnitten und geführt, dass sie möglichst platzsparend wachsen. Das ist besonders nützlich für Gärtner, die nur wenig Platz zur Verfügung haben. Spalierbäume können entlang eines nach Süden ausgerichteten Zauns oder einer Gebäudewand gepflanzt werden oder als Einfassung oder Zaun dienen. Spalierbäume sind im Handel erhältlich, oder Sie können Ihre eigenen Bäume spalieren. Junge Bäume sind am besten geeignet, weil man ihr Wachstum schon früh beeinflussen kann. Ältere Bäume sind weniger biegsam und schwieriger zu erziehen. Am häufigsten werden Zwergbirnen und Zwergäpfel verwendet, aber auch kleinere Bäume wie Feigen und einige Kirschsorten können verwendet werden.

Wählen Sie die gewünschte endgültige Form und bauen Sie eine entsprechende Stützstruktur. Sie können verschiedene Strukturen verwenden, z. B. Holzpfähle mit dazwischen gespanntem Draht oder eine bestehende Struktur wie einen Zaun. Bestimmte Zweige werden weggeschnitten und die verbleibenden Zweige werden an der Stütze festgebunden, wo sie langsam aushärten. Weitere Informationen über den Spalierschnitt finden Sie im Buch „Spalierobst im Hausgarten" von Peter Himmelhuber, erschienen im ökobuch Verlag.

Spalierbäume können so erzogen werden, dass sie in vielen Formen wachsen: Die Palmette ist die häufigste.

Mulden zum Auffangen von Regenwasser

Eine Mulde kann zu einem optimalen Wasserhaushalt beitragen. Beginnen Sie mit dem Ausheben eines Grabens – einer Senke –, die bei Regenfällen Wasser sammeln kann. Dann schichten Sie die Erde aus dem Graben auf der bergabwärts gerichteten Seite der Senke auf, um eine Böschung zu schaffen, die als erhöhtes Gartenbeet oder als Barriere dient, die das Regenwasser daran hindert, bergab zu fließen. Mulden folgen der Kontur des Geländes, und wenn sie richtig angelegt sind, läuft die Mulde gleichmäßig mit Regenwasser voll, das dann langsam an den umliegenden Boden abgegeben wird. Bäume und Sträucher, die bergabwärts von der Mulde stehen, profitieren von der erhöhten Wasserverfügbarkeit.

Der Bau von Mulden kann arbeitsintensiv sein, spart aber letztlich Zeit bei der Bewässerung. Mulden eignen sich gut für den Gartenbau in trockenen Regionen oder für alldiejenigen, die an einem Hang oder in einem leicht geneigten Garten anbauen. Bei der Entscheidung über das Anlegen von Mulden sollten Sie berücksichtigen, wie sich Topografie, Klima und Geologie auf die Wasserspeicherung und -ableitung auf Ihrem Grundstück auswirken.

Denken Sie daran, dass die Ansammlung von Wasser in der Nähe eines Gebäudes problematisch ist. Mulden sollten daher in einem Abstand von mindestens 5 Metern zu Gebäuden mit Fundament angelegt werden. Tief liegende Gebiete, Grundstücke mit schlechter Entwässerung, extrem steile Hänge oder Standorte mit besonders hohem Grundwasserspiegel kommen ebenfalls nicht in Frage.

Mulden können entweder mit porösem organischem Material wie Holzspänen oder Stroh gefüllt oder mit einer mehrjährigen Pflanze wie Klee, Wicke oder Roggen bepflanzt werden. Mit organischen Stoffen gefüllte Mulden können als Gehweg genutzt werden und dienen als Quelle für Nährstoffe mit langsamer Freisetzung, da sich der Mulch langsam zersetzt.

Die Mulde muss etwa alle fünf Jahre gereinigt werden, damit sie weiterhin Wasser sammelt.

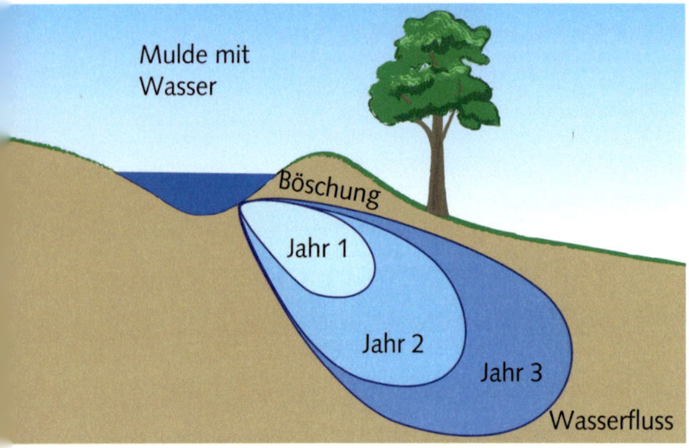

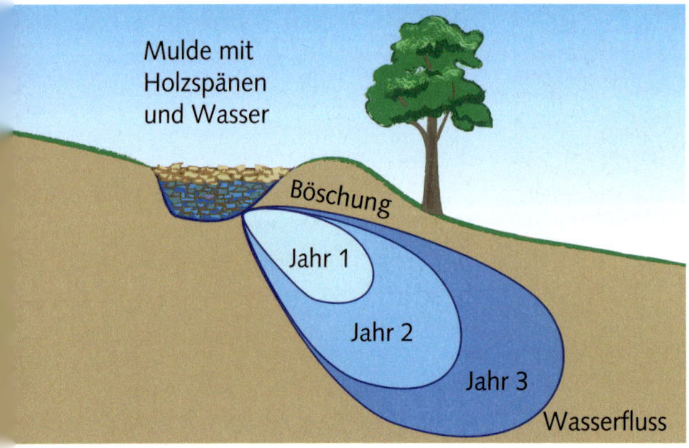

Eine bepflanzte Mulde sollte ein geringeres Gefälle aufweisen als eine mit organischem Material gefüllte Mulde. Die Verfügbarkeit von Wasser wird mit der Zeit zunehmen, wenn der Wasserfluss größere Tiefen und Ausbreitungen erreicht.

SCHRITT FÜR SCHRITT

Mulden

Platzieren Sie eine Mulde auf einer geneigten Fläche (ein leichtes Gefälle ist gut), wo viel Regenwasser über die Bodenoberfläche fließt. Mulden müssen möglichst eben sein, da sich das Wasser sonst immer zum tiefsten Punkt hin bewegt; ist die Mulde nicht perfekt eben, sammelt sich das Wasser an einem Ende. Tiefe und Breite der Mulden können sehr unterschielich sein und reichen von 15 cm Tiefe und 50 cm Breite bis zu 60 cm Tiefe und 1,50 m Breite. Größere Mulden werden in der Regel maschinell angelegt. Wenn Sie keinen Zugang zu Maschinen haben, schlage ich vor, mit kleineren Mulden zu beginnen, die mit Gartengerätschaften angelegt werden können. Probieren Sie aus, welche Technik an Ihrem Standort funktioniert, und schreiten Sie dann zur Tat.

1. Markieren Sie die Höhenlinien mit Fähnchen oder anderen Markierungen. Die Länge und der Abstand der Höhenlinien sollten die richtigen Abstände für die neu zu pflanzenden Obstbäume und Sträucher berücksichtigen.
2. Heben Sie entlang der Konturlinie einen 25 cm tiefen und 50 cm breiten Graben (als Mulde) aus und schichten Sie die Erde auf der bergab gelegenen Seite auf, um eine Böschung anzulegen. Wenn Sie die Böschung als Gartenbeet nutzen wollen, legen Sie Pappe unter den Erdhaufen, um die vorhandene Vegetation abzutöten.
3. Wenn Sie eine kleine Mulde anlegen, prüfen Sie, ob sie eben ist, indem Sie sie mit Wasser aus einem Schlauch füllen (bei größeren Mulden ist dies unpraktisch). Das Wasser sollte die Senke gleichmäßig füllen und sich nicht an einem Ende sammeln. Alternativ, und noch besser, beobachten Sie die Senke während eines großen Regengusses und passen Sie dann die Tiefe der Senke an, um sicherzustellen, dass sich das Wasser nicht auf einer Seite staut.
4. Füllen Sie die Mulde mit Holzspänen oder Mulch, um sie als Gehweg und Nährstoffquelle für den Boden zu nutzen.
5. Glätten Sie die Böschung zu einem gleichmäßigen Hügel, wenn Sie sie für Gartenbeete nutzen wollen, und düngen Sie den Boden mit Kompost. Pflanzen Sie Bäume auf der bergabwärts gelegenen Seite der Senke, mindestens 1,8 m von ihrer Basis entfernt.

Hier wurden Obstbäume, Sträucher und Blumen entlang einer Senke gepflanzt, die als passives Bewässerungssystem dient.

Eine Einführung in die Beerenwelt

Beeren aller Art sind eine erfrischende Ergänzung für den heimischen Garten. Der Einfachheit halber habe ich mich auf einige der gängigsten Beeren beschränkt: Himbeeren, Brombeeren und Heidelbeeren (Erdbeeren werden in Schritt 4 behandelt). Ich empfehle, mit diesen Beeren anzufangen und dann weitere Sorten wie Elsbeeren, Johannisbeeren und Stachelbeeren hinzuzunehmen, wenn Sie soweit sind. Wie bei allen Obstbäumen und -sträuchern dauert es bei Beeren oft ein paar Jahre, bis sie reichlich Früchte tragen, also haben Sie Geduld.

Mit Schädlingen und Räubern müssen Sie bei Beeren leider immer rechnen: Vögel, Eichhörnchen oder auch Igel vor dem Winterschlaf lieben Beeren aller Art genauso wie wir, sodass es meist sinnvoll ist, hier Schutzmaßnahmen zu ergreifen – zum Beispiel Vogelnetze, die über die reifenden Früchte gezogen werden. Einige Hobbygärtner gehen sogar so weit, dass sie große Käfige mit Maschendraht um ihr gesamtes Beerenfeld herum bauen.

Wie man Himbeeren und Brombeeren anbaut

Himbeeren und Brombeeren sind freistehend oder am Spalier, mit oder ohne Dornen, erhältlich. Diese Pflanzen müssen ausnahmslos jeden Winter zurückgeschnitten werden. Daher sollten Sie sich diese Arbeit zutrauen, bevor Sie ein zu großes Beet anlegen. Beginnen Sie mit einer Reihe von 3 bis 5 Meter (insgesamt nicht mehr als 6 bis 9 Meter) und erweitern Sie diese, wenn Sie bereit sind. Die Reihen sollten wegen der vorgeschriebenen Pflanzabstände nie kürzer als 3 Meter sein. Der Abstand zwischen den Reihen sollte 2,50 bis 3 Meter betragen.

Einige Sorten verbreiten sich sehr stark. Rote und gelbe Himbeeren und, in geringerem Maße, einige Brombeeren verbreiten sich aggressiv über unterirdische Ausläufer. Neue Pflanzen können bis zu 3 Meter von der Mutterpflanze entfernt aus dem Boden sprießen. Das ist eine großartige Eigenschaft, wenn Sie die Ausbreitung Ihrer Früchte fördern wollen, aber es kann mühsam werden, wenn Sie versuchen, das Wachstum zu kontrollieren. Aus diesem Grund werden Himbeeren und Brombeeren am besten in einem isolierten Bereich

Brombeeren sind eine meiner ertragreichsten Obstkulturen und werden von der ganzen Familie genossen.

mit einem gemähten Rand gepflanzt. Setzen Sie sie nicht in einem Abstand von weniger als 3 Meter zu anderen Pflanzen oder Staudenbeeten.

Andere Sorten breiten sich nicht so stark aus. Die meisten Brombeeren und einige violette und schwarze Himbeeren bilden weit weniger Ausläufer. Stattdessen biegen sich ihre Ranken so, dass sie den Boden berühren und dort Wurzeln bilden. Ihre Ausbreitung lässt sich relativ leicht kontrollieren, da man genau sehen kann, wo die nächste Pflanze wachsen wird. Um die Ausbreitung zu verhindern, halten Sie die Spitzen vom Boden fern oder schneiden Sie die entstehenden Wurzeln ab. Entsorgen Sie die Wurzeln in einem Feuer oder lassen Sie sie mindestens einen Monat lang in der Sonne trocknen, damit sie nicht versehentlich auf einem Komposthaufen oder in einem verlassenen Bereich Ihres Gartens Wurzeln schlagen.

Die Fruchtzeiten sind unterschiedlich. Sommerhimbeeren bilden jedes Jahr im Frühjahr neue Sprossachsen – Brombeeren im Hochsommer. Beide gehen im Winter in die Ruhephase und tragen im Sommer Früchte an den Ranken des Vorjahres, die dann absterben. Das bedeutet, dass Sie im ersten Jahr keine Beeren bekommen; Sie müssen bis zum nächsten Jahr warten, wenn diese Äste Früchte tragen. Entfernen Sie die Äste des zweiten Jahres, sobald sie keine Früchte mehr tragen.

Immertragende Himbeeren bilden im Frühjahr ebenfalls neue Sprossachsen aus, aber die Spitzen tragen noch im selben Jahr im Spätsommer Beeren. Im ersten Jahr kann es also durchaus Früchte geben, aber die Blüten werden am besten auch entfernt, um Energie in das sich entwickelnde Wurzelsystem zu stecken. Entfernen Sie den oberen Teil der Pflanze, wenn sie ruht, und rechnen Sie im folgenden Sommer mit einem geringeren Ertrag aus dem unteren Teil. Immertragende Himbeeren bringen mehr Beeren hervor, aber die Pflanzen sind schwieriger zu pflegen, weil man dieselben Stöcke zweimal schneiden muss – einmal, um den oberen Teil zu entfernen, und ein weiteres Mal, wenn der Stock verbraucht ist. (Siehe Beschneiden und Spalieren von Brombeeren und Himbeeren, Seite 105).

Um die Erntezeit zu verlängern, pflanzt man häufig ein kleines Beet mit immertragenden und ein kleines Beet mit sommertragenden Himbeeren an. Pflanzen Sie die beiden Sorten in getrennten Bereichen an. Himbeeren neigen so sehr zur Ausbreitung, dass sich die beiden Sorten mit der Zeit vermischen können. Wenn sich die beiden Sorten miteinander verflechten, wird es schwierig zu erkennen, welche Stöcke man zurückschneiden und welche man stehen lassen soll.

Die blühenden Brombeeren sind im Frühsommer eine wahre Pracht. Halten Sie sich an die Empfehlungen für den Abstand und den Rückschnitt, um einen hohen Ertrag zu erzielen.

SCHRITT FÜR SCHRITT

Bau von Spalieren

Brombeer- und Himbeerspaliere müssen keine große Last tragen; Spaliere halten lediglich die Stöcke der Pflanzen aufrecht und verhindern, dass sie umfallen. Da die Spalierpfosten im Boden der Feuchtigkeit ausgesetzt sind, sollten sie aus Zeder, Robinie oder einem anderen verrottungsfesten Holz bestehen; unbehandeltes Kiefernholz verrottet schnell. Für die Träger können Sie jede Art von Holz verwenden. Mit den folgenden Materialien können Sie ein Spalier mit einer Länge von 6 bis 12 Meter bauen. Bei Beetlängen von mehr als 6 Meter müssen Sie zusätzliche Pfosten anbringen.

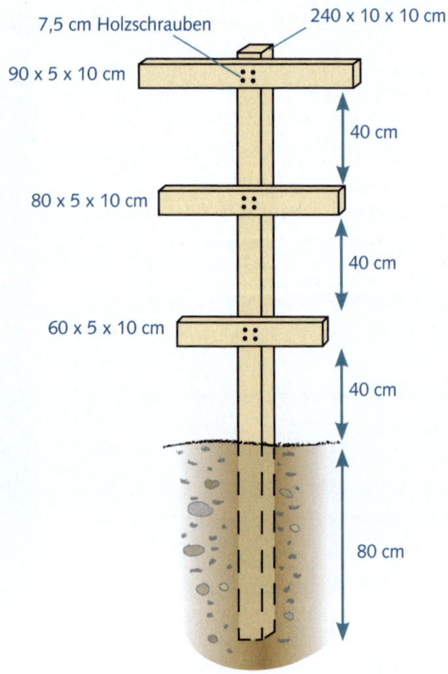

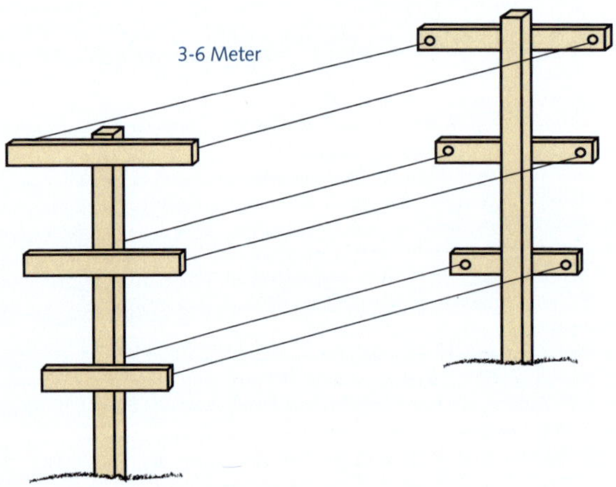

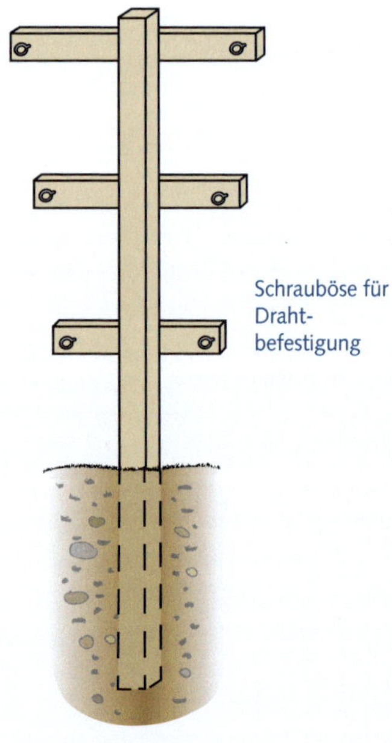

Fädeln Sie stabilen Draht zwischen den Ösen ein, um das Spalier zu vervollständigen.

MATERIALIEN UND WERKZEUGE

- Erdbohrer für das Loch
- 2 (2,40 m) verrottungsfeste Pfosten
- Wasserwaage
- Säge
- Holz (5 x 10 cm) mit insgesamt mind. 5 Meter Länge
- Bohrmaschine
- 24 (7,5 cm) Holzschrauben, rostfrei
- 6 (2,5 cm) Schraubösen
- Schraubenzieher
- Drahtschneider
- verzinkter Draht in der gewünschten Länge
- Lederhandschuhe

1 Heben Sie mit dem Erdbohrer (kann man sich gut leihen) zwei Löcher aus, die 80 cm tief sind und einen Abstand von 3 bis 6 Meter haben, je nach gewünschter Spalierlänge und Anzahl der Pflanzen. Für Reihen, die länger als 6 m sind, werden zusätzliche Pfosten benötigt.

2 Setzen Sie einen Pfosten in ein Loch, richten Sie ihn mit einer Wasserwaage aus, und drücken Sie die Erde mit einem Stock oder einem anderen Gegenstand in das Loch. Das Hinzufügen von Steinen oder Kies in das Loch kann die Stabilität verbessern. Wiederholen Sie den Vorgang mit dem zweiten Pfosten.

3 Schneiden Sie das Holz für die Träger mit der Säge in drei Stücke: 90 cm, 80 cm, 60 cm. Bohren Sie in jeden Arm Löcher für die Holzschrauben. Befestigen Sie die drei Arme mit 7,5cm-Holzschrauben an jedem Pfosten (die Abstände und die Position der Schrauben sind in der Abbildung angegeben).

4 Bohren Sie die Löcher für die Schraubösen wie angegeben. Drehen Sie jede Öse mit einem durch das Ösenloch gesteckten Schraubendreher fest.

5 Schneiden Sie den Draht auf die richtige Länge zu (60 cm länger als der Abstand zwischen den Pfosten) und fädeln Sie den Draht zwischen den Ösen ein, indem Sie ihn durch das Ösenloch ziehen. Anschließend verdrehen Sie das Ende mit dem langen Draht, bis es sicher hält. Ziehen Sie den Metalldraht mit Lederhandschuhen so fest wie möglich, bevor Sie ihn an der gegenüberliegenden Schrauböse befestigen. Schneiden Sie den überschüssigen Draht ab.

Blaubeeren

Blaubeeren, auch bekannt als Heidelbeeren, sind nicht nur lecker, sondern lassen sich auch gut anbauen. Es gibt unzählige Sorten, der mittlerweile auch in Deutschland sehr beliebten Beere. Wenn Sie sie bevorzugt als Naschobst anbauen wollen, dann sind zum Beispiel die süßen Sorten Arto, Bluejay oder Putte eine gute Wahl. Lassen sie sich hier beraten – vor Ort oder auch im Internet.

Wählen Sie Sorten, die für den zugewiesenen Platz geeignet sind, und beachten Sie ihre Blütezeit. Blaubeeren sind selbstbestäubend, aber der Ertrag wird erheblich gesteigert, wenn zwei, vorzugsweise drei, verschiedene Sorten zusammen gepflanzt werden. Die von Ihnen ausgewählten Sorten sollten sich in ihrer Blütezeit überschneiden, damit sie Pollen austauschen können.

Wie bei vielen Früchten wachsen die Heidelbeeren an den Zweigen des letzten Jahres. In den ersten zwei oder drei Jahren, in denen sich die Pflanze entwickelt, ist der Ertrag daher minimal. Entfernen Sie die Blüten im ersten Jahr, damit die Energie in die Wurzeln fließen kann. Heidelbeeren reagieren empfindlicher auf die Bodenqualität als andere Beeren. Sie bevorzugen saure Böden, was durch jährliches Mulchen mit ca. 10 cm Kiefernrinde oder Holzspänen gefördert werden kann.

Das jährliche Mulchen von Blaubeeren hilft auch, Pilz- und Bakterienkrankheiten zu unterdrücken, da Mulch die Sporen erstickt und den Boden kühl hält (hohe Temperaturen fördern Krankheitserreger im Boden). Wenn Sie Blaubeeren oder andere säureliebende Pflanzen pflanzen, setzen Sie sie wie jeden anderen Baum oder Strauch in den Boden. Lassen Sie sie anwachsen und achten Sie auf Anzeichen von verkümmertem Wachstum oder vergilbten Blättern, die auf einen falschen pH-Wert hinweisen (bestätigen Sie Ihren Verdacht mit einem pH-Test).

Man geht davon aus, dass Pflanzen über ihre Wurzeln Verbindungen in den Boden abgeben, die dazu beitragen, den pH-Wert im Wurzelbereich zu regulieren, was bedeutet, dass Ihre Blaubeeren wahrscheinlich auch ohne Ihre Versuche, den pH-Wert des Bodens zu regulieren, gedeihen. Außerdem sind die meisten Böden von Natur aus sauer. Sollte der pH-Wert jedoch zu einem Problem werden, düngen Sie mit einem schwefelhaltigen Dünger oder düngen Sie die Pflanzen mit tierischem Dung. Führen Sie dies jährlich durch, bis Sie eine Verbesserung feststellen.

Verwenden sie kein Torfmoos

Torfmoos ist ein gängiger Bestandteil von Saatgutmischungen und wird häufig als Bodenverbesserungsmittel verwendet, um den Boden für Pflanzen wie Blaubeeren, die einen niedrigen pH-Wert bevorzugen, zu optimieren. Torf stammt aus Torfmooren, die schätzungsweise ein Drittel des weltweiten Kohlenstoffs enthalten. Da Torf sehr lange braucht, um zu entstehen, wird meist jahrhundertealter Torf gestochen und von Gärtnern und Landwirten in wenigen Tagen verbraucht. Ein Missverhältnis, das letztendlich zum Verschwinden der Moore beiträgt. Durch den Abbau sind Torfmoore zudem der Gefahr von Torfbränden ausgesetzt, durch die enorme Mengen an Kohlenstoff in die Atmosphäre gelangen können. Ich vermeide daher die Verwendung von Torf für jegliche Anwendung im Garten. Ich benutze Blumenerde, die reines Kokossubstrat statt Torf enthält, und Dünger auf Schwefelbasis, um den pH-Wert des Bodens zu regulieren.

Gesunde Pflanzen kaufen

Bäume und Sträucher können in örtlichen Gärtnereien, in großen Baumärkten und Lebensmittelgeschäften oder bei Online-Baumschulen, die Pflanzen versenden, gekauft werden. Pflanzen aus lokalen Gärtnereien sind oft am teuersten, aber sie gehören zu den gesündesten. Wenn diese Pflanzen für Sie nicht erschwinglich sind, bestellen Sie sie online oder kaufen Sie sie bei den Handelsketten.

Viele Obstbäume werden auf eine Unterlage gepfropft und können nicht aus Samen gezogen werden. Wenn ein Baum aus Samen gezogen werden kann – z. B. eine Papaya –, müssen Sie möglicherweise 10 bis 15 Jahre warten, bis Sie Früchte tragen können. Bäume (und auch Sträucher und Reben) werden in der Regel als Pflanzen in einer von drei Formen gekauft.

Topfpflanzen werden in Töpfen gezogen und haben ein gut etabliertes Wurzelsystem. Diese Pflanzen sind oft älter, was bedeutet, dass sie im Vergleich zu den folgenden Optionen schneller Früchte tragen werden. Topfpflanzen sind am teuersten, aber ich empfehle dringend den Kauf, wenn Sie es sich leisten können. Sie sind einfacher zu pflanzen, haben eine höhere Überlebensrate, wenn sie richtig gepflegt werden, und tragen in weniger Jahren Früchte.

Nacktwurzelpflanzen werden aus dem Boden gegraben, wenn sie in der Ruhephase sind (nicht aktiv wachsen). Die Wurzeln werden abgespült und die Pflanzen ohne Erde gekühlt. Die Pflanzen sehen aus wie Stöcke mit ein paar kleinen Wurzeln an der Unterseite. Einige Züchter sind der Meinung, dass wurzelnackte Pflanzen am besten sind, weil sie sich im Boden etablieren, wo sie ihr ganzes Leben verbringen werden.

Selbst wenn das stimmt, sind wurzelnackte Pflanzen extrem jung, was bedeutet, dass Bäume wie Äpfel und Birnen fünf oder mehr Jahre brauchen können, um Früchte zu tragen. Wurzelnackte Reben und Sträucher wie Brombeeren und Heidelbeeren brauchen nur zwei oder drei Jahre, um Früchte zu tragen, und eignen sich daher besser für den Kauf als wurzelnackte Bäume, zumal sie viel billiger sind als Topfpflanzen.

Ballenpflanzen wachsen im Boden und werden dann (in der Regel mit einer Maschine) mit Wurzelballen aus dem Boden geholt, der dann sogleich mitsamt der Erde in Sackleinen oder ein Drahtgeflecht eingeschlagen wird. Bäume und Sträucher mit Ballen gibt es in verschiedenen Größen, aber ihre Wurzeln wurden während des Prozesses stark gestört, so dass Neupflanzungen empfindlicher sind und beim Anwachsen mehr Aufmerksamkeit benötigen.

Vermeiden Sie nach Möglichkeit Bäume und Sträucher mit Ballen: Sie sind ähnlich teuer wie ein Baum im Topf, aber schwieriger zu pflanzen. Ein Grund dafür ist auch, dass es schwierig ist, einen Baum oder Strauch mit Ballen in einer Baumschule gut zu bewässern. Das Wasser perlt vom Sackleinen ab, besonders wenn der Wurzelballen trocken wird. Bäume und Sträucher mit Ballen können unter Austrocknung leiden, ohne dass es Anzeichen dafür gibt.

Pflanzen aus lokalen Gärtnereien sind oft die teuersten, aber auch die gesündesten.

SCHRITT FÜR SCHRITT

Anpflanzen von Früchten

Bäume, Sträucher und Reben werden am besten im Herbst oder im zeitigen Frühjahr gepflanzt, wenn die Pflanzen in der Ruhephase sind und die Temperaturen niedrig bleiben. Topfbäume und -sträucher können jederzeit gepflanzt werden, aber Sie müssen sie zusätzlich gießen. Nacktwurzler oder Pflanzen mit Ballen sollten niemals im Sommer gepflanzt werden, und die meisten Gärtnereien, die wurzelnackte Pflanzen liefern, verschicken sie innerhalb eines Pflanzzeitfensters. Mit sehr wenigen (oder unzureichenden) Wurzeln, die ihr Wachstum unterstützen, werden wurzelnackte Pflanzen eher gestresst und sterben ab.

Das Mulchen von Bäumen und Sträuchern wird empfohlen, weil es Unkraut eindämmt und die Gartenpflege vereinfacht. Mulchen ist keine Voraussetzung, aber Ihre Entscheidung zum Mulchen muss bei der Festlegung der Pflanztiefe des Wurzelballens berücksichtigt werden.

1 Nacktwurzler müssen vor dem Einpflanzen wiederbelebt werden. Weichen Sie die Wurzeln zwei bis sechs Stunden lang in Wasser ein, bevor Sie sie in den Boden setzen.

2 Graben Sie für Topf- und Ballenpflanzen ein Loch, das drei- bis viermal so breit wie der Wurzelballen und so tief wie die Wurzeln ist. Die Seiten des Lochs sollten leicht ansteigen, um Wasser aufzufangen und Platz für die Wurzelentwicklung zu schaffen. Ein Loch für wurzelnackte Pflanzen sollte doppelt so breit wie der Wurzelballen und so tief wie die Wurzeln sein.
Der Wurzelhals – die Übergangslinie zwischen Stamm und Wurzeln – eines Baumes, Strauches oder einer Rebe sollte niemals unterirdisch gepflanzt werden. Erde oder Mulch, die auf dem Wurzelhals liegen, können Fäulnis und Krankheiten verursachen. Bäume, Sträucher und Reben sollten lieber zu flach als zu tief gepflanzt werden. Heben Sie den Wurzelhals ein paar Zentimeter über die Bodenlinie an, wenn Sie planen, die Basis des Baums oder Strauchs zu mulchen.

3 Setzen Sie die Pflanze in das Loch. Halten Sie die Pflanze aufrecht und beginnen Sie, das Loch mit der ausgehobenen Erde zu füllen. Füllen Sie die Erde direkt um die Wurzeln herum ein, um eine gute Positionierung zu gewährleisten. Sobald die Pflanze gerade und gleichmäßig steht, schieben Sie die Erde wieder rein. Füllen Sie den letzten Zentimeter des Lochs mit Kompost auf.

4 Das Mulchen um die Basis von Bäumen und Sträuchern ist optional, außer bei Brombeeren und Himbeeren, die immer gemulcht werden sollten, da es keine Möglichkeit gibt, um die Stöcke herum zu mähen; übermäßiges Unkraut würde die Früchte ersticken.

5 Gießen Sie die Pflanzen gut und halten Sie sie feucht. Neu eingepflanzte Bäume, Sträucher und Reben brauchen im ersten Jahr viel Wasser, da ihre Wurzeln in den umgebenden Boden einwachsen. Im Gegensatz zu den Setzlingen in den Gemüsebeeten zeigen Bäume und Sträucher erst dann Anzeichen von Wasserstress, wenn dieser Stress schon länger andauert. Wenn es nicht häufig regnet, sollten Sie den Wurzelballen und den Meter Boden, der den Stamm umgibt, im ersten Lebensjahr der Pflanze einmal pro Woche gießen.
Hinweis: Einige Pflanzen benötigen mehr Aufmerksamkeit als die hier beschriebenen allgemeinen Empfehlungen. Lesen Sie die Informationen auf dem Etikett jeder Pflanze und befolgen Sie alle speziellen Pflanzanweisungen.

PFLANZUNG EINES TOPFBAUMS

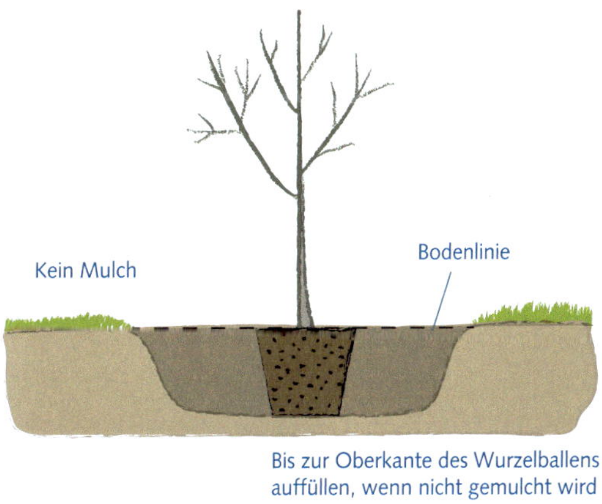

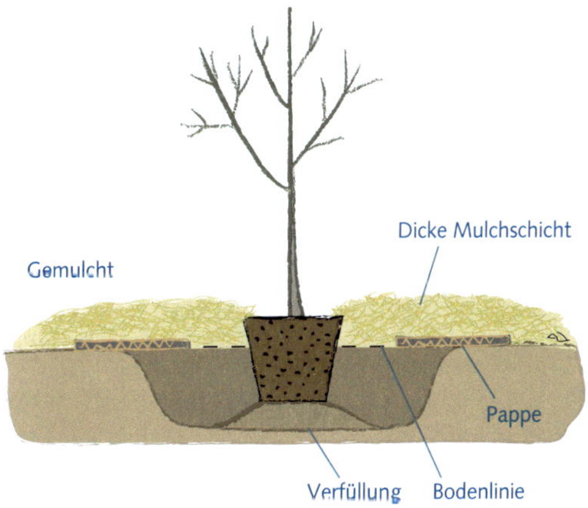

PFLANZUNG EINES WURZELNACKTEN BAUMES

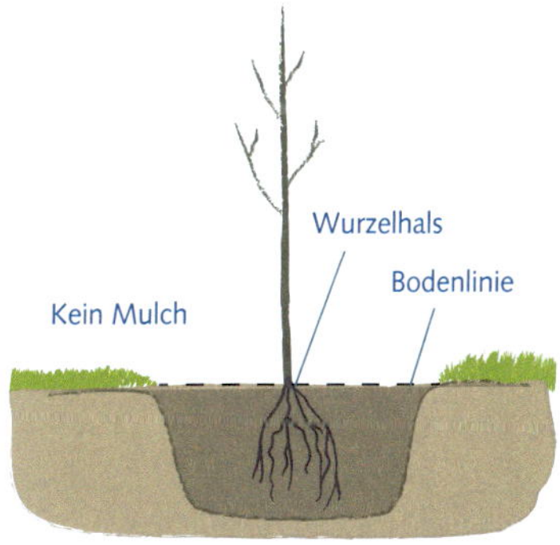

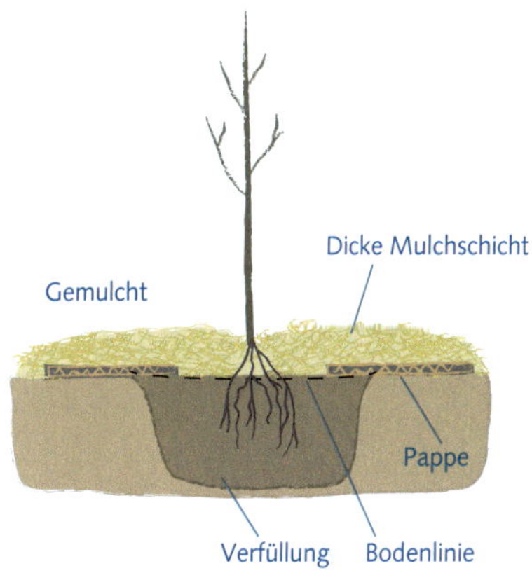

Verwenden Sie keine Düngemittel oder Bodenverbesserungsmittel.

Bäume, Sträucher und Reben können sich von dem ernähren, was bereits im Boden vorhanden ist, indem sie mit ihren langen Wurzeln Nährstoffe aufnehmen. Wird das Pflanzloch eines Baumes vor der Pflanzung stark mit Nährstoffen angereichert oder gedüngt, kann dies die Wurzeln schädigen und zum Absterben der Pflanze führen. Die Wurzeln werden dazu ermutigt, sich im reichhaltigen, ergänzten Boden zu bewegen und zu wachsen, anstatt in den natürlichen Boden vorzudringen, wo die Nährstoffaufnahme erfolgen kann. Dies führt letztlich zu einer schlechten Wurzelentwicklung und einem Nährstoffmangel um den Wurzelballen herum.

Düngen Sie den Boden mit Kompost.

Bäume, Sträucher und Reben profitieren von einer jährlichen Düngung. Bringen Sie bereits im ersten Jahr 5 cm Kompost oder Tiermist auf. Beginnen Sie mit der Düngung 10 cm vom Stamm entfernt und verteilen Sie den Kompost bis unter die längsten Äste. Die Breite der Äste entspricht oft der Breite der Wurzeln, was bedeutet, dass die Nährstoffe aus dem Kompost direkt über den Wurzeln in den Boden sickern werden.

Vorbereitung ist alles

Auch wenn Sie keine großen Mengen an Erde bearbeiten müssen, bevor Sie Obstbäume und -sträucher pflanzen, sollten Sie bestimmte Schritte unternehmen, bevor Sie mit dem Ausheben der Löcher beginnen. Zu den eigentlichen Pflanzmethoden siehe Anpflanzen von Früchten, Seite 98.

Zweimal messen, einmal graben. Verwenden Sie ein Maßband und Fähnchen (oder eine andere Art von beweglichen Markierungen), um die Position der Bäume, Sträucher und Reben zu markieren. Lassen Sie genügend Platz für die ausgewachsenen Pflanzen und halten Sie die empfohlenen Abstände ein. Vermeiden Sie die Anpflanzung in der Nähe von Gebäuden, Stromleitungen, unterirdischen Infrastrukturen wie Klärgruben und Bereichen, die in den kommenden Jahren durch die nahe gelegene Vegetation beschattet werden könnten.

Bauen Sie die notwendigen Stützen. Selbst selbsttragende Brombeer- und Himbeersorten können von einem Spalier profitieren, vor allem, wenn die Stöcke durch die reifenden Früchte schwerer werden. Sie können natürlich versuchen, eine selbsttragende Sorte ohne Stützen anzubauen, aber wundern Sie sich nicht, wenn Sie später feststellen, dass Stützen notwendig sind.

Anbinden von neu gepflanzten Bäumen

Binden Sie junge Bäume nur an, wenn sie es brauchen. Stämme und Wurzeln entwickeln sich am besten, wenn man sie in Ruhe wachsen lässt – die leichte Belastung durch das Schwanken regt das Pflanzengewebe zum Wachstum an. Größere Bäume oder Bäume, die an einem windigen Standort gepflanzt wurden, können jedoch von einem oder zwei Stützen profitieren, um sie aufrecht zu halten.

Bei den meisten Bäumen, die kürzer als 2,40 m sind, reicht ein einziger 150-cm-Pfahl, der in einem 45-Grad-Winkel in den Boden getrieben wird. Legen Sie den Pfahl quer zum Stamm und befestigen Sie ihn mit einem breiten, dehnbaren Band oder einer weichen, dicken Schnur. Scheuernde oder dünne Schnüre wie Bindfäden oder Seile können die Rinde beschädigen. Das Gefäßsystem eines Baumes liegt direkt unter der Rinde; eine Beschädigung kann zum Absterben des Baumes führen. Um Reibung zu vermeiden, wickeln Sie die Schnur so, dass der Stamm nicht mit dem Pfahl in Berührung kommt.

Pfähle können in der Regel nach einer Wachstumsperiode entfernt werden, wenn die Wurzeln gut eingewachsen sind.

Eine Baumgemeinschaft gründen

Der Bereich um einen Baum kann mit anderen Pflanzen bepflanzt werden – z.B. einer Mischung aus nützlichen Kräutern, die die Gesundheit des Baumes unterstützen. Sie können zum Beispiel Beinwell oder Borretsch an der Tropflinie – dem Rand der Baumkrone, wo das Regenwasser hinfällt – pflanzen und trockenheitstolerantere Pflanzen wie Schnittlauch direkt unter den Baum setzen. Eine gut durchdachte Gemeinschaft enthält Pflanzen, die Bestauber und andere nützliche Insekten anlocken, Wildtiere abschrecken, dem Boden Nährstoffe und organisches Material zuführen und Unkraut unterdrücken.

Die Wissenschaftler (oder Gärtner) sind sich nicht immer einig über den Nutzen, aber es besteht kein Zweifel, dass eine größere Vielfalt im Garten immer von Vorteil ist. Eine Baumgemeinschaft mag einen Baum mit mehr Nährstoffen versorgen oder auch nicht, aber sie verschönert Ihren Obstgarten, schafft mehr Platz für Kräuter und baut ein nützliches Sicherheitsnetz auf. Sie können alles, was Sie möchten, in eine Baumgemeinschaft pflanzen, aber einige gängige mehrjährige Ergänzungen sind hier aufgeführt.

Beinwell und mehrjährige Lauchgewächse wie diese Knollenzwiebeln können unter einem Obstbaum gepflanzt werden, um die Gesundheit des Bodens zu fördern und Schädlinge abzuhalten.

Pflanzen der Baumgemeinschaft

- Borretsch
- Schnittlauch
- Beinwell
- Narzissen
- Knoblauch
- Oregano
- Weißer Klee

Keine Angst vor dem Beschneiden

Das Erlernen des Beschneidens scheint nicht ganz einfach und man kann sich Sorgen machen, dass man eine Pflanze so stark beschädigt, dass sie sich nicht mehr selbst regenerieren kann. Glücklicherweise ist das nicht der Fall. Meiner Erfahrung nach ist es wahrscheinlicher, dass man eine Pflanze irreparabel schädigt, wenn man das Beschneiden unterlässt und früh ein übermäßiges unkontrolliertes Wachstum zulässt. Ich habe dies bei einer Reihe von wurzelnackten Birnbäumen getan und die Art und Weise, wie sich die Bäume entwickelt haben, für immer bereut.

Stellen Sie sich das Beschneiden wie einen Haarschnitt vor. Ein regelmäßiger Haarschnitt verbessert die Qualität des Haares, so wie ein regelmäßiger Schnitt die Qualität der Pflanzen verbessert. Wenn Sie einen Haarschnitt bekommen, der Ihnen nicht gefällt, warten Sie ein paar Monate, bis er rausgewachsen ist, und fangen dann neu an. Das Gleiche gilt für Bäume und Sträucher. Mit Zeit, Geduld und neuem Wachstum lassen sich Schnittfehler fast immer verbergen. Vernachlässigung lässt sich nicht so leicht kaschieren.

Regelmäßig und zum richtigen Zeitpunkt beschneiden

Die meisten Obstbäume und -sträucher müssen jährlich beschnitten werden, um einen höheren Fruchtertrag zu erzielen, die Luftzirkulation zu verbessern (und so Krankheiten vorzubeugen), zu verhindern, dass eine Pflanze zu groß wird, und

um die mehrjährigen Bäume und Sträucher zu verschönern. Die meisten gängigen Obstsorten können auf der Grundlage der folgenden Informationen beschnitten werden. Wenn Sie es ganz genau nehmen wollen, informieren Sie sich vor dem Schnitt über die Bedürfnisse eines bestimmten Baumes oder Strauches. So erfahren Sie zum Beispiel, dass Pflaumen aggressiv wachsen und zu fast jeder Jahreszeit beschnitten werden können, um das Wachstum zu kontrollieren. Kirschen sollten jedoch im Sommer geschnitten werden, da sie in den wärmeren Monaten weniger anfällig für eine bakterielle Krankheit sind. Pfirsiche schneidet man

Der Rückschnitt von Bäumen, Sträuchern und Reben sollte ausnahmslos jährlich erfolgen, um gesunde Pflanzen und eine reiche Fruchtbildung zu fördern.

Die Verwendung von Unkrautbarrieren vermeiden

Gesunde Erde liegt auf dem Vlies, so dass die Pflanzenwurzeln keinen Zugang zu den Nährstoffen des Bodens haben.

Die Verwendung von Unkrautvlies als Barriere ist verlockend, wenn man Bäume ordentlich pflanzen will, aber diese Gewebe behindern die Entwicklung eines gesunden Bodens. Der Mulch, den Sie auf das Vlies legen, wird sich im Laufe der Zeit zersetzen und eine gesunde Schicht organischer Stoffe bilden, die physisch vom darunter liegenden natürlichen Boden getrennt ist. Würmer und andere Bodenorganismen, die dazu beitragen, dass organische Stoffe tiefer in das Bodenprofil gelangen, können das Gewebe nicht durchdringen, um diese reichhaltige organische Schicht zu erreichen, so dass der Baum nie von den Nährstoffen im Mulch profitiert.

Außerdem wird diese oberste Schicht aus organischem Material schließlich zum perfekten Nährboden für Unkrautsamen. Unkrautvlies unterdrückt das Unkraut etwa ein oder zwei Jahre lang, aber dann müssen Sie wieder Unkraut jäten. Besser ist es, eine dicke Schicht Pappe zu verwenden, die mit einer dicken Schicht Mulch um die Bäume herum bedeckt ist. Das kurzfristige Ergebnis ist dasselbe wie bei der Verwendung von Vlies, aber Sie unterstützen die Gesundheit des Bodens besser.

am besten während der Blütezeit, da die Wunden in diesem Stadium am schnellsten heilen. Verwenden Sie die folgenden Richtlinien für den Anfang, aber passen Sie Ihre Techniken je nach Interesse und Fähigkeit an.

Schneiden Sie die meisten Zweige, wenn der Baum ruht. Nährstoffe werden aus den Blättern in den Baumstamm gezogen, wenn die Temperaturen im Herbst zu sinken beginnen. Diese Energie bleibt während des Winters gespeichert und wandert zurück in die Äste, wenn die Temperaturen im Frühjahr steigen. Entfernen Sie holzige Äste und Zweige – also solche, die älter und daher weniger biegsam sind –, wenn die meiste Energie gespeichert ist, und nicht, wenn diese Energie für das Wachstum in den Zweigen steckt. Das bedeutet, dass Sie die Äste im Spätwinter beschneiden, bevor der Baum oder Strauch im Frühjahr zu treiben beginnt.

Entfernen Sie abgestorbene Äste das ganze Jahr über. Sie sind jedoch im Sommer oft am leichtesten zu erkennen, wenn der Rest des Baumes mit Blättern bedeckt ist.

Sommerschnitt zur Wachstumskontrolle. Schneiden Sie im Sommer junge, nicht verholzende Zweige ab, damit der Baum keine Ressourcen für ein Wachstum aufwendet, das später wieder entfernt wird. Beschneiden Sie nur das Wachstum des laufenden Jahres, nicht das Wachstum der Vorjahre.

Geeignete Werkzeuge für den Baumschnitt

Um richtig zu schneiden, brauchen Sie die richtige Ausrüstung. Sterilisieren Sie die Werkzeuge immer, indem Sie die Klingen vor dem Schneiden mit Reinigungsalkohol abwischen, um die Verbreitung von Krankheiten zu verhindern. Eingetrockneter Saft und Schmutz lassen sich entfernen, indem man die Scheren mit einem seifigen Scheuerschwamm abreibt.

Gartenscheren werden für Äste mit einem Durchmesser von weniger als 2 cm verwendet. Bypass-Scheren (die beiden Klingen gleiten aneinander vorbei) schneiden sauberer als Amboss-Scheren (die Klinge trifft auf eine ebene Fläche).

Astscheren können je nach Länge der Griffe und Größe der Klingen Äste mit einem Durchmesser von 2 cm bis fast 5 cm bearbeiten. Längere Griffe bieten im Allgemeinen eine bessere Hebelwirkung, so dass diese Modelle größere Äste schneiden können.

Mit einer Astsäge oder Bügelsäge werden Äste entfernt, die zu groß sind, um sie mit einer Astschere zu schneiden. Eine Astsäge kann in Bereiche vordringen, die eine Bügelsäge nicht erreichen kann.

Achten sie auf Fruchtstände

Die meisten Apfel-, Birnen-, Kirsch- und Pflaumensorten tragen ihre Früchte an kurzen, stielartigen Zweigen, den sogenannten Fruchtständen. Es gibt zwar sortenbedingte Ausnahmen, aber Fruchtstände sind eher die Regel als die Ausnahme. Die Fruchtstände blühen im zeitigen Frühjahr und können bis zu 10 Jahre lang Früchte tragen. Lernen Sie, diese Zweige zu erkennen, damit Sie sie beim Beschneiden nicht versehentlich entfernen. Die einzigen Fruchtstände, die entfernt werden sollten, sind diejenigen, die zu dicht beieinander stehen.

Fruchtstände erscheinen meist am Holz des zweiten Jahres (in seltenen Fällen am Holz des ersten Jahres) und sind in manchen Fällen so kurz, dass sie leicht zu übersehen sind. Wenn Sie lernen zu schneiden, vermeiden Sie es, besonders kurze oder stängelige Äste zu entfernen, und beobachten Sie dann die Blütezeit des Baumes, um zu überprüfen, ob Sie die Fruchtstände richtig erkannt haben.

Beschneiden von Blaubeeren

Das Beschneiden von Heidelbeeren wird oft vernachlässigt, aber wenn es richtig gemacht wird, verbessert es die Gesundheit der Pflanze und sorgt Jahr für Jahr für eine reiche Ernte. Schneiden Sie Blaubeeren im Spätwinter. Entfernen Sie zunächst abgestorbene, absterbende oder kranke Zweige (dies kann zu jeder Jahreszeit geschehen). Als Nächstes entfernen Sie alle Triebe, die sich kreuzen oder zur Mitte des Strauches hin wachsen, indem Sie sie auf Bodenhöhe abschneiden. Schneiden Sie schließlich die ältesten Triebe heraus, bis Sie ein Drittel des Strauches entfernt haben – einschließlich der Zweige, die Sie in den vorherigen Schritten entfernt haben.

Ältere Stängel sind dick und holzig, junge Stängel sind dünn und biegsam. Jeder Trieb trägt etwa vier Jahre lang Beeren, daher ist das Entfernen älterer Triebe wichtig, um Platz für neue, fruchttragende Triebe zu schaffen. In den ersten drei Wachstumsjahren sollten nur abgestorbene und absterbende Triebe beschnitten werden, da alle jungen Triebe Früchte tragen.

Viele Bäume tragen ihre Blüten an Fruchtständen. Lernen Sie diese kurzen, stummeligen Äste kennen, damit Sie sie beim Beschneiden nicht versehentlich entfernen.

Beschneiden und Spaliere für Brom- und Himbeeren

Entfernen Sie alte Brombeer- und Himbeerzweige, indem Sie sie an der Basis abschneiden, sobald die Früchte geerntet sind. Am häufigsten werden die Zweige entfernt, wenn die Pflanze in der Ruhephase ist.

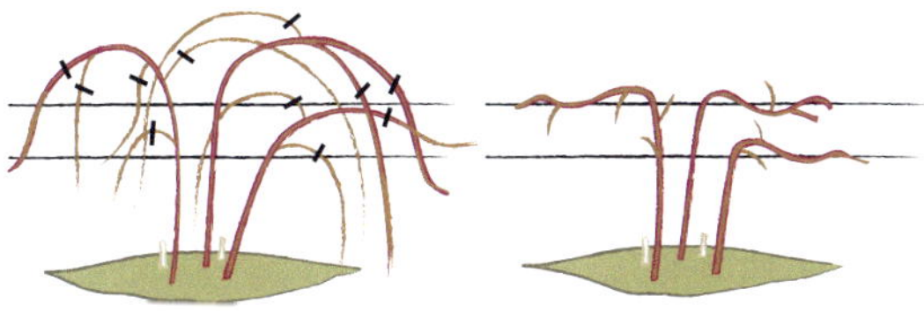

Selbsttragende Brombeeren und sich nicht ausbreitende Himbeeren. Neue Stöcke auf die stärksten fünf pro Pflanze ausdünnen. Schneiden Sie die Spitzen ab, so dass die Pflanze nicht mehr als 1,2 m hoch ist. Die Spitzen können im Sommer abgeschnitten werden, um das Wachstum zu kontrollieren. Schneiden Sie Seitenzweige auf 30 cm zurück und entfernen Sie alle, die zu dicht stehen.

Hängende Brombeeren. Dünnen Sie neue Stöcke auf die stärksten vier pro Pflanze aus. Schneiden Sie die Spitzen ab, so dass die Pflanze nicht mehr als 3 Meter lang ist. Die Spitzen können im Sommer abgeschnitten werden, um das Wachstum zu kontrollieren. Schneiden Sie die Seitenzweige auf 30 cm ein und entfernen Sie alle, die zu dicht stehen. Wickeln Sie die ruhenden Zweige um Stützdrähte.

Sommerhimbeeren. Dünnen Sie neue Stöcke auf 15 cm zwischen den Stöcken mit 30 cm breiten Reihen aus. Schneiden Sie die Triebspitzen ab, so dass die Pflanze nicht mehr als einen 1,20 m hoch ist. Die Spitzen können im Sommer abgeschnitten werden, um das Wachstum zu kontrollieren. Schneiden Sie Seitenzweige auf 30 cm zurück und entfernen Sie alle, die zu dicht stehen.

Immertragende Himbeeren. Entfernen Sie die verbrauchten Spitzen der immertragenden Zweige nach der Fruchtbildung; entfernen Sie den Rest des Zweigs im folgenden Jahr, wenn die Fruchtbildung abgeschlossen ist.

SCHRITT FÜR SCHRITT

Beschneiden von Obstbäumen

Schneiden Sie nicht mehr als 20 bis 30 Prozent eines Baumes oder Strauches auf einmal. Die Blätter wandeln das Sonnenlicht in Energie um, während die Wurzeln notwendige Nährstoffe und Wasser aus dem Boden aufnehmen. Die Wurzeln wachsen ähnlich schnell wie das Laub, was bedeutet, dass eine stark beschnittene Baumkrone nicht genügend Energie für die Wurzeln liefert. Halten Sie das Gleichgewicht zwischen diesen beiden wichtigen Funktionen aufrecht, um eine gute Baumgesundheit und eine reiche Obstproduktion zu gewährleisten.

1. Bestimmen Sie die natürliche Veranlagung des Baumes, mit oder ohne Leittrieb zu wachsen. Für einen zentralen Leittrieb wählen Sie den stärksten, am deutlichsten vertikal wachsenden Stamm (oder Ast) und entfernen alle anderen, die versuchen, vertikal zu wachsen. Für eine offene Baumkrone entfernen Sie alle zentralen Leittriebe, insbesondere diejenigen, die in der Mitte des Baumes erscheinen.

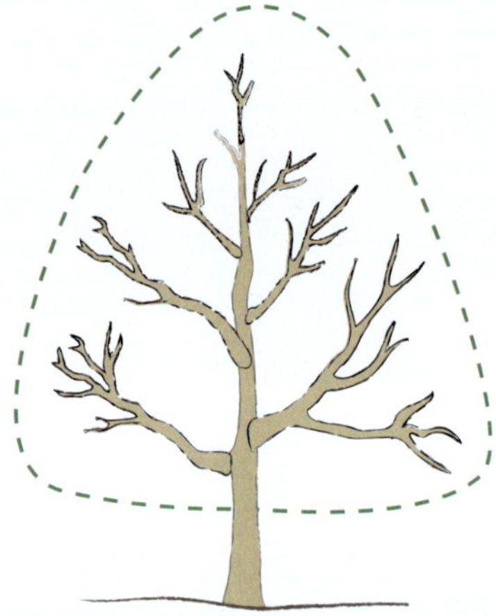

Zentraler Leittrieb – Birnen und Äpfel bevorzugen einen zentralen, dominanten Stamm. Selbst wenn Sie den zentralen Leittrieb entfernen, wird der Baum vertikale Triebe bilden, um den verlorenen Leittrieb zu ersetzen.

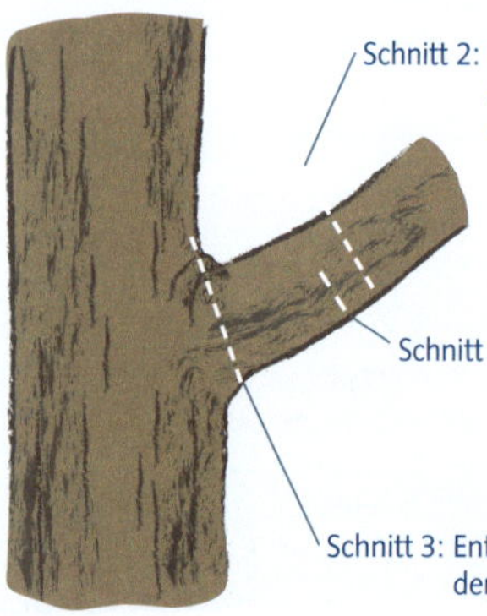

Tipp: Das Abschneiden eines großen Astes kann dazu führen, dass die Rinde unter dem Gewicht des fallenden Astes vom Stamm nach unten gezogen wird. Um dies zu verhindern, entfernen Sie große Äste in drei Schritten: Schneiden Sie zunächst ein Viertel des Astes ab, um ein Einreißen der Rinde zu verhindern. Schneiden Sie dann die Spitze des Astes durch, um den Ast zu entfernen. Schließlich entfernen Sie den Stumpf.

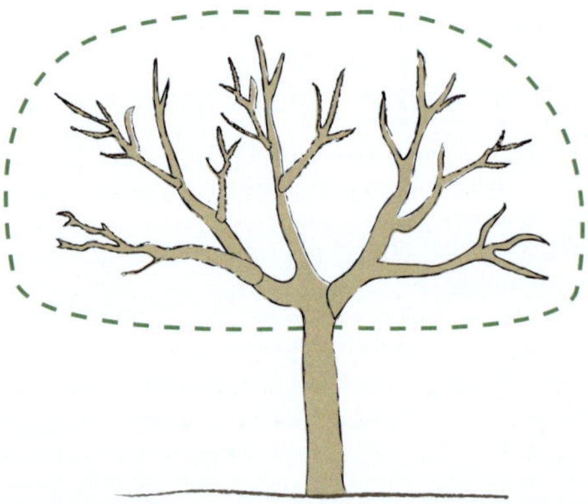

Offene Baumkrone – Pfirsiche, Pflaumen und Kirschen bevorzugen eine offene Baumkrone, bei der der zentrale Leittrieb entfernt wird und die Mitte des Baumes unbesetzt bleibt.

Tipp: An der Stelle, an der sich zwei Zweige treffen, gibt es eine Übergangszone, in der die Rinde vom dominanten Stamm nach außen und nach oben in den neuen Stamm hinein zu wachsen beginnt. Schneiden Sie kurz hinter diesem Kragen, um die Rinde des dominanten Stammes dazu zu bringen, über den Stammknubbel zu wachsen. Die Rinde kapselt den Stummel schließlich ein, was die Heilung fördert und das Eindringen von Krankheiten an der Schnittstelle verhindert.

Tipp: Das Wachstum nach oben sollte direkt über einer nach außen gerichteten Knospe entfernt werden, um den Baum zu ermutigen, aus der Mitte des Baumes oder Strauches herauszuwachsen und nicht nach oben oder innen zur Mitte hin. Schneiden Sie in einem 45-Grad-Winkel direkt über der Knospe, um zu verhindern, dass sich Wasser an der Schnittspitze sammelt. Schneiden Sie den Schnitt schräg nach unten und von der Knospe weg, um das Knospenwachstum zu fördern.

2. Entfernen Sie Zweige, die eines der folgenden Probleme aufweisen.

- **Krank, sterbend oder tot.** Es gibt keinen Grund, einem Baum oder Strauch zu erlauben, weiterhin Energie in einen Zweig zu stecken, der aufgrund einer Krankheit wahrscheinlich nicht überleben wird. Entfernen Sie kranke Äste, um eine Ausbreitung zu verhindern.
- **Überkreuzen oder Berühren anderer Zweige.** Sich kreuzende Äste behindern den Luftstrom und das Licht. Wenn diese Äste älter werden, können sie aneinander reiben, was die Rinde und das Kreislaufsystem des Baumes direkt unter der Rinde schadigen kann.
- **Wächst zur Mitte des Baumes hin.** Achten Sie darauf, dass das Wachstum nach außen und weg von der Mitte des Baumes geht. Zweige, die nach innen wachsen, behindern die Luftzirkulation und das Licht.
- **Zu dichtes Zusammenwachsen.** Die Zweige sollten weit auseinander stehen, um eine gute Luftzirkulation und einen ausreichenden Abstand für die Fruchtentwicklung zu gewährleisten. Streben Sie einen Abstand von 15 bis 50 cm zwischen den Zweigen an. Versuchen Sie sich vorzustellen, wie kleinere Zweige aussehen werden, wenn sie größer werden, und entfernen Sie Zweige, die schließlich ein zu dichtes Blätterdach bilden.
- **Wächst horizontal oder fast horizontal.** Das Gewicht der reifen Früchte kann einen Zweig überlasten und ihn brechen. Achten Sie darauf, dass die Zweige nicht mehr als 60 Grad vom Stamm entfernt sind.
- **Konkurrieren als zentrale Leittriebe.** Wählen Sie bei Birnen, Äpfeln und anderen Bäumen, die diese Wuchsform bevorzugen, den stärksten Haupttrieb. Einige Zweige werden versuchen, um diese Position zu konkurrieren; entfernen Sie diejenigen, die dies tun.
- **Sie müssen umgelenkt werden.** Neue Zweige wachsen oft aus dem Baum heraus und beginnen dann, nach oben in Richtung der Spitzen zu wachsen. Diese Zweige können dazu gezwungen werden, weiter nach außen zu wachsen, indem man etwa ein Drittel (bei Zwerg- und Halbzwergbäumen nur ein paar Zentimeter) des Zweigs direkt über einer Knospe entfernt, die in die gewünschte Richtung zeigt. Durch das Entfernen des Gewebes oberhalb dieser Knospe wird der Zweig gezwungen, in eine wünschenswerte Richtung zu wachsen. Die meisten neuen Zweige werden auf diese Weise beschnitten, um die Form des Baumes besser kontrollieren zu können.

SCHRITT

4

Essbare und blühende

STAUDEN

Erweitern Sie Ihren Garten um 40 Quadratmeter, um Platz für mehr essbare und blühende Stauden (mehrjährige Pflanzen) zu schaffen. Stauden kehren Jahr für Jahr zurück, oft mit minimalem Aufwand, was sie zu einem wichtigen Element In einem Garten macht. Sie können sich dafür entscheiden, die gesamte Erweiterung mit Stauden zu bepflanzen oder in den neuen Beeten auch Platz für einjährige Pflanzen zu lassen.

In den Beeten, die mein Haus säumen, wachsen Borretsch, Astragalus, Milchkraut, Schafgarben, mehrjährige Lauchgewächse, Salbei, Schnittlauch, Thymian, Lilien und sogar ein Heidelbeerstrauch. Lücken in den Beeten werden jedes Frühjahr mit einjährigen Kräutern, Gemüse und Blumen gefüllt.

4

Der Plan

- BAUEN SIE IHRE BEETE. Entscheiden Sie, mit welcher bodenbildenden Methode Sie Hoch- oder Tiefbeete anlegen wollen: Mulchschicht, Hügelkulturbeete, Mulden oder eine Kombination dieser Techniken. Vielleicht möchten Sie diese Erweiterung schrittweise vornehmen, wenn Sie Pflanzen erwerben – z. B. 10 Quadratmeter im Winter, weitere 20 Quadratmeter im Frühjahr und eine letzte Erweiterung im Herbst. Die Anschaffung von Stauden kostet Zeit und/oder Geld, daher sollten Sie es nicht überstürzen.

- ERKUNDEN SIE DIE LANDSCHAFTSGESTALTUNG. Die Vermischung von Stauden und einjährigen Pflanzen verleiht dem Garten einen besseren optischen Reiz. Die neuen Beete können unregelmäßig geformt und fließend sein, um Ihr Haus oder vorhandene Grundstückselemente zu betonen. Bepflanzen Sie den größten Teil der neuen Beete mit Stauden und lassen Sie Flächen offen, die später mit einjährigen Blumen oder Gemüse bepflanzt werden können.

- WÄHLEN SIE DIE PFLANZEN UND DEN STANDORT MIT BEDACHT. Pflanzen Sie Stauden, die essbar sind, in Ihrer Region heimisch sind, gesundheitsfördernde Eigenschaften haben, Bestäuber anziehen oder ästhetisch ansprechend sind.

Bevor Sie loslegen

Das Hinzufügen von Stauden zur Diversifizierung und Verschönerung Ihres Gartens ist ein fortlaufender Prozess. Wie auch immer Sie sich entscheiden, diesen Schritt zu vollziehen – ob Sie die gesamte Erweiterung auf einmal vornehmen oder nach und nach mehrjährige Pflanzen hinzufügen, während Sie den Rest Ihres Gartens aufbauen und geeignete Plätze für neue Pflanzen finden – seien Sie sich bewusst, dass es bei dieser Erweiterung um den Anbau von Nahrungsmitteln, die Verschönerung Ihres Gartens und die Verbesserung der Gartenvielfalt durch pflegeleichte Ergänzungen geht.

Wählen Sie die Pflanzen nach dem Bedarf an Sonnenlicht aus. Stauden können im Schatten, in der teilweisen Sonne oder in der vollen Sonne gepflanzt werden. Sonnenliebende Stauden bevorzugen sechs oder mehr Sonnenstunden pro Tag, während schattenliebende Pflanzen weniger als sechs Stunden benötigen. Die meisten sonnenliebenden Stauden vertragen keinen schattigen Garten (und umgekehrt), aber einige, wie z. B. Purpurglöckchen, kommen mit beiden Arten zurecht. Anders als einjährige Pflanzen vertragen Stauden oft eine größere Bandbreite an Sonneneinstrahlung.

Kennen Sie die Bodenfeuchtigkeit. Einige Stauden vertragen extreme Feuchtigkeit, andere nicht. Sedum, Kakteen, Lavendel, Schafgarbe, Thymian, Katzenminze, Taglilien, Salbei und Sonnenhut können trockene Bedingungen vertragen. Ligularia, Kardinalblume, Farne, Holunder, winterharter Hibiskus und einige Schwertlilien vertragen Nässe (obwohl manche Schwertlilien nasse Füße verabscheuen). Wenn Sie einen Standort mit mäßiger Feuchtigkeit wählen, können Sie ein breiteres Spektrum an Pflanzen einsetzen.

Wählen Sie unterschiedliche Farben und Blütezeiten. Blumen locken Bestäuber an. Stauden blühen in der Regel nur sechs bis acht Wochen lang, und zwar jedes Jahr ungefähr zur gleichen Zeit. Gärten mit unterschiedlichen Farben und Blütezeiten ziehen über einen längeren Zeitraum eine größere Anzahl von Bestäubern an. Einige Blumen, wie Narzissen und Tulpen, blühen im zeitigen Frühjahr nur vier Wochen lang. Danach folgen Schnittlauch und Oregano. Zu den letzten Pflanzen, die im Herbst blühen und die späten Bestäuber zufriedenstellen, gehören Sonnenhut, Jakobskreuzkraut und Goldrute.

Wählen Sie Pflanzen, die zu verschiedenen Zeiten blühen, damit sie während der gesamten Vegetationsperiode Farbe zeigen und Bestäuber anziehen. Achten Sie auch auf interessantes Laub:

Einige Pflanzen, wie z. B. Korallenblumen, vertragen sowohl Schatten als auch Sonne.

Wählen Sie Pflanzen mit unterschiedlichen Blütezeiten, um Bestäuber während der gesamten Saison anzulocken. Diese roten Mohnblumen gehören zu den ersten, die im zeitigen Frühjahr blühen.

Pflanzen wie der Bronzefenchel mit strukturierten und farbenfrohen Blättern verleihen einem Garten mehr Tiefe und Farbe, auch wenn die Pflanzen nicht blühen.

Verteilen Sie den Platz sorgfältig. Verschwenden Sie keine Zeit, Energie und Geld für Pflanzen, die Sie nicht besonders mögen, oder für essbare Pflanzen, die Sie nie essen werden. Lenken Sie diese Ressourcen auf Ihre Lieblingspflanzen, und pflanzen Sie nur dann große Flächen mit essbaren Stauden an, wenn Sie die Pflanze auch tatsächlich verwenden werden. Wenn Sie zum Beispiel mehr als ein oder zwei Rhabarber pflanzen, kann sich das als Platzverschwendung erweisen, es sei denn, Sie sind ein Rhabarber-Fanatiker mit einer effizienten Konservierungsmethode für Rhabarber. Dieser Platz könnte stattdessen für mehr Zwiebeln, Knoblauch, Spargel oder andere Lieblingspflanzen verwendet werden.

Pflanzen Sie im Frühjahr oder Herbst. Stauden werden am besten gepflanzt, wenn niedrige Temperaturen die neuen Pflanzen schonen. Im Topf gezüchtete Stauden können zu jeder Jahreszeit in den Boden gesetzt werden, solange Sie darauf achten, sie alle paar Tage zu gießen, während ihre Wurzeln anwachsen. Ausgegrabene Stauden werden am besten im Spätherbst gepflanzt, wenn sie geblüht haben und die Temperaturen niedrig sind. Durch die Herbstpflanzung hat die Staude genü-

Wenn Sie Blumenzwiebeln pflanzen, sollten Sie auf dem Etikett nachsehen, ob es sich um eine Herbst- oder eine Frühjahrssorte handelt. Einige Zwiebeln können jederzeit gepflanzt werden, während andere eine saisonale Präferenz haben.

Stauden gedeihen mit wenigen Mitteln

Nährstoffe, die von mehrjährigen Pflanzen während der gesamten Vegetationsperiode aufgenommen werden, werden an die Wurzeln und/oder verholzten Triebe abgegeben, wenn die Pflanze am Ende der Vegetationsperiode in den Winterschlaf geht und ihre Blätter verliert. Stauden recyceln immer wieder Energie, die in den Vorjahren gesammelt wurde. Und da der Boden um ihre Wurzeln herum nur selten gestört wird, bleiben die Bodenorganismen aktiv und produktiv, was der Gesundheit der Pflanzen zugute kommt.

Staudenbeete sollten immer mit den in den vorangegangenen Kapiteln empfohlenen bodenbildenden Techniken angelegt werden – Folienmulch oder Hügelkulturbeete –, aber es besteht keine Notwendigkeit, jedes Frühjahr Kompost auszubringen, wie dies bei einjährigen Beeten der Fall ist. Sie können den Kompost nur alle drei oder vier Jahre aufbringen, oder wenn Sie merken, dass die Pflanzen einen zusätzlichen Schub brauchen.

Die meisten Stauden müssen alle paar Jahre geteilt werden (siehe Seite 134), um die Bepflanzung unter Kontrolle zu halten und die Blüte zu fördern, aber wenn sie sich erst einmal etabliert haben, kümmern sie sich weitgehend um sich selbst. Stauden, die nicht gedeihen, sind meist an einem zu nassen, trockenen, sonnigen oder schattigen Standort gepflanzt. Bei Stauden, die sich nicht wohlfühlen, kann es durchaus kompliziertere Probleme geben, aber man sollte immer damit beginnen, eine unzufriedene Staude an einen anderen Standort zu versetzen, um zu sehen, ob sie anderswo glücklicher und gesünder ist.

gend Zeit, ihre Wurzeln zu bilden, bevor sie in die Winterruhe geht, so dass sie im folgenden Frühjahr kräftig wächst.

Wenn Sie das Herbstfenster verpassen, pflanzen Sie die ausgegrabenen Stauden im zeitigen Frühjahr. Verpflanzte Stauden sollten nie in der Sommerhitze gepflanzt werden. Halten Sie verpflanzte Stauden so lange gut gewässert, bis ihre Blätter in der Tageshitze aufrecht und prall bleiben, was bedeutet, dass sich die Wurzeln etabliert haben und ausreichend Wasser aufnehmen.

Wurzeln verbessern den Boden

Pflanzenwurzeln geben Verbindungen in den Boden ab, die die Bodenmikroben ernähren, die Aufnahme von Nährstoffen durch die Pflanzen unterstützen und kohlenstoffreiche Substanzen in den Boden pumpen, die die Bodenstruktur und die Nährstoffspeicherfähigkeit verbessern. Wenn Wurzeln absterben, werden sie zu einer wichtigen Nahrungsquelle für Mikroben und andere im Boden lebende Zersetzer, die totes organisches Material in verwertbare Nährstoffe für Pflanzen umwandeln. Fördern Sie das Wurzelwachstum im Boden so oft wie möglich, um die Böden lebendig und produktiv zu halten.

Mehrjährige Wurzelsysteme, die Jahr für Jahr bestehen bleiben, sind besonders gut in der Lage, Bodenprozesse zu stimulieren. Stauden gehen im Winter oft in den Ruhezustand, aber ihre Wurzeln erfüllen weiterhin die wichtige Aufgabe, das Bodenmilieu für das Wachstum des nächsten Jahres zu unterstützen und Erosion zu verhindern. Manche Gärtner ziehen es vor, Stauden und einjährige Pflanzen zusammen zu pflanzen, da die kurzlebigen einjährigen Pflanzen von der langfristigen Unterstützung durch die Stauden profitieren können.

Ich ziehe es vor, den Großteil meines einjährigen Gemüses in meinem Hauptgarten in Reihen zu pflanzen, während ich Platz lasse, um einjähriges Gemüse und Blumen in meinen Staudenbeeten zu verteilen. Dieser Ansatz vereinfacht die Pflege. Die Bepflanzung mit mehrjährigen und einjährigen Pflanzen kann jedoch besonders in erosionsgefährdeten Gebieten nützlich sein: Die Wurzeln von Stauden stabilisieren den Boden und machen ihn für den Anbau nutzbar.

Pflanzen mit tiefem Wurzelsystem, wie Borretsch (hier) und Beinwell, nutzen und übertragen Mineralien aus der Tiefe des Bodenprofils. Das Pflanzengewebe wird kompostiert und soll einen hohen Gehalt an Mineralien liefern.

Zwischenbewuchs

Kurzfristiger bodennaher Bewuchs bietet einige der gleichen Vorteile wie mehrjährige Pflanzen, allerdings ohne die Dauerhaftigkeit. Wenn Sie beispielsweise eine alte einjährige Pflanze durch eine neue einjährige Pflanze ersetzen (siehe Nachfolgepflanzung, Seite 77), bleibt der Boden aktiv, aber das ist je nach Jahreszeit nicht immer praktisch oder möglich. In diesen Fällen kann eine eine andere Pflanze den Boden bedecken und vor der Sonneneinstrahlung schützen, Bodenprozesse anregen, Erosion verhindern, Unkraut unterdrücken, den Nährstoffgehalt erhöhen und kohlenstoffreiche Pflanzenreste zur Versorgung des Bodens erzeugen.

Säen Sie diese Pflanzen aus, indem Sie die Samen auf den Boden streuen und mit einer Gartenharke leicht in den Boden einharken. Dies ist keineswegs exakt, aber ich strebe an, dass etwa ein Samen pro 25 Quadratzentimeter Boden ausgesät wird. Genauere Angaben finden Sie in den spezifischen Aussaatempfehlungen. Halten Sie die Samen bewässert, während sie sich etablieren.

Einjährige bodennahe Pflanzen sind leicht zu kontrollieren. Sie können mit einer der drei folgenden Methoden beseitigt werden: Abschneiden, ersticken oder Kältetod im Winter. Um blühende Pflanzen wie Buchweizen oder Klee abzuschneiden, schneiden Sie die Stängel ein oder zwei Zentimeter oberhalb der Bodenlinie mit einem Fadentrimmer ab, wenn die Pflanzen in voller Blüte stehen. Lassen Sie die Stängel und Blüten an der Bodenoberfläche austrocknen, bevor Sie das Beet wieder bepflanzen. Die Wurzeln nähren den Boden, während sie sich zersetzen, und das getrocknete Material dient als Mulch.

Kulturen wie Radieschen, Hafer und Ackererbsen werden im Spätsommer und Frühherbst gepflanzt und im Winter ungeschützt gelassen. In vielen Klimazonen sind diese Pflanzen nicht hart genug, um einen ganzen Winter zu überleben, so dass sie nach wiederholten starken Frösten absterben. Diese Technik ist die einfachste Möglichkeit, das Wachstum zu kontrollieren und gleichzeitig die Beete für die Frühjahrspflanzung vorzubereiten. Die im Winter erfrorenen Pflanzen werden im Frühjahr an Ort und Stelle belassen und mit Kompost überdüngt.

Das Ersticken kommt in den seltenen Fällen zum Einsatz, in denen Sie eine Pflanze gepflanzt haben, die aus dem einen oder anderen Grund nur schwer zu entfernen ist (oder wenn Sie Beete haben, die völlig von Unkraut überwuchert sind). Wenn das Jäten von Hand nicht möglich ist, können Sie das Unkraut abtöten, indem Sie es mit Pappe oder dicken schwarzen Plastikplanen, auch Silofolie genannt, ersticken. Idealerweise geschieht dies im Herbst oder Winter, damit Sie das Beet im nächsten Frühjahr wieder nutzen können. Wenn Sie Pappe verwenden, stapeln Sie Kompost darauf, um die Pappe an Ort und Stelle zu halten, und pflanzen Sie in etwa zwei Monaten neue Pflanzen, sobald die Pappe anfängt, sich zu zersetzen (man kann die Pappe unter dem Kompost herausziehen, wenn man mit der Zersetzungsgeschwindigkeit nicht zufrieden ist).

Wenn Sie eine Plane verwenden, beschweren Sie sie mit Sandsäcken oder Steinen und lassen Sie sie zwei bis drei Monate lang liegen, während sie praktisch alles abtötet, was sich darunter befindet. Die Pflanzen unter der Plane bekommen keine Sonne, und der Boden wird extrem heiß. Einige Gärtner decken ihren gesamten Garten den ganzen Winter über mit Silofolien ab, weil dies den Boden vor schädlichen Einflüssen schützt und den Boden früher in der Saison erwärmt. Unter der Plane werden die Unkrautsamen durch die Wärme zum Keimen gebracht und sterben dann aufgrund des Lichtmangels ab.

Buchweizen: Die perfekte Zwischenpflanze

Buchweizen ist meine Lieblingsbegrünung: Er ist einfach zu säen, anzubauen und zu kontrollieren, was einem die Entscheidung leicht macht. Als schnell wachsende einjährige Blume, die in nur sechs Wochen eine große Menge an Biomasse produziert, hat Buchweizen attraktive weiße oder rosafarbene Blüten (die weiße Form ist billiger und bringt mehr Blüten hervor), die Bestäuber anziehen und sich hervorragend als Schnittblumen eignen.

Wenn die Blüten verblüht sind, schneiden Sie die Stängel ab (warten Sie nicht, bis sie Samen ansetzen, sonst übervölkern sie Ihren Garten), um die Bodenmikroben zu ernähren und als Mulch zu dienen.

Spezifische Vorteile verschiedener Deckpflanzen

Verschiedene Zwischenfrüchte kommen dem Boden auf unterschiedliche Weise zugute. Wählen Sie eine Pflanze, die Ihren Bedürfnissen entspricht, oder kaufen Sie eine Mischung, um die Vielfalt zu maximieren. Die in der folgenden Tabelle aufgeführten Pflanzen gehören zu den am einfachsten anzubauenden und zu kontrollierenden Pflanzen und decken ein breites Anwendungsspektrum ab. Weitere Optionen und Informationen zum Anbau finden Sie bei Saatguthändlern. Beachten Sie, dass ich außer Hafer keine anderen Gräser empfohlen habe, die im Winter leicht absterben. Gräser haben komplizierte Wurzelsysteme, die ohne Bodenbearbeitung schwer zu kontrollieren und zu entfernen sind.

Deckpflanze	Nutzen	winterfest	Staude/ einjährig	Pflanzzeit	Entfernen
Buchweizen	Unterdrücken Unkraut, lockern Lehm, erhöhen den Phosphorgehalt, erzeugen schnell Biomasse und locken Bestäuber an	Nein	einjährig	Im Sommer, spätestens acht Wochen vor dem ersten Frost	Raushacken oder Wintertod
Hafer	Biomasse; Pflanzen Sie sie zusammen mit Erbsen, um ihnen Halt zu geben	Bis -9°C	einjährig	Spätsommer bis Frühherbst	Wintertod
Erbsen	Erhöhen den Stickstoffgehalt im Boden und bauen Biomasse auf; am häufigsten mit Hafer gepflanzt	Bis -9°C	einjährig	Spätsommer bis Frühherbst	Raushacken oder Wintertod
Rettich	Brechen den Lehmboden auf, lockern den Boden, liefern organisches Material bis zu einer Tiefe von 75 cm unter der Oberfläche und ziehen Nährstoffe nah an die Bodenoberfläche	Bis -7°C	einjährig	Spätsommer	Wintertod oder ersticken
Wicke	Kann im Winter als Futterpflanze für Nutztiere dienen, erhöht den Stickstoffgehalt	Ja	Stauden	Spätsommer bis Frühherbst	Rausziehen
Klee	Dient als ausgezeichneter lebender Mulch (siehe Seite 131), fügt Stickstoff hinzu und lockt Bestäuber an	Bis -9°C	Stauden und einjährig	Frühling bis Frühherbst	Wintertod oder ersticken

Mehrjährige Bodenbedecker werden seltener verwendet, weil sie zu einem festen Bestandteil des Gartens werden (oder zumindest zu einem, der schwer zu entfernen ist). Die Anpflanzung von Wicke oder mehrjährigem Klee kann zum Erosionsschutz, als Bodenbedecker, als lebende Mulchschicht oder in einem Bereich des Gartens verwendet werden, dessen Boden eine intensive, mehrjährige Verbesserung benötigt. Manche Gärtnerinnen pflanzen sogar mehrjährigen Klee und andere Stickstoffbinder auf ihre Gehwege, um den Stickstoffgehalt lokal zu verbessern. Pflanzen Sie eine mehrjährige bodenbedeckende Pflanze nur dann, wenn Sie nicht vorhaben, sie nach einer einzigen Vegetationsperiode wieder zu entfernen.

Gestalten Sie einen essbaren Garten

Schichtbeete und Hügelkulturbeete können in unregelmäßigen Formen angelegt und mit einer Mischung aus Blumen, Kräutern und essbaren Pflanzen bepflanzt werden. Die genaue Form und Größe der Beete hängt von Ihrem verfügbaren Platz ab. Geschwungene Beete geben dem Garten ein weiches, fließendes Aussehen, gerade Beete wirken geordneter.

Schaffen Sie schöne Wege und Beete. Steine, Baumstämme, Holz oder andere ästhetisch ansprechende Materialien können um die Beete gelegt und an den Wegen verwendet werden, um den optischen Reiz zu erhöhen. Die Kombination verschiedener Materialien bringt Struktur und Farbe in den Garten.

Größere Beete sind oft besser. Denken Sie bei der Gestaltung gemischter Staudenbeete in großen Dimensionen. Große Beete füllen sich im Laufe der Zeit und bieten während der gesamten Saison eine Vielzahl von Farben. Kleinere Beete beschränken sich auf einige wenige Pflanzen und wenige Farben.

Halten Sie immer die empfohlenen Abstände ein. Stauden breiten sich (zum Teil recht schnell) aus, daher ist es wichtig, den Pflanzen genügend Platz einzuräumen.

Schaffen Sie Zonen oder Gruppen von verschiedenen Pflanzen. Ein gut angelegtes Beet enthält nur wenige, wenn überhaupt, gerade Linien. Stattdessen werden die Pflanzen in fließenden Bahnen über die Beete verteilt gepflanzt.

Pflanzen Sie in ungeraden Zahlen. Floristen und professionelle Landschaftsgärtner präsentieren häufig ein fertiges Arrangement oder Beet mit

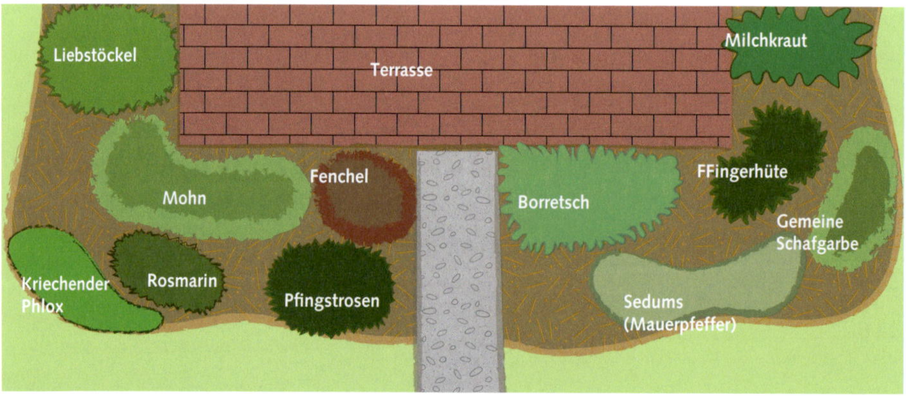

Schaffen Sie fließende Formen oder Zonen von Stauden, indem Sie die höchsten Stauden im hinteren Bereich und die niedrigsten im vorderen Bereich platzieren. Lassen Sie Freiräume, die mit essbaren oder blühenden Einjahrespflanzen gefüllt werden können, um mehr Struktur und Farbe in den Garten zu bringen.

Gemischte Beete mit blühenden Stauden und einjährigen Pflanzen, Paprika, Gurken, Bronzefenchel, Tomaten und fruchttragenden Sträuchern sind hervorragende Akzente für Haus und Landschaft.

Baumstämme, Steine und Rundhölzer wurden als Beeteinfassung platziert, bevor das Beet mit Mulchmaterial gefüllt wurde. 15 bis 20 Zentimeter dicke Rundhölzer bilden einen Gehweg in der Mitte des Beetes.

Gemüse mit bunten Blättern wie Rote Bete und Regenbogenmangold können in leere Stellen in gemischten Blumenbeeten gesteckt werden und sorgen so auf einzigartige Weise für Farbe.

ungeraden Zahlen, um die Optik zu verbessern. Sie benötigen mindestens drei Pflanzen jeder Art, um eine Gruppe oder eine Zone zu bilden. Fünf oder sieben sind besser, wenn es sich um eine große Fläche handelt, vor allem, wenn die Pflanze klein ist. Wenn es sich um eine besonders große Pflanze handelt, wie z. B. Busch-Salbei, Borretsch oder falscher Indigo, können Sie sich mit einer einzigen begnügen. Sie können auch nur eine Pflanze verwenden, wenn Sie ein kleines Beet bepflanzen wollen.

Stellen Sie die höchsten Pflanzen nach hinten. Dann setzen Sie mittelhohe Pflanzen in die Mitte und die bodennahen in den Vordergrund. Bodenbedecker sollten so weit vorne wie möglich platziert werden. Eine höhere Pflanze kann in der Mitte des Beetes stehen, wenn sie von allen Seiten gesehen werden soll.

Lassen Sie Lücken für einjährige Blumen oder Gemüse. In die Lücken zwischen den Stauden können entweder einjährige Blumen gepflanzt werden, die den ganzen Sommer über blühen, oder farbenfrohes Gemüse wie Regenbogenmangold, Rotkohl, gesprenkelte Salate, lila Grünkohl, Romanesco, lila Blumenkohl oder Rote Bete. Hohe Pflanzen wie Tomaten, Paprika oder rotblättrige Okraschoten sorgen für unterschiedliche Höhen, Farben und Strukturen, vor allem, wenn die Früchte zu reifen beginnen.

Wählen Sie einige Pflanzen aus

Die folgenden Listen sollen Ihnen den Einstieg in die Arbeit mit einigen der gängigsten Stauden erleichtern. Diese Listen sind keineswegs vollständig, aber alle Pflanzen sollten meist leicht erhältlich sein. Sprechen Sie mit örtlichen Züchtern, kaufen Sie in örtlichen Gärtnereien und auf Bauernmärkten ein, und suchen Sie in Online-Gärtnereien nach einigen weniger bekannten essbaren Pflanzen und Zierpflanzen. Die meisten von ihnen werden wie jede andere Pflanze gepflanzt; diejenigen mit speziellen Anweisungen sind vermerkt.

Pflanzen, die man essen kann

- Spargel (siehe Seite 128)
- Blut-Ampfer
- Borretsch
- Bronze-Fenchel
- Knoblauch (siehe Seite 122)
- Meerrettich (siehe Seite 132)
- Lavendel
- Liebstöckel
- Minze
- Zwiebeln
- Oregano
- Mehrjährige Zwiebeln (siehe Seite 126)
- Rhabarber
- Rosmarin
- Schalotten (siehe Seite 126)
- Sauerampfer
- Erdbeeren (siehe Seite 130)
- Stangensellerie (siehe Seite 132)

Pflanzen, die Bestäuber anlocken

- Astern
- Bienenmelisse
- Schwarzäugige Susannen und andere Rudbeckien
- Deckenblume
- Katzenminze
- Akelei
- Beinwell
- Purpurglöckchen
- Coreopsis
- Krokusse
- Narzissen
- Gänseblümchen
- Rittersporn
- Fingerhut
- Gladiolen
- Hyazinthe
- Ysop
- Lieschgras
- Lilien und Taglilien
- Phlox
- Mohn
- Salbei
- Solidagos (Goldrute)
- TulpenLiatris
- Lilien und Taglilien
- Lupinen
- Milchkraut
- Phlox
- Mohn
- Salbei
- Solidagos (Goldrute)
- Tulpen
- Schafgarbe

Aggressive Stauden

Stauden können auf zwei Arten aggressiv sein. Entweder breiten sie sich über unterirdische Wurzelsysteme aus oder sie säen sich reichlich aus. Einige tun beides. Die Fähigkeit einer Pflanze, sich auszubreiten, ist klimaspezifisch. In wärmeren Klimazonen gibt es oft mehr invasive Arten als in kühleren, daher sollten Sie bei der Auswahl von Pflanzen für Ihren Garten vorsichtig sein. Eine schnelle Internetrecherche kann eine Liste der invasiven Pflanzen in Ihrer Region liefern.

Die Erstellung einer umfassenden Liste aggressiver Stauden ist nahezu unmöglich, da der Erfolg einer bestimmten Art oft regionsspezifisch ist. Er ist auch artspezifisch. Die Glockenblume (Campanula) zum Beispiel ist in Europa heimisch. Die (Campanula rapunculoides), die auch aus Europa stammt, ist als oft schädliches Unkraut gelistet. Ich habe denoch eine kurze Liste zusammengestellt, um Ihnen den Einstieg zu erleichtern, aber informieren Sie sich immer, bevor Sie eine neue oder unbekannte Staude pflanzen.

Aggressive Staudenpflanzen

- Schmetterlingsflieder
- Glockenblume (einige Sorten)
- Blutweiderich
- Meerrettich
- Efeu
- Taubnesseln
- Maiglöckchen
- Minze
- Himmelsbambus
- Gelenkblume
- Gänseblümchen
- Himbeeren
- Schleifenblume
- Schneeglöckchen
- Rainfarn
- Wasserhyazinthe

Mischen Sie keine aggressiven Stauden mit harmlosen Pflänzchen. Aggressive Stauden wie Minze oder Knollenblätterpilze (siehe Seite 132) können völlig überhand nehmen und werden daher am besten allein in ein Beet mit gemähten Rändern gepflanzt. Spargel ist ein Beispiel für eineleidtragende Pflanze der in einem gemischten Staudenbeet schnell untergeht; er sollte allein gepflanzt werden.

Halten Sie aggressive Stauden in großen Töpfen oder isolierten Beeten. Idealerweise haben diese isolierten Beete eine physische Barriere (z. B. eine erhöhte Beeteinfassung) und gemähte Ränder, um eine Ausbreitung zu verhindern.

Entsorgen Sie aggressive Stauden ordnungsgemäß. Verbrennen Sie unerwünschte Wurzeln, die aus Beeten oder Töpfen entfernt wurden. Wenn Verbrennen keine Option ist, breiten Sie die Wurzeln aus, um sie etwa einen Monat lang in der Sonne zu trocknen. Werfen Sie sie niemals auf einen Komposthaufen oder in den Wald, wo sich die Wurzeln wieder etablieren können.

Die Blätter des blutigen Ampfers werden am besten gegessen, wenn sie jung und zart sind, also im zeitigen Frühjahr. Sein heller, zitroniger Geschmack eignet sich hervorragend für Rohkostsalate.

Stauden günstig organisieren

Ein Besuch in einem Gartengeschäft oder auf einem Bauernmarkt beweist, dass sich die Kosten für Stauden schnell auf Hunderte von Euro summieren können. Ich wende eine Handvoll kostensparender Strategien an, um meine Gartenvielfalt erschwinglicher zu gestalten.

Fragen Sie Ihre Freunde. Eine gute Möglichkeit, um günstig an Stauden zu kommen, besteht darin, sie bei Freunden und Nachbarn einzusammeln. Die meisten Stauden breiten sich leicht aus und vermehren sich, was bedeutet, dass die meisten Gärtner mit gut angelegten Staudenbeeten immer mehr als genug Pflanzen zum Teilen haben. Stauden müssen alle paar Jahre geteilt werden, wenn sie weiterhin üppig blühen sollen (siehe Teilen von Stauden, Seite 134). Erkundigen Sie sich bei Freunden, Nachbarn und lokalen Facebook-Gruppen oder Gartenvereinen, wann Stauden verfügbar sind.

Kaufen Sie größere Pflanzen. Eine einzelne große Staude kann manchmal in drei oder mehr Pflanzen aufgeteilt werden. Wählen Sie Pflanzen mit möglichst vielen aus dem Boden wachsenden Stängeln. Pflanzen mit nur wenigen Stängeln sind zu jung für die Teilung, aber große Pflanzen in Gefäßen (20-cm-Töpfe und größer) mit kräftigen Wurzelsystemen können geteilt werden. Vermeiden Sie es, eine Pflanze zu teilen, wenn sie in voller

Einheimische Pflanzen nützen uns allen

Pflanzen, die in Ihrer Region heimisch sind, haben einige Vorteile gegenüber herkömmlichen Zier- und Nutzpflanzen. Einheimische …

- gehören zu den am einfachsten anzubauenden Pflanzen, da sie gut an die örtlichen Boden- und Klimabedingungen angepasst sind
- sind eine wichtige Nahrungsquelle für lokale Wildtiere wie Vögel
- locken Bestäuber an, die die Obstproduktion im Garten verbessern können
- werden in ihrer Heimatregion selten invasiv, bewahren das lokale Erbe und tragen zum wichtigen Genpool bei

Suchen Sie im Internet nach einer Liste mit einheimischen Pflanzen für Ihre Region. Viele einheimische Pflanzen wie diese Kokardenblumen dienen als wichtige Nahrungsquelle für lokale Bestäuber und verschönern gleichzeitig den Garten.

Blüte steht oder mit Knospen bedeckt ist, oder im Hochsommer, da ein Eingriff in die Wurzeln zu diesen Zeiten die Pflanze stark belasten kann. Wenn Sie die Pflanze zu einem für die Teilung ungeeigneten Zeitpunkt erwerben, setzen Sie sie in die Erde, lassen Sie sie sich etablieren und teilen Sie sie stattdessen im Herbst oder im zeitigen Frühjahr.

Züchten Sie sie aus Samen. Einige Stauden lassen sich leicht aus Samen ziehen, bei anderen ist es schwieriger. Ich hatte viel Erfolg mit Rittersporn, Fingerhut, Gänseblümchen, Rudbeckien, Schafgarbe, Borretsch, Sauerampfer, Mutterkraut, Kamille, Prachtkerze, Bronzefenchel, Salbei, Ysop und Katzenminze. Lilien, Schwertlilien, Gladiolen und andere Zwiebelgewächse haben sich als etwas schwieriger erwiesen. Lesen Sie unbedingt die Samenpackung, um sich über die Keimbedingungen zu informieren. Bei einigen Samen kann es Monate dauern, bis sie keimen, während andere kältere Temperaturen benötigen (siehe unten).

Nicht alle Stauden blühen im ersten Jahr, während sich ihre Wurzeln noch entwickeln. Ihre Investition in Geduld wird sich auf lange Sicht auszahlen: Für die Kosten einer einzigen Packung Samen und etwas Blumenerde können Sie so viele Stauden haben, wie Sie wollen. Aber wundern Sie sich nicht, wenn Sie ein wenig warten müssen, bis die Staude so üppig gedeiht wie Ihre gekauften Pflanzen.

Kälte kann die Keimung beschleunigen

Einige Samen benötigen zum Keimen kältere Temperaturen, d. h. eine Periode mit anhaltender Kälte. Dies ist besonders häufig bei einheimischen Arten und Pflanzen der Fall, deren Samen eine harte, schützende Hülle haben. Die Hülle verzögert die Keimung bis nach einer Periode mit kühlen, aber über dem Gefrierpunkt liegenden Temperaturen. Dadurch wird verhindert, dass die Samen während einer vorübergehenden Wärmeperiode im Spätwinter oder im zeitigen Frühjahr keimen, wenn der Sämling anschließend dem Frost ausgeliefert sein könnte. Eine längere Periode mit Temperaturen knapp über dem Gefrierpunkt signalisiert dem Samen also, dass der Frühling gekommen ist und er sicher aufkeimen kann.

Auf den Saatgutpackungen ist oft angegeben, ob eine Kälteperiode erforderlich ist. Zu den Pflanzen, die dies benötigen, gehören Lupinen, Milchkraut, Johanniskraut, Nadelkissenblumen, wilde Geranien, einige Rudbeckien, Rittersporn und Lavendel. Ihre Samen keimen manchmal auch ohne Kälte, aber die Keimung und das frühe Wachstum werden durch kalte Temperaturen verbessert. Säen Sie diese Samen im Herbst direkt ins Freiland für eine natürliche Kälteperiode. Alternativ können Sie die Samen im Frühjahr mit ein paar einfachen Schritten zum Keimen bringen.

1. Weichen Sie die Samen einige Stunden lang in Wasser ein.
2. Fangen Sie die Samen auf, indem Sie sie durch ein Papiertuch oder einen Kaffeefilter abseihen.
3. Geben Sie die Samen auf ein feuchtes Papiertuch oder einen Kaffeefilter und breiten Sie sie in einer einzigen Schicht aus. Die Samen können schimmeln, wenn das Papiertuch oder der Filter zu nass ist.
4. Legen Sie das Papiertuch oder den Filter in einen Ziplock-Beutel, verschließen Sie den Beutel und bewahren Sie die Samen einen Monat lang im Kühlschrank auf.
5. Pflanzen Sie die Samen sofort aus, wenn sie zu keimen beginnen oder wenn die einmonatige Frist abgelaufen ist.

Halten Sie Ausschau nach großen Säcken mit Tulpen, Narzissen und anderen Blumenzwiebeln, die im Frühjahr und Herbst gepflanzt werden und eine kostengünstige Möglichkeit darstellen, im Frühjahr für Farbe zu sorgen.

Viel Knoblauch anbauen

Knoblauch ist eine meiner Lieblingspflanzen zum Anbauen. Der Geschmack von selbst angebautem Knoblauch ist unübertroffen – und damit meine ich nicht nur die Knoblauchzehen, die der am häufigsten verzehrte Teil der Pflanze sind. Knoblauchblätter, -blüten und -zwiebeln liefern einzigartige kulinarische Beiträge, die man im Frühling und Frühsommer genießen kann.

Ihr Klima bestimmt, welche Art von Knoblauch Sie anbauen können. Hardneck-Sorten gedeihen in kälteren Klimazonen gut (nur der Dauerfrost kann sie daran hindern), sind aber in wärmeren Klimazonen nicht so ertragreich. Das Gegenteil gilt für die Softnecks: Sie sind besser für wärmere Regionen geeignet. Jede Sorte hat eine bestimmte USDA-Härtezone, so dass Sie sicherstellen müssen, dass Sie eine Sorte ausgewählt haben, die für Ihre Zone geeignet ist.

Beim Hardneck-Knoblauch wächst ein Stängel durch die Mitte der Zwiebel, und der Stängel ist von einem einzigen Kranz von Zehen umgeben. Hardneck-Zehen haben einen kräftigeren Geschmack, lassen sich leichter schälen und bilden ei-

Hardneck-Knoblauch (links) hat einen deutlichen Stiel in der Mitte. Der Stiel ist das Überbleibsel des Blütenstiels. Softneck-Knoblauch (rechts) besteht aus unterschiedlich großen Zehen und hat keinen Stiel in der Mitte.

nen Blütenstiel, der geerntet und gegessen werden kann, bevor der Kopf voll ausgereift ist. Hardnecks können je nach Sorte bis zu sechs Monate gelagert werden.

Der Softneck-Knoblauch hat keinen Stiel in der Mitte (er bildet also keinen Strunk aus) und hat zahlreiche Zehen pro Kopf, die oft einen milderen Geschmack haben. Softnecks sind länger haltbar (bis zu 12 Monate, je nach Sorte) und können vor der Reifung als grüner Knoblauch verzehrt werden.

Wie man erntet

Verwenden Sie die Stängel. Im Frühjahr bildet der Knoblauch einen falschen Blütenkopf, den sogenannten Stängel. Lässt man den Kopf reifen, wird daraus ein Knollenbüschel, die gleiche Fortpflanzungsstruktur wie bei der Zwiebel (siehe Seite 68). Knoblauchzwiebeln reifen in zwei bis drei Jahren zu großen Köpfen heran, weshalb Knoblauch aus Zehen gezüchtet wird, die in nur einer einzigen Vegetationsperiode reifen. Schneiden oder brechen Sie die krausen Stängel ab, wenn sie etwa 40 cm lang sind, um mehr Energie in die Zwiebeln zu leiten. Sie können roh in Salaten, gegrillt, sautiert oder geröstet, fermentiert zu allen Gerichten hinzugefügt werden, in denen Knoblauch verwendet wird.

Ernten Sie Hardnecks und Softnecks zu unterschiedlichen Zeitpunkten. Hardneck-Knoblauch wird geerntet, wenn drei bis fünf untere Blätter braun werden und welken und nur noch vier oder fünf obere Blätter grün sind. Ernten Sie Softneck-Knoblauch, wenn ein Großteil der Stängel eine schwache Stelle direkt über der Zwiebel aufweist und die Stängel anfangen umzuknicken. Wenn Sie zu früh ernten, haben die Zwiebeln noch nicht ihre optimale Größe erreicht. Wird zu lange gewartet, beginnen die Zwiebeln zu faulen oder zu sprießen. Entfernen Sie den Knoblauch, indem Sie den Stängel einige Zentimeter oberhalb der Bodenlinie fassen und fest aus dem Boden ziehen. Wenn sich die Stängel beim Herausziehen von den Zwiebeln lösen, müssen Sie die Erde möglicherweise vorsichtig mit einem Spaten auflockern. Bürsten Sie die überschüssige Erde ab, aber waschen Sie die Köpfe nicht.

Das Abernten der Knoblauchblätter treibt die Energie in die Zwiebeln, die dann größer werden. Und sie sind lecker!

Wie man lagert

Knoblauch muss vier bis sechs Wochen lang aushärten (trocknen), um den Geschmack und die Lagerfähigkeit zu verbessern. Wenn die Stängel oder Wurzeln unmittelbar nach der Ernte entfernt werden, entsteht eine Eintrittspforte für Bakterien und Pilze. Daher trocknet man Knoblauch im Ganzen an einem kühlen, dunklen Ort, z. B. in einer Garage oder einem Keller. Hängen Sie 10er-Bündel auf oder breiten Sie die Zwiebeln (mit allen Blättern) in einer einzigen Lage auf einem Trockengestell oder auf Karton zum Trocknen aus.

Softnecks können zusammen geflochten werden, sobald die Blätter verwelkt sind und anfangen, braun zu werden, etwa ein oder zwei Wochen nach der Ernte (siehe Anpflanzen von mehrjährigen Zwiebeln, Seite 127). Hardnecks können wegen ihres harten Stiels nicht geflochten werden.

Die Zwiebeln schrumpfen ein wenig und die Blätter und Wurzeln werden nach vier bis sechs Wochen braun und brüchig. Sobald sie vollständig getrocknet sind, bürsten Sie die getrocknete Erde zusammen mit der losen, papierartigen äußeren Hülle ab. Schneiden Sie die Blätter etwa einen Zentimeter über der Zwiebel ab und entfernen Sie die Wurzeln an der Basis. Werfen Sie die Abfälle auf den Kompost. Die Zwiebeln sollten an einem kühlen, dunklen Ort mit guter Luftzirkulation gelagert werden, z. B. in einem Netzbeutel in einem Schrank oder einer Speisekammer oder in einem Karton. Lagern Sie Knoblauch niemals in Plastikbehältern oder -tüten oder im Kühlschrank.

Jeden Sommer ernte ich 300 bis 350 Knoblauchpflanzen, das reicht für ein ganzes Jahr und für die Saat des nächsten Jahres.

Züchten sie ihr eigenes Knoblauch-Saatgut

Pflanzen, die vegetativ vermehrt werden, wie Knoblauch und Kartoffeln, sind anfälliger für Krankheiten als Pflanzen, die aus Samen gezogen werden. Krankheiten werden im Pflanzengewebe gespeichert und tauchen in der Ernte des folgenden Jahres wieder auf. Eine Fruchtfolge in Verbindung mit einer ordnungsgemäßen Reifung und Lagerung trägt dazu bei, die Ausbreitung von Krankheiten zu verringern.

Bauen Sie jedes Jahr etwa 20 % mehr Knoblauch an, als Sie verbrauchen werden, wenn Sie einen Teil der Ernte für die nächste Ernte verwenden wollen. Ich pflanze zwischen 300 und 350 Knoblauchzehen auf einer Fläche von etwa 20 Quadratmetern an, was sowohl für den Verzehr als auch für die Aussaat im nächsten Jahr ausreicht.

Wenn Sie mehr als eine Sorte anbauen, trennen Sie die Sorten und kennzeichnen Sie sie gut, da die verschiedenen Sorten zu leicht unterschiedlichen Zeiten reifen. Zumindest sollten Sie keine Hardnecks mit Softnecks mischen. Heben Sie die besten und größten Köpfe als Saatgut auf.

SCHRITT FÜR SCHRITT

Knoblauch pflanzen

Knoblauchzwiebeln werden im Herbst und frühen Winter gepflanzt, wenn kältere Temperaturen das Wurzelwachstum anregen. Zwiebeln, die zu früh gepflanzt werden, können von Pilzen oder Bakterien befallen werden, während sie unter der Erde auf einen Kälteeinbruch warten. Oder sie treiben zu früh aus und erleiden im Winter Frostschäden. Knoblauch, der früh austreibt, wird höchstwahrscheinlich überleben, aber es ist am besten, den Zeitpunkt der Pflanzung so zu wählen, dass die Zehen erst im Frühjahr austreiben.

Wenn Sie den Herbstpflanztermin verpassen, setzen Sie den Knoblauch in den Boden, sobald der Boden im Frühjahr bearbeitet werden kann. In diesem Fall werden die Hardnecks wahrscheinlich kleiner und unterentwickelt sein, aber die im Frühjahr gepflanzten Softnecks können sich richtig entwickeln. Der Grund dafür? Hardnecks benötigen eine längere und intensivere Kälteperiode, um das Wachstum und die Entwicklung der Zehen zu fördern.

1. Brechen Sie die Knoblauchzwiebel in einzelne Zehen auf und lassen Sie das Papier an jeder Zehe intakt. Nur die größten Zehen einpflanzen (den Rest essen!).
2. Verwenden Sie eine Handkelle wie auf dem Bild demonstriert, um jede Zehe 10 cm tief einzupflanzen. Legen Sie die Zehen in einem Abstand von 20 cm in Reihen, die ebenso einen Abstand von 20 cm zueinander haben. Lüften Sie den Boden vor dem Pflanzen mit einem Spaten (siehe Seite 62), wenn der Boden schwer oder verdichtet ist. Knoblauch bevorzugt lockeren, fruchtbaren Boden.
3. Bedecken Sie den neu gepflanzten Knoblauch mit zwei Zentimeter Kompost, gefolgt von zwei Zentimetern alter Holzspäne oder Stroh.
4. Halten Sie die Beete unkrautfrei. Knoblauch wird nicht gut gedeihen, wenn er um Ressourcen konkurrieren muss. Zupfen Sie Unkraut, wenn es noch klein ist; das Entfernen von großem Unkraut stört die Wurzeln des Knoblauchs.

Mehrjährige Zwiebeln anbauen

Zwiebeln werden nicht oft als mehrjährige Pflanzen gepflanzt, aber es gibt so viele mehrjährige Sorten – Schalotten und Kartoffelzwiebeln, um nur zwei zu nennen –, dass ich nur selten die üblichen einjährigen Sorten anpflanze, die man im Supermarkt kaufen kann. Schalotten und Kartoffelzwiebeln sind kleiner als weiße oder rote Zwiebeln, aber sie lassen sich gut lagern (bis zu 18 Monate bei kleinen Kartoffelzwiebeln) und erfordern nicht jedes Jahr den Kauf von Samen oder Setzlingen, solange man genug anbaut, um die Ernte des nächsten Jahres zu pflanzen. Wie bei Knoblauch wird der beste (große Zwiebeln) Teil der Ernte verwendet und im Spätherbst oder frühen Frühjahr gepflanzt.

Wie man erntet

Ernten Sie das Grün sparsam. Zwiebel- und Schalottengrün kann als Zwiebelgrün verwendet werden, sollte aber selektiv geerntet werden, da die Blätter Energie für die Zwiebeln liefern.

Entfernen Sie die Stängel. Nicht alle mehrjährigen Zwiebeln bilden Blütenstängel, aber diese sollten entfernt werden, um mehr Energie für die Zwiebelbildung zur Verfügung zu stellen.

Ernten Sie, wenn die Blätter verwelkt oder abgeknickt sind. Kartoffelzwiebeln sind erntereif, wenn die Blätter ein paar Zentimeter über der Zwiebel eine Schwachstelle aufweisen und abknicken. Schalotten sind erntereif, wenn ihre Blätter abgefallen sind und zu vertrocknen beginnen.

Wie man lagert

Legen Sie Zwiebeln und Schalotten in einer einzigen Schicht an einem warmen, trockenen Ort aus. Kartoffelzwiebeln brauchen etwa drei Wochen, bis sich die Blätter trocken anfühlen und die äußere Haut papierartig und fest um die Zwiebel wird. Schalotten benötigen ein bis zwei Wochen. Nach dem Trocknen die Stängel zusammenflechten oder die getrockneten Stängel und Wurzeln entfernen und die Ernte in einem atmungsaktiven Beutel oder Korb an einem kühlen, dunklen Ort aufbewahren.

Mehrjährige Kartoffelzwiebeln werden ähnlich wie Schalotten gepflanzt und wachsen auch so, aber die daraus entstehenden Zwiebeln sind oft größer. Die Zwiebeln haben einen Durchmesser von 3 bis 7 cm und können als unreife grüne Zwiebeln geerntet werden oder wenn die Blätter direkt über den Zwiebeln abfallen.

Schalotten und Softneck-Knoblauch lassen sich gut in Zöpfen aufbewahren.

SCHRITT FÜR SCHRITT

Anpflanzen von mehrjährigen Zwiebeln

Meistens können Schalotten und Kartoffelzwiebeln zweimal im Jahr gepflanzt werden – einmal im Spätherbst und ein zweites Mal im zeitigen Frühjahr, sobald der Boden bearbeitet werden kann. Die beiden Pflanzungen werden fast zur gleichen Zeit reif, aber der Ertrag soll bei der Herbstpflanzung zwei- bis drei mal so hoch sein. (Gärtner unterhalb der Zone 4 müssen mit der Anpflanzung ihrer Zwiebeln bis zum Frühjahr warten, da die im Herbst gepflanzten Zwiebeln keine strengen Winter überstehen). Die kleinsten Zwiebeln sollten im zeitigen Frühjahr gepflanzt werden, die größten im Herbst.

1. Düngen Sie das Beet mit Kompost und verwenden Sie einen Spaten, um den verdichteten Boden zu lockern. Wie Knoblauch sind auch Zwiebeln Starkzehrer, und die Zwiebeln können sich nicht richtig ausbreiten, wenn sie in einem Bereich mit verdichtetem Boden gepflanzt werden.
2. Etwaige Zwiebel- oder Schalottenklumpen in einzelne Zwiebeln zerteilen.
3. Legen Sie die Schalotten und Kartoffelzwiebeln wie beim Knoblauch mit Hilfe einer Kelle (Bild Seite 125) etwa drei Zentimeter tief ein. Legen Sie die Schalotten und Zwiebeln mit einem Abstand von gut 20 cm in Reihen in die Erde (Reihenabstand 30 cm).
4. Bedecken Sie die Zwiebeln mit 3 bis 5 cm alten Holzspänen oder Stroh, um Feuchtigkeit zu speichern und Unkraut zu verhindern. In kälteren Klimazonen können bis zu 20 cm Mulch (mindestens 5 cm) als Kälteschutz für die im Herbst gepflanzten Zwiebeln verwendet werden. Entfernen Sie den Mulch im zeitigen Frühjahr vorsichtig, bevor die Zwiebeln zu sprießen beginnen. Anders als Knoblauch mögen es Zwiebeln nicht, wenn sie tief eingegraben werden.

Schalotten bilden ein perfektes Büschel von Zwiebelgrün, wenn sie im zeitigen Frühjahr auftauchen.

Spargel hinzufügen

Man muss sich beeilen und auf den Spargel warten, aber er kann bis zu 30 Jahre lang reichlich produzieren, wenn er an einem günstigen Standort wächst. Die Pflanzen sind Starkzehrer und nicht durchsetzungsstark, das heißt, sie brauchen einen nährstoffreichen Boden, viel Sonne und einen Einzelplatz im Garten, an dem sie ungestört gedeihen können. Achten Sie darauf, dass der Spargel nicht von Unkraut überwuchert wird, sonst geht der Ertrag sofort zurück.

Pflanzen Sie sechs bis acht 1-jährige Pflanzen. Es ist zwar möglich, Spargel aus Samen zu ziehen, aber das bedeutet ein weiteres Jahr Wartezeit. Aus diesem Grund pflanzt man meist das Wurzelsystem einer einjährigen Pflanze. Für eine vierköpfige Familie sollte Ihre Ernte reichen. Pflanzen Sie mehr, wenn Sie den Spargel konservieren oder mit Freunden teilen wollen.

Ernten Sie dreijährige Pflanzen. Lassen Sie die ein- und zweijährigen Triebe zu hohen, farnartigen Stängeln heranreifen, um Energie für die Wurzeln der Pflanze zu sammeln. Die weiblichen Pflanzen tragen im Sommer rote Beeren.

Hören Sie nach sechs bis acht Wochen auf zu ernten. Im dritten Jahr ernten Sie den Spargel im Frühjahr, indem Sie die Stangen an der Bodenlinie abschneiden, wenn sie 25 bis 30 Zentimeter hoch sind. Nach sechs bis acht Wochen (ich höre in der Regel Anfang Juli auf zu ernten), lassen Sie die Stangen reifen und lassen sie Energie für das nächste Jahr sammeln.

Entfernen Sie die abgestorbenen Stängel im Winter. Die hohen, farnartigen Stängel verfärben sich von grün zu braun, wenn die Temperaturen am Ende der Vegetationsperiode kontinuierlich sinken. Schneiden Sie die Wedel an der Erdoberfläche ab und geben Sie das abgestorbene Material auf den Komposthaufen. Achten Sie darauf, dass dieser Schritt abgeschlossen ist, wenn Ihre neuen Spargelstangen im Frühjahr austreiben.

Ernten Sie die Spargelstangen, sobald sie aus dem Boden ragen. Wenn man sie reifen lässt, entwickeln sie sich zu hohen, farnartigen Stängeln.

SCHRITT FÜR SCHRITT

Spargelwurzeln pflanzen

Spargel ist zweihäusig, das heißt, es gibt männliche und weibliche Pflanzen. Die weiblichen Pflanzen tragen im Herbst schöne (ungenießbare) rote Beeren und bilden im Allgemeinen größere Stangen. Die männlichen Pflanzen produzieren kleinere, üppigere Stangen und sollen länger leben. Sie müssen jedoch nicht beide Sorten pflanzen, sondern können eine beliebige Kombination aus männlichen und/oder weiblichen Pflanzen wählen. Viele Hybridsorten sind sogar ausschließlich männlich, so dass die Auswahl weiblicher Sorten gar nicht in Frage kommt. Spargelwurzeln werden am besten im Frühjahr gepflanzt. Es ist einfacher, sie in ein bestehendes Beet oder ein neues, in Schichten gemulchtes Beet zu pflanzen, das mit reichlich Kompost bedeckt ist, da die Wurzeln tief eingegraben werden müssen. In einem neuen Hügelkulturbeet mit großen Stücken organischen Materials direkt unter der Oberfläche wäre dies schwierig, wenn nicht gar unmöglich

1. Heben Sie einen 20 bis 25 cm tiefen Graben aus, wobei Sie pro Wurzel 30 cm Länge einplanen (d. h. vier Wurzeln 1,20 m). Halten Sie einen Abstand von 60 bis 90 cm zwischen den Reihen ein, um die Ausbreitung zu berücksichtigen.
2. Legen Sie die Wurzeln entlang des Grabens mit den Wurzelenden nach unten. Der Abstand des oberen Endes (im Bild zum Anfassen genutzt) sollte dabei ca. 30 cm betragen.
3. Bringen Sie 5 cm Kompost direkt auf die Wurzeln auf, gefolgt von weiteren 5 cm, die Sie seitlich aus dem Graben draufschieben.
4. Gießen Sie sofort und halten Sie die Wurzeln in den nächsten Wochen feucht, während Sie darauf warten, dass sie austreiben.
5. Füllen Sie einige Wochen später, wenn die ersten kleinen Farne einige Zentimeter hoch sprießen weitere Erde ein. Fahren Sie mit dem Auffüllen fort, bis der Graben komplett gefüllt ist.

Drei weitere spannende Pflanzen

Es gibt so viele interessante Pflanzen, auf die man eigentlich nicht verzichten kann, wenn man dabei ist, seinen Nutzgarten zu erweitern. Knoblauch, Zwiebeln und Spargel müssen einfach dabei sein und sind relativ einfach anzubauen, deshalb habe ich sie mit ausführlichen Anleitungen vorgestellt. Hier gehe ich kurz auf ein paar andere ein, mit denen es sich zu experimentieren lohnt.

Erdbeeren

Erdbeeren gehören zu den ersten Früchten, die im Sommer reifen, und sie produzieren zuverlässig, wenn sie jedes Jahr etwas Aufmerksamkeit erhalten. Erdbeeren sind nicht durchsetzungsstark und wachsen am besten, wenn sie allein gepflanzt werden. Die Pflanzen gedeihen besser, wenn sie trocken gehalten werden, und profitieren daher von einem Hochbeet mit guter Drainage.

Manche Gärtnerin lässt Erdbeeren als Bodendecker unter andere Pflanzen kriechen, aber nicht jeder wird mit dieser Methode Erfolg haben. Tief liegende Bodendecker sind anfällig für Feuchtigkeitsprobleme, und Erdbeeren werden während der Reifung oft von Pilzen befallen. Gärtner in heißen, trockenen Regionen haben möglicherweise mehr Erfolg mit Erdbeeren als Bodendecker als Gärtner in einem feuchteren Klima. Auch das Abdecken von Erdbeeren mit Mulch ist nicht immer vorteilhaft, da der Mulch Feuchtigkeit speichern und Schnecken und andere Insekten anlocken kann, die dann die Früchte fressen.

Erdbeerpflanzen vermehren sich vegetativ, indem sie jedes Jahr über Ausläufer neue Pflanzen austreiben. Idealerweise dünnt man die Erdbeeren jeden Herbst oder Winter aus, indem man alte Pflanzen entfernt und die neuen Pflanzen im nächsten Jahr Erdbeeren reifen lässt. Der Ertrag nimmt mit zunehmendem Alter der Pflanzen drastisch ab. Das bedeutet, dass Sie immer wieder ältere Pflanzen entfernen müssen, um den jüngeren Pflanzen Platz zum Gedeihen zu geben.

Ältere Erdbeerpflanzen sind oft größer und haben einen etwas holzigen Stamm. Entfernen Sie die Mutterpflanze und pflanzen Sie die jüngeren Triebe im Spätherbst ein.

Lebender Mulch

Lebender Mulch sind niedrig wachsende Pflanzen, die unter höheren Pflanzen oder entlang von Beeten eingesetzt werden und verschiedene Vorteile bieten. Bodendecker wie Sedum (Mauerpfeffer) schützen den Boden vor der Sonne und halten die Feuchtigkeit zurück. Thymian verhindert Erosion und hält sich auch auf Gehwegen. Süßes Beinwell, das entlang der Ränder von Spaliergurken gepflanzt wird, zieht Bestäuber an. Klee, der unter Tomaten gepflanzt wird, fügt dem Boden Stickstoff hinzu und verhindert gleichzeitig, dass Wasser auf die Tomatenblätter spritzt und die Krautfäule verbreitet.

Gärtner in trockenen Klimazonen können versuchen, Erdbeeren als lebenden Mulch unter Blaubeersträuchern und anderen hohen Pflanzen zu verwenden, aber diese Technik funktioniert nicht in Klimazonen, in denen die Pflanzen durch die Beschattung zu feucht bleiben.

Sie können die Bodendecker aussäen oder auch als Setzlinge pflanzen. Halten Sie die Samen gut bewässert, bis die Sämlinge angewachsen sind. Schneiden Sie den lebenden Mulch zurück oder entfernen Sie ihn ganz, wenn es so aussieht, als würde er die Hauptpflanze verdrängen. Lassen Sie mehrjährige lebende Mulchpflanzen Jahr für Jahr an Ort und Stelle. Schaffen Sie erst bei Bedarf Platz für neue Hauptpflanzen.

Strand-Silberkraut eignet sich hervorragend als lebende Mulchpflanze unter Erbsen, Tomaten, Gurken und anderen vertikal wachsenden Pflanzen. SDie kompakte Wuchsform schützt den Boden und bringt gleichzeitig zahlreiche lila oder weiße Blüten hervor, die Bestäuber anziehen.

Topinambur-Knollen können geröstet, gebraten oder in dünne Scheiben geschnitten und roh in Salaten gegessen werden.

Der Meerrettich ist eine üppige, volle Pflanze mit zwei verschiedenen Blattformen – einer gelappten und einer ungelappten. Mit zunehmendem Alter der Pflanze entwickeln sich dicke, große Wurzeln, aber auch zahlreiche knorrige Wurzeln von jüngeren Ablegern wie dem hier gezeigten sind reichlich vorhanden.

Topinambur

Topinambur bildet eine sonnenblumenähnliche Blüte und eine essbare Knolle. Pflanzen Sie die Knollen im zeitigen Frühjahr etwa 15 cm tief ein und warten Sie 110 bis 150 Tage bis zur Ernte. Entfernen Sie einige der blühenden Stängel, wenn sie auftauchen, um die Energie in die Knollenproduktion zu leiten. Die Ernte der Knollen nach einem Frost kann ihren Geschmack verbessern.

Im Gegensatz zu Kartoffeln sind diese Knollen nicht für eine langfristige Lagerung geeignet. Ernten Sie die Knollen ab dem Spätherbst bis zum frühen Frühjahr, wenn der Boden nicht gefriert. Verzehren Sie frisch ausgegrabene Knollen innerhalb von zwei bis drei Wochen. Lassen Sie 20 Prozent der Knollen unter der Erde, um in der folgenden Saison weitere Knollen ernten zu können.

Meerrettich

Meerrettich wird häufig in großen Töpfen angebaut, um eine unerwünschte Ausbreitung zu vermeiden. Pflanzen Sie die Meerrettichwurzeln im zeitigen Frühjahr ein und warten Sie mit der Ernte bis zum zweiten Jahr des Wachstums. Bei der Ernte im Herbst heben Sie einen 30 bis 40 Zentimeter tiefen Graben entlang einer Seite der Pflanze aus. Entfernen Sie die Seitenwurzeln, die vom Graben aus sichtbar sind, und versuchen Sie, die Hauptwurzel intakt zu lassen. Der Meerrettich ist jedoch alles andere als empfindlich. Eine ganze Pflanze auszugraben und nur ein paar Seitentriebe einzupflanzen, ist ebenfalls völlig in Ordnung.

Gesunde Stauden

Stauden benötigen nach der Anpflanzung nur sehr wenig Pflege. Staudenbeete sollten gemulcht werden, um den Boden zu festigen, die Feuchtigkeit zu speichern und Unkraut zu unterdrücken. Das Entfernen von Blütenköpfen bei Stauden kann manchmal die Blütezeit verlängern, ist aber nicht immer so effektiv wie bei einjährigen Pflanzen. Viele Stauden blühen so oder so wahrscheinlich nur bis zu acht Wochen lang.

Um ihre Ausbreitung einzudämmen und eine reiche Blüte zu fördern, sollten Sie Stauden alle drei bis vier Jahre teilen. Zu eng stehende Pflanzen bringen nicht annähernd so viele Blüten hervor wie solche, die ausreichend Platz haben.

Entfernen Sie abgestorbenes Pflanzenmaterial im Herbst, um die Ästhetik des Gartens zu verbessern, die Ausbreitung von Pilzen zu verhindern und den Lebensraum für unerwünschte Insekten und Schnecken zu minimieren. Das Verbleiben und Überwintern des abgefallenen Laubes schützt jedoch Wurzeln und Boden vor extremen Temperaturen und kann nützlichen Insekten einen Winterschutz bieten. Aus diesen Gründen gibt es keinen richtigen oder falschen Zeitpunkt für das Aufräumen des Gartens, solange das Laub entfernt wird, bevor die Pflanzen wieder frisch austreiben. Einige Pflanzen wie Mohn, Schwertlilien und Gänseblümchen treiben in manchen Klimazonen erst im Spätherbst aus. In diesen Fällen sollten Sie das Laub entfernen.

Tipps für die Ernte von essbaren Stauden

Stauden sollten selektiv geerntet werden, um die Energie für die nächsten Jahre zu erhalten. Übermäßiges Ernten kann das Wachstum einer Pflanze behindern oder den Bestand so stark reduzieren, dass der Ertrag nicht mehr ausreicht.

Tipps für die Ernte:

- Stauden, die aus dem Boden sprießen, können vollständig geerntet werden. Oregano, Minze, Schnittlauch, Lauchzwiebeln, Sauerampfer und andere mehrjährige Pflanzen, die jedes Frühjahr aus dem Boden sprießen, können in der Mitte der Saison ebenerdig abgeschnitten werden und neu austreiben.
- Verholzte Stauden müssen selektiv geerntet werden. Thymian, Rosmarin, Lavendel und Salbei bilden holzige Zweige, die jedes Frühjahr neu austreiben. Ernten Sie die Zweige nach Bedarf, am besten oberhalb einer Knospe, damit die Pflanze ausschlagen und voller werden kann. Ernten Sie nie mehr als die Hälfte einer verholzten Staude auf einmal.
- Die meisten Wurzeln werden im Spätherbst bis zum Winter geerntet. Meerrettich und Topinambur-Knollen reifen über den Sommer und können im Spätherbst geerntet werden. In Klimazonen, in denen die Böden nicht einfrieren, können die Wurzeln im Boden belassen und im Winter nach Bedarf geerntet werden.
- Junge Blätter sind am zartesten. Sie können die Blätter zu jedem Zeitpunkt der Saison ernten, aber es ist am besten, junge, zarte Blätter zu wählen. Das gilt besonders für Liebstöckel, Sauerampfer, und andere mehrjährige Pflanzen, deren Blätter mit zunehmendem Alter faserig und manchmal bitter werden.
- Ernten Sie Rhabarber im Frühjahr. Pflücken Sie die Rhabarberstangen, sobald die Blätter und Stängel voll ausgereift sind (werfen Sie die giftigen Blätter weg!). Mit der Ernte aufhören, sobald die Pflanze zu blühen beginnt.

SCHRITT FÜR SCHRITT

Stauden teilen

Teilen Sie mehrjährige Pflanzen im Spätherbst, damit die Wurzeln Zeit haben, sich vor dem Frühjahr zu etablieren. Wenn Sie das Herbstfenster verpassen, teilen Sie die Pflanzen im Winter oder im zeitigen Frühjahr, sobald sie aus dem Boden kommen. Teilen Sie eine Staude niemals, wenn sie Knospen trägt oder blüht, oder in der Sommerhitze.

1 Schneiden Sie zunächst das Blattwerk auf 5 bis 15 cm zurück. Dann können Sie besser erkennen, wie Sie den Wurzelballen teilen müssen. Noch besser ist es, die Pflanze im Winter auszugraben, ganz ohne Laub.

2 Graben Sie mit einer Schaufel oder einem Spaten einen Kreis um die Pflanze, etwa 10 bis 15 cm von ihrer Basis entfernt. Heben Sie den Wurzelballen mit der Schaufel oder dem Spaten aus dem Boden. Versuchen Sie, den Boden intakt zu halten, um zu vermeiden, dass kleine Zubringerwurzeln zerstört werden.

3 Untersuchen Sie die Wurzeln, um festzustellen, wie Sie die Staude am besten teilen können. Rhizome von Schwertlilien oder Narzissen beispielsweise lassen sich am besten teilen, indem man das Wurzelsystem mit den Händen und einem scharfen Messer oder einer Baumsäge durchtrennt. Verknotete Wurzelballen, wie sie bei Taglilien, Gänseblümchen und den meisten anderen Stauden vorkommen, werden mit einer Schaufel oder einer Säge geteilt.

4 Bei besonders dichten Wurzelballen legen Sie den Ballen so auf den Boden, dass er nicht rollt, dann stoßen Sie eine Schaufel zügig durch den Ballen und brechen den Klumpen in drei oder mehr Stücke, die umgepflanzt werden.

5 Pflanzen Sie die gewünschte Anzahl von Stauden ein, wobei Sie darauf achten müssen, dass zwischen den Stauden genügend Platz ist. Mulchen Sie die neu gepflanzten Stauden und wässern Sie sie in den nächsten Wochen gut, während die Pflanzen ihre Wurzeln neu ausbilden.

Teilen Sie Taglilien und andere Stauden alle drei bis fünf Jahre, um eine besonders schöne Blütenpracht zu erhalten.

SCHRITT

5

Das ganze Jahr

ERNTEN

In den meisten Klimazonen können Sie mit ein paar einfachen Tricks die Erntesaison verlängern, damit kälteempfindliches Gemüse im Winter gut gedeiht. Sie müssen winterharte Gemüsesorten wie Grünkohl, Mangold, Lauch, Rüben, Chicorée und Kresse nicht konservieren, wenn Sie sie ganzjährig anbauen können. Stattdessen können Sie sich beim Konservieren ganz auf Ihr Sommergemüse wie Beeren, Früchte, Tomaten, Kürbisse, Gurken, Bohnen und Okra kon zentrieren.

Beginnen Sie Ihr Winteranbauexperiment mit einer kostengünstigen Option wie einem Frühbeet, das Ihre Salatsaison um mehrere Monate verlängern kann.

5

Der Plan

- ERWEITERN SIE DEN GARTEN UM WEITERE 40 QUADRATMETER, um zusätzliche Pflanzen für den ganzjährigen Anbau unterzubringen. Pflanzen, die im Winter und im zeitigen Frühjahr geerntet werden sollen, müssen im Spätsommer und Herbst gepflanzt werden, wenn viele Sommerpflanzen noch gedeihen und reifen. Sie brauchen mehr Platz.

- SAMMELN SIE MATERIALIEN FÜR DIE NEUE INFRASTRUKTUR. Sie benötigen Reihenabdeckungen (ein isolierendes Gewebe, das die Pflanzen warm und geschützt hält) oder Rollen aus durchsichtigem Plastik sowie Stützdrähte oder Plastikbügel. Wenn Sie sich entscheiden, Frühbeete oder ein Gewächshaus zu bauen, müssen Sie auch diese Materialien besorgen.

- GERADE, SCHMALE BEETE ANLEGEN. In den neuen Beeten bauen Sie niedrige Tunnel ein, um das Gemüse vor den Wintertemperaturen zu schützen (siehe Seite 143). Diese lassen sich am einfachsten auf langen, rechteckigen Beeten mit einer Breite von 60 bis 90 Zentimeter installieren.

- WÄHLEN SIE SORTEN FÜR DEN WINTERANBAU. Einige Spinat-, Grünkohl-, Mangold-, Kohl- und Rübensorten zum Beispiel brauchen in milderen Klimazonen nicht einmal eine Isolierung. Ich werde auch ein paar neue Gemüsesorten vorstellen: Radicchio, Chicorée, Kresse, Endivie, Vogelmiere und Frisée (Salat)gehören zu den widerstandsfähigsten Pflanzen auf dem Markt.

Die Gestaltung von Gewächshäusern ist unendlich variabel. Meines ist 30 Quadratmeter groß, aber ein kleineres Gewächshaus kann Ihre Bedürfnisse genauso gut erfüllen.

Bevor Sie loslegen

Wie bei allen neuen gärtnerischen Unternehmungen braucht man auch für die richtige Pflege eines Wintergartens Übung. Ich werde Sie umfassend beraten, aber lassen Sie sich Zeit, um Ihre individuellen Herausforderungen kennenzulernen, sich mit Sorten vertraut zu machen, die für Ihr Klima geeignet sind, und die Techniken zu erlernen, die am besten zu Ihrem Garten und den gewünschten Ergebnissen passen. Seien Sie geduldig, wenn Sie lernen, einen Wintergarten erfolgreich zu bewirtschaften.

Der Winteranbau ist etwas aufwändiger als der Sommeranbau, da die Temperaturschwankungen durch das Öffnen und Schließen von Gehäusen ausgeglichen werden müssen, die so konstruiert sind, dass sie die Tageswärme der Sonne einfangen. In einigen dieser Konstruktionen kann es bei praller Sonne sehr heiß werden, selbst wenn die Außentemperaturen unter dem Gefrierpunkt liegen. Nicht alle Optionen lassen Regenwasser in den Boden eindringen, was zu Problemen bei der Bewässerung führt. Die verschiedenen Optionen erfordern ein unterschiedliches Maß an Aufmerksamkeit, d. h. Sie müssen bei der Auswahl einer Anlage entscheiden, wie viel Geld, Zeit und Mühe Sie in den Winteranbau zu investieren bereit sind.

Kaufen Sie die Materialien bis zum Hochsommer und stellen Sie sie zusammen, damit der eigentliche Anbau im Herbst beginnen kann. Ich ziehe es vor, die Infrastruktur im zeitigen Frühjahr oder im Spätherbst aufzubauen, wenn die Temperaturen für die Arbeit im Freien angenehm sind und gerade nicht allzu viel im Garten zu tun ist.

Den Treibhauseffekt ausnutzen

Unter Plastikplanen, in Frühbeeten und Gewächshäusern wird tagsüber die Sonnenwärme gespeichert und der Boden erwärmt. Nachts strahlt die Wärme aus dem Boden zurück in die isolierte Luft und hält so die Temperatur leicht über der Umgebungstemperatur – und schützt so die Pflanzen vor Frost. Die Herausforderung besteht darin, dass diese Strukturen die Wärme zwar effizient einfangen, wenn die Sonne scheint, aber die Wärme auch schnell verloren geht, sobald die Sonne untergeht, was bedeutet, dass die Pflanzen zwischen Tag und Nacht großen Temperaturschwankungen ausgesetzt sind.

Mein Gewächshaus kann an einem sonnigen, aber kalten (leichte Minusgrade) Tag ungefähr 24 Grad erreichen, selbst wenn alle Fenster geöffnet sind. Wenn die Sonne untergeht, sinkt die Temperatur darin relativ schnell auf 2 bis 5 Grad, bei dann geschlossenen Fenstern bzw. Lüftungen. Das kann innerhalb von 24 Stunden einen Temperaturunterschied von fast 40 Grad ausmachen. Bei Frühbeeten und unbelüfteten Folientunneln kann dieser Effekt noch ausgeprägter sein.

Die hier besprochenen Isoliermöglichkeiten – Frühbeete, niedrige Tunnel und Gewächshäuser – speichern und geben die Wärme mit unterschiedlicher Effizienz ab, so dass sie mit unterschiedlichem Aufwand bewirtschaftet werden müssen. Seien Sie realistisch in Bezug auf Ihre Bereitschaft, sich um die Winterkulturen zu kümmern, und wählen Sie ein System, das mit Ihrem gewünschten Aufwand übereinstimmt. Die Installation von automatisierten Low-Tech-Systemen für Frühbeete und Gewächshäuser kann die Bewirtschaftung erheblich erleichtern, aber die anfänglichen Investitionskosten sind höher. Informieren Sie sich über alle Möglichkeiten und entscheiden Sie sich für die Methode, die für Sie am besten geeignet ist.

Grundlagen der Fruchtfolge

Die Optimierung der Fruchtfolge im Hausgarten kann eine Herausforderung sein, da viele der Kulturen, die in einem vielfältigen Hausgarten angebaut werden, einigen wenigen Pflanzenfamilien angehören. Sie können auf zwei verschiedene Arten an die Sache rangehen: Die gründlichere Methode erfordert, dass Sie versuchen, mindestens drei, idealerweise vier Jahre lang nichts aus derselben Familie an derselben Stelle zu pflanzen. Die einfachere Methode (rechte Spalte – so gehe ich in der Regel an die Fruchtfolge heran) besteht darin, sich auf den Wechsel einiger weniger spezifischer Pflanzen zu konzentrieren, darunter Starkzehrer (brauchen viel Stickstoff) und krankheitsanfällige Pflanzen, und den Rest auf sich beruhen zu lassen.

PFLANZENFAMILIEN ROTIEREN LASSEN

- **Lauch:** Knoblauch, Zwiebeln, Schalotten und Lauch
- **Rüben:** Rote Bete und Mangold
- **Kohlgemüse:** Kohl, Kohlrabi, Grünkohl, Rettich, Brokkoli, Rosenkohl und Blumenkohl
- **Kürbisgewächse:** Gurken, Melonen, Kürbisse und Zucchini
- **Hülsenfrüchte:** grüne Bohnen, Klee und Erbsen
- **Nachtschattengewächse:** Tomaten, Kartoffeln, Auberginen, Paprika
- **Doldenblütler:** Petersilie, Karotten, Pastinaken, Dill, Sellerie und Fenchel

BESTIMMTE KULTUREN IM WECHSEL ANBAUEN

- Bohnen
- Mais
- Bodendecker
- Knoblauch
- Kartoffeln
- Schalotten
- Tomaten

Fruchtwechsel für die Bodengesundheit

Eine intensive Fruchtfolge ist in kleinen Gärten oft nicht praktikabel, da viele der am häufigsten angebauten Pflanzen nur wenigen Pflanzenfamilien angehören (z. B. gehören Kohl, Grünkohl und Rettich alle zur Gattung Brassica/Gemüsekohl). Eine Pflanzenfamilie durch eine andere Pflanzenfamilie zu ersetzen, funktioniert nicht immer. Mit zunehmender Pflanzenvielfalt, Ertrag und verfügbarem Platz im Garten wird jedoch eine Fruchtfolge möglich und äußerst vorteilhaft. Die Fruchtfolge ist ein großartiges Instrument, das Sie zu Ihren Bodenbewirtschaftungsstrategien hinzufügen sollten. Sie verhindert Nährstoffarmut und die Ausbreitung von Krankheiten und Schädlingen im Boden.

Außerdem schafft die ganzjährige Produktion Möglichkeiten für einen intensiveren Anbau. Wenn Sie anfangen, mit dem Wintergartenbau zu experimentieren, werden Sie wahrscheinlich feststellen, dass Sie regelmäßig leere Beete haben. Aber wenn Sie die Nachfolgepflanzung und die Anzucht von Setzlingen im Haus beherrschen, werden Sie feststellen, dass die meisten Ihrer Beete das Potenzial haben, das ganze Jahr über genutzt zu werden.

Diese Art des intensiven Anbaus kommt dem lebendigen Boden in vielerlei Hinsicht zugute. Die Wurzeln regen die Bodenprozesse während des Winters an, indem sie unterirdische Zersetzer und Nährstoffe fördern und so dazu beitragen, dass diese wichtige Gemeinschaft lebendig und gesund bleibt. Die oberirdische Biomasse schützt den Boden vor der Sonne, verhindert Verdunstung und übermäßige Trockenheit und isoliert den Boden vor den strengen Wintertemperaturen. Allerdings kann ein intensiver Anbau, wenn er nicht richtig betrieben wird, auch die Nährstoffreserven erschöpfen und die Ausbreitung von Krankheiten fördern.

Wenn Sie das ganze Jahr über anbauen, müssen Sie die jährliche Kompostgaben bei jüngeren Beeten oder solchen mit wenig organischer Substanz möglicherweise auf zweimal pro Jahr erhöhen. Starkzehrer wie Tomaten, Melonen, Kartoffeln, Knoblauch und Kürbisse verbrauchen Nährstoffe. Ein Wechsel mit stickstoffbindenden Hülsenfrüchtlern wie Erbsen und Bohnen kann helfen, den Stickstoff wieder aufzufüllen. Gemüsekohl kann zur Reinigung des Bodens beitragen und sollte daher in die Fruchtfolge intergriert werden. Ringelblumen helfen bei der Bekämpfung von Fadenwürmern, einem unterirdischen Schädling.

Ein Fruchtfolgeplan für ein festes Spalier könnte darin bestehen, im ersten Jahr Bohnen, im zweiten Jahr Tomaten und im dritten Jahr Gurken oder Melonen zu pflanzen.

Ein Frühbeet lässt sich leicht aus wiederverwerteten Materialien bauen und kann jede beliebige Größe haben, die für Ihren Garten geeignet ist.

Frühbeetkästen sind klein und einfach

Diese kostengünstigen Mini-Gewächshäuser ähneln Hochbeeten, die mit Plastik oder Glas abgedeckt sind, um die Sonnenwärme zu speichern. Frühbeete sind unglaublich effizient und können aus einer Vielzahl von Materialien gebaut werden, z. B. aus Altholz, Baumstämmen, Strohballen, alten Fenstern und/oder durchsichtigem Kunststoff (Vorsicht bei Glas, denn eine zerbrochene Scheibe kann ein Chaos verursachen, das nicht leicht zu beheben ist).

Der Deckel eines Frühbeetes muss stabil sein, wenn er das Gewicht von Eis und Schnee tragen soll. Der Deckel kann flach sein, wenn Sie ein starkes, solides Material wie gehärtetes Glas oder durchsichtiges Fiberglas verwenden, aber dünner Kunststoff sollte schräg angebracht werden, damit sich kein Schnee auf der Oberfläche sammeln kann und die Mitte einsinkt und schließlich zusammenbricht. Unabhängig vom verwendeten Material sollte die durchsichtige Abdeckung nach Süden ausgerichtet sein, damit sie das meiste Sonnenlicht einfangen kann, insbesondere im Winter, wenn die Sonne tiefer steht.

Frühbeete müssen an sonnigen Tagen belüftet werden, damit die Pflanzen nicht austrocknen oder überhitzen. Sie können Frühbeete je nach Wettervorhersage manuell öffnen und schließen, aber ich empfehle dringend, ein automatisches Scharnier zu installieren, das sich öffnet, wenn das Frühbeet eine bestimmte Temperatur erreicht. Ich kann Ihnen gar nicht sagen, wie oft ich vergessen habe, ein Frühbeet zu entlüften und dann abends mit verwelkten Pflanzen konfrontiert war. Es gibt sowohl elektrische als auch nichtelektrische automatische Scharnieroptionen.

Nicht-elektrische Scharniere, die speziell für Gewächshäuser und Frühbeete entwickelt wurden, haben mit Wachs oder Öl gefüllte Zylinder, die sich ausdehnen, wenn die Temperatur im Gewächshaus oder Frühbeet steigt. Wenn sich die Flüssigkeit ausdehnt, drückt es auf das Scharnier und öffnet das Fenster. Wenn die Innentemperatur sinkt, kühlt der Inhalt des Zylinders ab und zieht sich zusammen, und das Fenster schließt sich langsam. Diese Scharniere sind einfach zu installieren, und die Sicherheit, die sie bieten, ist die minimale Investition von 25 bis 50 Euro wert.

Niedrige Tunnel sind vielseitig und mobil

Niedrige Tunnel schützen die Pflanzen vor schädlichen Winden und Frost und bieten zusätzliche Wärme. Bauen Sie sie nicht breiter als einen Meter und nicht höher als 40 bis 60 Zentimeter, um die Wärme bestmöglich einzuschließen. Außerdem werden nur wenige Winterkulturen höher als 40 cm.

Wählen sie ihre Stützen

Drahtbügel oder Kunststoffrohre (PEX-Rohre, PVC oder sogar aufgeschnittene Hula-Hoop-Reifen) können zu Halbkreisen über den Beeten gebogen und mit Polyethylen (durchsichtigem Kunststoff) oder einem atmungsaktiven Gartengewebe, einem Vlies (Agrotextil) , abgedeckt werden.

Ich bevorzuge Drahtbügel, weil sie preiswerter sind, jahrzehntelang halten und leicht zu bewegen sind. Stecken Sie einfach 15 bis 20 Zentimeter des Drahtes in den Boden, biegen Sie ihn über das Beet und stecken Sie weitere 15 bis 20 Zentimeter auf der anderen Seite ein. Drahtbügel sind in verschiedenen Standardlängen erhältlich, am gebräuchlichsten sind jedoch 2-Meter-Drähte. Kunststoffbügel aus PVC oder PEX lassen sich auch gut anpassen, da sie auf bestimmte Längen zugeschnitten werden können.

Der Abstand zwischen den Bügeln beträgt häufig 180 cm. Die Abstände sollten jedoch von den örtlichen Wetterverhältnissen abhängig gemacht werden. Starker Schneefall und Wind können niedrige Tunnel zum Einsturz bringen. Engere Abstände zwischen den Reifen bieten dann besseren Halt.

Niedrige Tunnel lassen sich leicht umbauen: Folienabdeckung runter, Insektenschutznetze rauf.

Kunststoffbügel können mit Hilfe von Halterungen dauerhaft über den Hochbeeten befestigt werden.

Stecken Sie den Draht auf einer Seite des Beetes 15 bis 20 cm tief in den Boden, biegen Sie ihn über das Beet und stecken Sie das andere Ende in den Boden.

Wählen sie ihren Bezug

Ich spreche über zwei Möglichkeiten zur Isolierung von niedrigen Tunneln – Polyethylenfolie (durchsichtiger Kunststoff) oder Vlies. Es gibt noch andere Abdeckungen, aber diese beiden sind am weitesten verbreitet und können bei richtiger Pflege vier bis fünf Jahre lang wiederverwendet werden. Beide sind in Baumärkten oder Gartencentern in großen Rollen mit unterschiedlichen Breiten und Längen erhältlich. Die von Ihnen gewählte Breite hängt letztlich von der Breite der Beete und der Länge der Bügel ab, aber 3 Meter breite Abdeckungen eignen sich für die meisten Beete im Hausgarten. Sie brauchen genug, um die Bügel zu bedecken, plus 30 bis 45 Zentimeter Überstand auf beiden Seiten zum Feststecken der Abdeckung.

Durchsichtige Polyethylen (PE)-Folie ist unglaublich gut im Speichern der Sonnenwärme. Sie ist so effektiv, dass der Tunnel an sonnigen oder warmen Tagen belüftet werden muss, um eine Überhitzung zu vermeiden. (Tunnel je nach Wetterlage öffnen und schließen.) Die Wärme geht schnell verloren, wenn die Sonne untergeht, obwohl der Tunnel die Pflanzen auch dann noch etwa 3 Grad wärmer als die Umgebungstemperatur hält und gleichzeitig Schutz vor starkem Frost bietet. Verwenden Sie 4 bis 6 Millimeter dicke PE-Abdeckungen. Es gibt auch dünnere Folien, aber sie reißen leicht und bieten nicht den gleichen Frostschutz. PE-Folie ist wasserdicht, Sie brauchen also einen Plan für die Bewässerung: Sie können die Folie bei Regen entfernen, ein Bewässerungssystem einrichten oder bei Bedarf von Hand gießen.

Ein Gartenvlies wird nicht so heiß. Atmungsaktives Gartengewebe gibt es in verschiedenen Stärken. Dickere Stoffe isolieren besser, lassen aber weniger Licht durch. Sie müssen ein Gleichgewicht zwischen Lichtdurchlässigkeit und Isolierung finden. Beginnen Sie mit einem Gewebe, das zu 70 Prozent lichtdurchlässig ist. Diese Gewebe schützen die Pflanzen vor Frost bis zu -3 Grad. Dünnere Gewebe bieten weniger Frostschutz und sind daher in wärmeren Regionen besser geeignet.

Da die Stoffe atmungsaktiv sind, ist eine Belüftung nur an sehr warmen Tagen notwendig. Und was noch besser ist: Regenwasser kann leicht eindringen. Aus diesen Gründen kann ein Gartenvlies den größten Teil des Winters über eingesetzt werden ohne dass man täglich kontrollieren muss. Im Frühjahr und Herbst, wenn die

Insektenschutznetze verwenden

Im Frühjahr und Sommer legen Insekten wie Motten Eier auf den Pflanzen ab, aus denen schädliche Larven (Raupen) schlüpfen. Die Raupen können mit einem organischen Pestizid mit geringer Toxizität bekämpft werden, Bacillus thuringiensis (Bt), das aus im Boden lebenden Mikroben gewonnen wird, z.B. Xentari Raupen-Frei der Firma Neudorff. Allerdings müssen Sie wiederholt nach einem bestimmten Zeitplan sprühen (wie bei jedem anderen Pestizid auch – in diesem Fall alle sieben Tage), da die Bakterien nur die geschlüpften Raupen töten. Bt schützt nicht vor einem künftigen Befall oder vor noch nicht geschlüpften Eiern.

Besser ist es daher, die anfälligen Kulturen mit Insektennetzen abzudecken, einem feinen, atmungsaktiven Gewebe, das die Motten daran hindert, ihre Eier auf den Kulturen abzulegen. Im ökologischen Landbau sind die Kohlarten am anfälligsten für Larvenschäden durch Kohlmotten (auch Kohlschabe). Glücklicherweise lassen sich diese niedrig wachsenden Pflanzen leicht mit Netzen schützen. Bauen Sie Gemüsekohl im Winter unter einer isolierenden Abdeckung an und ersetzen Sie die isolierende Schicht im Frühjahr sofort durch ein Insektenschutznetz.

Befestigen Sie Insektenschutznetze über den Bügeln, um zu verhindern, dass Kohlmotten ihre Eier auf den Kohlgewächsen ablegen. Bringen Sie das Netz im zeitigen Frühjahr an, bevor die Motten schlüpfen.

Ziehen Sie die Abdeckung (hier ist ein Vlies abgebildet) über die Drähte, ziehen Sie sie straff und sichern Sie sie mit glatten Steinen oder Sandsäcken, die den Stoff nicht beschädigen oder zerreißen können.

Temperaturen zwischen warm und kalt schwanken, ist eine Belüftung erforderlich.

Sichern Sie die Abdeckungen entlang der Basis mit Sandsäcken oder großen Steinen. Spezielle Halterungen für verschiedene Systeme sind erhältlich, wenn Sie das zusätzliche Geld ausgeben möchten. Vermeiden Sie die Verwendung von Gegenständen, an denen die Abdeckungen bei der Montage oder Demontage hängen bleiben könnten. Verwenden Sie möglichst keine Erdspieße oder Heringe zur Befestigung. Sie lassen sich zwar bequem anbringen, aber nur sehr schwer wieder entfernen, vor allem, wenn der Boden gefroren ist, und sie stechen Löcher in den Stoff.

Am Ende der Saison lassen Sie die Abdeckung vollständig trocknen. Falten Sie die PE-Folie oder das Vlies ordentlich zusammen und lagern Sie sie vor der Witterung geschützt, um die Lebensdauer zu verlängern.

Weitere Verwendungsmöglichkeiten für Gewebeabdeckungen

Gewebedeckungen können direkt auf den Boden gelegt werden, um die Feuchtigkeit zu halten, wenn Samen wie Möhren gepflanzt werden, die sehr empfindlich bei der Keimung sind, oder wenn Samen in der Sommerhitze gepflanzt werden, wenn die Böden schnell austrocknen. Entfernen Sie die Abdeckung, sobald die Samen gekeimt haben.

Sie kann im Winter auch verwendet werden, um getrocknete Blätter und andere isolierende Materialien zu bedecken, die über Wurzelgemüse liegen. Bedeckte Rettich-, Steckrüben-, Möhren- und Pastinakenwurzeln überleben den Winter oft auch dann, wenn das Laub zwischenzeitlich gefroren war. Häufen Sie 25 bis 50 Zentimeter getrocknetes Laub auf die Pflanzenund decken Sie das Laub dann mit dem Vlies ab.

Ein Gewächshaus ist die Kosten wert

Eine dauerhafte Struktur bietet mehr Platz und bietet den optimalen Zugang zu den Pflanzen, insbesondere in den kühleren Monaten. Gewächshausrahmen können aus Holz, Aluminium, PVC, Kunststoff oder einer Kombination dieser Materialien hergestellt werden. Die „Verglasungen" (die durchsichtigen Wände) bestehen aus Glas, massiven Polycarbonat- oder Polyethylen-Platten, die alle eine unterschiedliche Langlebigkeit und Isolierfähigkeit aufweisen.

Natürlich können Sie Ihr ganz besonderes Gewächshaus aus neuen oder wiederverwendeten Materialien entwerfen und bauen – und es so kompliziert gestalten, wie Sie möchten. Wenn es Ihnen jedoch wie mir geht und Ihnen die Fähigkeiten, die Zeit und die Energie fehlen, um Ihr eigenes Gewächshaus zu entwerfen, müssen Sie einen Bausatz kaufen. Die folgenden Vorschläge gelten in den meisten Fällen sowohl für kreative Gewächshaus-Architekten als auch für diejenigen, die Bausätze zusammenstellen.

Kennen Sie Ihr Budget. Die Kosten sind in der Regel der größte Hemmschuh bei der Entscheidung für ein Gewächshaus. Sie müssen damit rechnen, dass Sie noch etwa 10 bis 20 Prozent mehr für Nebenkosten wie Installationsarbeiten, Regale, Saatgutmatten, Hochbeetmaterial, Töpfe, Erde, Kompost usw. zahlen müssen. Achten Sie darauf, ein Gewächshaus auszuwählen, dessen Preis unter Ihrem Gesamtbudget liegt, um unerwartete Ausgaben einkalkulieren zu können.

Kennen Sie Ihren Verwendungszweck. Möchten Sie die Saison um einige Wochen oder Monate verlängern oder wollen Sie tropische Früchte anbauen? Das Heizen (und Kühlen) eines Gewächshauses kann besonders kostspielig sein. Ihr Verwendungszweck bestimmt daher die Größe des Gewächshauses und die Art des Rahmens und der „Verglasung". Wählen Sie ein kleines, gut isoliertes Gewächshaus, wenn Sie es auch beheizen wollen – andernfalls sind der Größe eigentlich keine Grenzen gesetzt.

Wählen Sie ein Modell mit ausreichender Belüftung. Die Belüftung ist wichtig, um die Temperatur im Gewächshaus zu regulieren, den Luftstrom zu verbessern und Krankheiten und Schädlingsbefall zu verhindern. Automatisierte

Ein Gewächshaus ist der optimale Ort für die Aussaat, das Abhärten von Pflanzen und die Ausweitung der Saison auf das ganze Jahr.

Lüftungen und Fenster erleichtern die Arbeit mit dem Gewächshaus erheblich, vor allem wenn im Winter große Temperaturschwankungen auftreten. Solarbetriebene Ventilatoren können die Luftzirkulation an sonnigen Tagen verbessern, ohne dass Strom benötigt wird, aber elektrische Ventilatoren sind besser geeignet, um große Luftmengen zu bewegen.

Wenn Sie Ihr eigenes Gewächshaus entwerfen, sollten Sie darauf achten, dass Sie viele Fenster, Lüftungsöffnungen oder Ventilatoren einbauen. Gewächshäuser aus gebogenen Aluminiumrohren, die mit PE-Folie überzogen sind, sollten mit aufrollbaren Seiten ausgestattet werden. Diese zusätzlichen Kosten und der Installationsaufwand sind die Investition wert.

Wählen Sie die „Verglasung". Gewächshäuser werden am häufigsten mit Glas, Polycarbonatplatten oder PE-Folien oder -Platten isoliert, die jeweils ihre eigenen Vor- und Nachteile haben.

Gewächshausformen

Gotisch

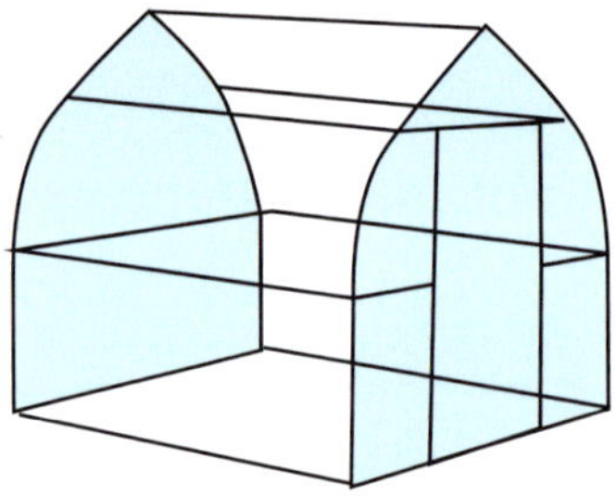

Tunnel

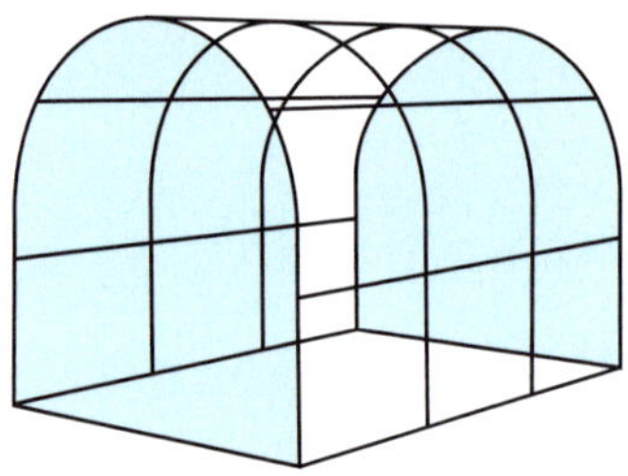

Giebel

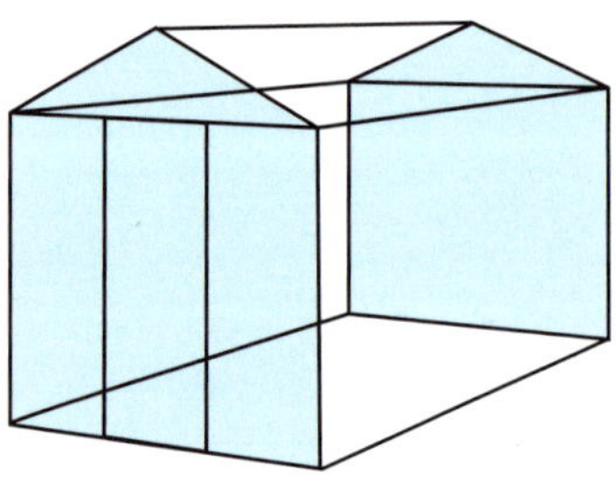

Gotische, Tunnel- und Giebelformen sind die gängigsten Formen für private Gewächshäuser, aber es gibt noch viele andere Designs. Ein Anlehngewächshaus oder eine Kuppel könnte für Ihre Situation besser geeignet sein als eine dieser Formen.

Eine gotische Form ist am besten geeignet, um Schnee abrutschen zu lassen, und hat relativ hohe Seitenwände, die den Zugang erleichtern, was diese Form zu einer der beliebtesten macht. Allerdings ist es schwierig, eine flache Polycarbonatplatte während der Konstruktion in die richtige Position zu biegen.

Tunnel sind die häufigste Form für mit PE-Folien oder -Platten abgedeckte Strukturen. Ihre Seitenwände sind an der Stelle, an der die Wände auf den Boden treffen, extrem kurz, so dass Sie auf die Platzierung von Beeten und Pflanzen achten müssen; Sie werden nicht durch diesen Bereich gehen können.

Giebel haben eine gute Seitenwandhöhe, was die Vielseitigkeit des Grundrisses verbessert, aber sie halten den Schnee nicht so gut ab wie einige andere Formen.

Glas ist die teuerste Option, wenn neue Materialien verwendet werden, hält aber am längsten (wenn die Scheiben nicht brechen). Einfaches Glas ist ein extrem schlechter Isolator, daher ist es am besten, doppeltes Glas zu verwenden. Verwenden Sie Glas nur an Orten, die frei von herabfallenden Ästen und anderen Fremdkörpern sind.

Polycarbonatplatten kosten weniger als Glas, sind bis zu 100 Mal stärker, halten mindestens 15 Jahre und sind in verschiedenen Stärken erhältlich. Ziehen Sie in Betracht, mehr für 16 mm dreiseitige Polycarbonatplatten zu bezahlen, die eine bessere Isolierung bieten als 8 mm dicke doppelwandige Platten. Eine UV-Schutzbeschichtung kann die Lebensdauer der Platten verlängern.

PE-Folien oder -Platten sind die preiswertesten Optionen, müssen aber gelegentlich repariert und alle vier oder fünf Jahre komplett ersetzt werden. PE-Folie bietet die beste Isolierung für den Preis, aber PE-Platten sind dicker und haben zusätzliche Eigenschaften wie Stabilität.

VERWENDUNG EINES Bausatzes

Wenn Sie sich für einen Bausatz entscheiden, lesen Sie die Bewertungen und achten Sie darauf, wer die Bewertung veröffentlicht hat – ist es der Hersteller oder ein Dritter? Bausätze erhalten oft ein breites Spektrum an guten und schlechten Rückmeldungen. Achten Sie darauf, wenn Sie die gleiche Beschwerde wiederholt sehen.

Laden Sie die Montageanleitung des Bausatzes vor dem Kauf herunter und prüfen Sie, ob sie grammatikalisch korrekt und verständlich ist. Viele der Bausätze werden im Ausland hergestellt; einige werden mit schlecht übersetzten Anleitungen geliefert. Suchen Sie auch im Internet nach Anleitungsvideos, die den Bausatz begleiten, und überprüfen Sie, ob die Montageanleitung vollständig, übersichtlich und leicht zu verstehen ist. Selbst die beste schriftliche Anleitung kann durch ein Video ergänzt werden.

EIN PAAR WEITERE TIPPS

Richten Sie das Gewächshaus von Osten nach Westen aus. Sie wollen so viel Licht wie möglich einfangen, besonders im Winter. Die Längsseite eines Gewächshauses sollte dem Sonnenverlauf zugewandt sein und nicht von bestehenden Gebäuden beschattet werden.

Gewächshäuser profitieren vom Sommerschatten. Schatten von einem Gebäude ist nachteilig, aber Teilschatten von Laubbäumen kann ein Gewächshaus in den Sommermonaten etwas kühler halten und die Notwendigkeit von Schattensegeln verhindern. Da Laubbäume im Herbst ihre Blätter verlieren, gelangen im Winter mehr Licht und Wärme in das Gewächshaus. Wenn natürlicher Schatten nicht in Frage kommt, sollten Sie im Sommer ein Schattensegelverwenden.

Bauen Sie ein ordentliches Fundament. Sie fügen perfekt rechteckige Platten zusammen oder verkleiden die Struktur mit perfekt rechteckiger PE-Folie. Diese Aufgaben werden fast unmöglich, wenn das Fundament nicht ordnungsgemäß instal-

20-cm--Betonschalungsrohre wurden fest in 60 cml tiefe Fundamente eingepasst und mit einer Wasserwaage nivelliert.

Dieses große Hügelkulturbeet erhöht die Temperatur in meinem Gewächshaus schrittweise, während es sich zersetzt.

liert wurde. Das Fundament muss eben, rechtwinklig und lotrecht sein. Knausern Sie nicht bei diesem wichtigen Schritt. Planen Sie zusätzliche Kosten ein, wenn Sie nicht über die nötige Erfahrung und Ausrüstung verfügen, um diese Arbeit selbst zu erledigen.

Denken Sie zweimal über einen Holzsockel nach. Polycarbonat-Bausätze werden in der Regel mit einem mitgelieferten oder optionalen Aluminiumsockel angeboten. Das Ausrichten und Nivellieren eines hölzernen Sockels ist viel einfacher, weshalb sich die meisten Leute dafür entscheiden, zuerst einen hölzernen Sockel zu bauen und dann das Aluminium auf dem Holz zu befestigen. Das Problem ist, dass selbst druckimprägniertes Holz mit der Zeit verrottet, wenn es mit dem Boden in Berührung kommt (Gewächshäuser benötigen Bodenkontakt, um das Gebäude abzudichten und besser zu isolieren). Ein verrottetes Fundament zu ersetzen, kann extrem schwierig sein. Das Nivellieren eines Aluminiumfundaments ist schwieriger, aber langfristig gesehen lohnt sich die Mühe.

Verankern Sie die Struktur im Boden. Gewächshäuser sind für ihre Größe extrem leicht und können wie ein riesiger Drachen umherfliegen, wenn sie nicht mit einem geeigneten Fundament versehen sind. In den meisten Fällen müssen Sie Betonfundamente anbringen oder Metallpfosten in den Boden unterhalb der Frostgrenze einschlagen. Je größer die Struktur ist, desto stärker muss das Verankerungssystem sein. Befolgen Sie die Anweisungen des Bausatzes, wie Sie das Gewächshaus am besten verankern.

Erzeugung zusätzlicher Wärme

Nutzen Sie die thermische Masse, um im Winter mehr Wärme zu erzeugen. Wasser hat eine hohe Wärmespeicherkapazität und kann daher verwendet werden, um die Wärme der Sonne tagsüber zu speichern und nachts wieder abzugeben. Eine Technik besteht darin, große Fässer schwarz zu streichen, sie an der sonnigsten Seite des Gewächshauses aufzustellen und sie mit Wasser zu füllen, um Wärme zu sammeln. Beachten Sie, dass diese Technik sehr viel Platz benötigt (und dass für große Flächen viele Fässer erforderlich sind), wenn sie große Mengen an Wärme abstrahlen soll. Das Flankieren von Gehwegen mit Ziegeln, Beton und anderen wärmeabsorbierenden Materialien ist eine weitere Möglichkeit, die Wärmeabgabe am Tag zu unterstützen.

Bei der Zersetzung von Kompost entsteht auf natürliche Weise Wärme, und einige Gärtner legen Komposthaufen in ihren Gewächshäusern an, um etwas mehr Wärme zu erzeugen.

Um die Wärmeabsorption in meinem Gewächshaus zu maximieren, ohne Platz für Fässer oder Komposthaufen zu verlieren, habe ich große Hochbeete gebaut (das größte steht an der Sonnenseite des Gewächshauses) und sie mit viel organischem Material wie Holz, Stöcken, Blättern, Hühnermist, Pappe und anderen Materialien, die man beim Bau eines Hügelkulturbeets verwendet, gefüllt. Zusätzlich bedeckte ich den gesamten Boden mit 25 bis 50 cm Holzspänen. Die Zersetzung des Beetinhalts und der Holzspäne erzeugt geringe

Wärmemengen, während die Masse dieser Zusätze noch mehr Wärme bindet. Die Auswirkungen sind gering, aber effektiv.

Vorbereitung auf starken Schneefall

In den meisten kalten und verschneiten Regionen ist eine Winterernte möglich, wenn man sich ein wenig schützt. Frühbeete, niedrige Tunnel und Gewächshäuser müssen so konstruiert sein, dass sie eine angemessene Schneelast tragen können. Entfernen Sie schwere Schneelasten umgehend, um einen Zusammenbruch der Struktur zu verhindern und Licht hereinzulassen. Kleinere Schneelasten können bei Kälteeinbrüchen als schützende und isolierende Schicht an Ort und Stelle belassen werden.

Stellen Sie die Bügel beiniedrigen Tunnelröhren enger zusammen (60 bis 90 cm), um einen Zusammenbruch bei starkem Schneefall zu verhindern. Doppelte Winteranbautechniken, wie z. B. die Verwendung von zwei Lagen Vlies, das Aufstellen von niedrigen Tunneln in einem Gewächshaus oder der Bau von doppelwandigen Frühbeetkästen, bieten noch mehr Schutz, damit die Winterkulturen gedeihen und gesund bleiben. Die Auswahl der Pflanzen ist besonders wichtig, denn Sie müssen die widerstandsfähigsten Sorten anbauen, die Sie finden können. Scheuen Sie sich nicht, zu experimentieren, bis Sie das Richtige gefunden haben!

Wenn man ein Gewächshaus morgens vom Schnee befreit, kann mehr Licht eindringen und sich die Luft schnell erwärmen.

Kostengünstiges, selbst gebautes Gewächshaus aus Zaungitter

Große Zaungitter (dieselben Gitter, die in Schritt 1 für die Verwendung als Spalier empfohlen wurden) können zu einem Hufeisen gebogen, an einer soliden Holzunterlage befestigt und mit PE-Folie abgedeckt werden, um ein kostengünstiges Gewächshaus zu schaffen. Verbinden Sie bis zu vier 4 x 5-Meter-Gitter, um ein Gewächshaus zu schaffen, das Ihren Bedürfnissen entspricht. (Hinweis: Die Gitter sind in Breiten von 90 bis 130 cm erhältlich. Der Einfachheit halber beziehe ich mich auf 120-cm-Gitter, aber messen Sie Ihre Gitter unbedingt aus, bevor Sie mit dem Bau beginnen).

Die Stirnwände von Gewächshäusern mit Zaungittern lassen sich leicht mit Türen und Fenstern belüften, aber die Belüftung der Seitenwände ist schwieriger. Der Bau eines Gewächshauses mit mehr als vier Gittern (länger als 5 Meter) erfordert eine Belüftung über die gesamte Länge der Struktur oder die Installation eines leistungsstarken Ventilators, da die Entlüftung der Stirnwände allein nicht ausreicht, um eine Struktur von mehr als 5 Meter Länge optimal zu entlüften. Suchen Sie im Internet nach Plänen und Anleitungsvideos für den Bau eines Gewächshauses mit Zaungitter, die von einfach bis komplex reichen.

So könnte es aussehen: Mit vier 4 Gittern à 5 Meter Länge und 1.20 Meter Breite für eine Grundfläche von etwa 10 Quadratmetern.

Dieser Wirsingkohl überlebte ungeschützt für eine frühe Winterernte. Wirsingblätter (krause Blätter) sind oft ein Indikator für eine bessere Kältetoleranz als glatte Blätter. Das gilt nicht nur für Wirsing, sondern auch für Grünkohl und andere Kohlsorten.

Viele Winterkulturen, darunter auch diese Möhren, werden nach einigen Frösten süßer. Obwohl viele Karottensorten nie die Größe der Karotten aus dem Supermarkt erreichen, schmecken die selbst angebauten Karotten weitaus besser.

Wintersorten mit Bedacht wählen

Es ist nicht in allen Klimazonen möglich, im Winter einfach irgendeinen Kohl anzubauen. In Zone 7a muss ich die kältetoleranteste Sorte finden und sie isoliert unter einer Abdeckung oder im Gewächshaus anbauen. Spinat und Koriander sind weit weniger wählerisch – jede Sorte, die ich angebaut habe, hat den Winter ohne Isolierung überlebt, obwohl sich das Wachstum verbessert und die Frostschäden durch eine Abdeckung verringert werden. Weitere Hinweise finden Sie im Text zum kältetoleranten Anbau (Seite 154). Und: beachten Sie bei der Auswahl des Saatguts die folgenden Vorschläge.

Der Name sagt schon viel aus. Häufig schwingt im Namen der Sorte die Kältetoleranz schon mit. Achten Sie auf Begriffe wie „January King" oder „Giant Winter", während „Summertime" am besten für wärmeres Wetter geeignet scheint. Lesen Sie die vollständige Beschreibung einer Sorte, um sich über spezifische Empfehlungen für den Winteranbau zu informieren.

Kaufen Sie bei Unternehmen, die in Ihrer Region ansässig sind. Sorten, die sich in Ihrer Gegend bewährt haben, sind zuverlässiger als Sorten, die in wärmeren Regionen erfolgreich sind.

Versuchen Sie etwas Unbekanntes. Kresse, Endivie, Radicchio, Brokkoli, Lauch, Vogelmiere, Rucola und Chicorée werden oft als mögliche Winterkulturen übersehen, dabei gehören sie zu den kältetolerantesten Pflanzen überhaupt.

Anmerkungen zum kältebeständigen Anbau

Schauen Sie sich die Beschreibung der jeweiligen Sorte auf dem Pflanzenetikett oder der Saatgutpackung an, um den Grad der Kältetoleranz in Ihrer Winterhärtezone zu bestimmen, und nutzen Sie die folgenden Hinweise, um Ihre Herbst- und Winterauswahl zu treffen.

Rucola ist eines der kältetoleranteren Salatgemüse; seine Schärfe scheint sich bei kühleren Temperaturen zu verringern. Säen Sie die Herbst- und Winterernte später aus als einige andere kälteempfindliche Gemüsesorten, da Rucolasamen bei Hitze nicht so leicht keimen und die Pflanzen schnell schießen. Rucola kann in vielen Klimazonen ungeschützt überleben, aber das Wachstum wird durch Wärme verbessert.

Sellerie braucht fast vier Monate bis zur Reife, daher müssen die Samen für Herbstpflanzen im Früh- bis Hochsommer ausgesät werden, was in wärmeren Klimazonen eine große Herausforderung darstellen kann. Sellerie kann in milden Klimazonen in einem Gewächshaus den Winter überstehen, ist aber nicht so widerstandsfähig wie einige der anderen empfohlenen Pflanzen. Sämlinge trocknen leicht aus, daher ist es am besten, sie drinnen zu halten, geschützt vor der Hitze der Sonne, bis sie gut eingewachsen sind. Ernten Sie ganze Köpfe oder entfernen Sie einfach die äußeren Stängel, damit sie weiter wachsen.

Mangold überlebt, wenn er unter einem Dach angebaut wird. Die bunten Blätter des Regenbogenmangolds werden heller und ausgeprägter, wenn die Temperaturen sinken. Gelegentlich kommen die Pflanzen mit wiederholten starken Frösten nicht zurecht, aber ich habe schon erlebt, dass scheinbar tote Pflanzen im zeitigen Frühjahr wieder austreiben, wenn die Temperaturen steigen.

Die in den gemäßigten Zonen heimische Vogelmiere keimt und gedeiht im Winter ohne Schutz. Eine Folie oder ein Dach hilft ihr, früher in der Saison zu gedeihen, ist aber nicht immer notwendig. Samen sind im Handel erhältlich, aber ich stelle oft fest, dass die Vogelmiere von selbst als „Unkraut" sprießt. Die Vogelmiere hat einen milden Geschmack, der dem von Salat ähnelt, und kann roh in Salaten oder gehackt in Suppen oder Eintöpfen verwendet werden. Im Spätwinter trägt sie kleine weiße Blüten, die ebenfalls essbar sind.

Zur Familie der Zichoriengewächse gehören die nahen botanischen Verwandten Radicchio, Endivie und Frisée. Zichorien und Radicchio sind die kältetolerantesten unter ihnen und können in vielen Klimazonen ohne Abdeckung angebaut werden. Selbst wenn die äußeren Blätter Frostschäden aufweisen, bleibt der innere Kopf unter einer Schutzschicht fest umhüllt: Schält man die beschädigten Blätter ab, kommt ein farbenprächtiger Kopf zum Vorschein. Endivie und Frisée sind etwas weniger kältetolerant, lohnen aber den Anbau wegen ihrer einzigartigen Farben, Texturen und Geschmacksrichtungen – am besten auch im Gewächshaus.

Koriander keimt nicht, wenn die Temperaturen hoch bleiben, und schießt bei Hitze schnell in die Höhe. Deshalb wird er viel später in der Saison ausgesät als andere Herbst- und Winterkulturen. Koriander kann in vielen Klimazonen unbedeckt überleben, aber das Wachstum ist besser, wenn die Pflanze geschützt ist.

Bei vielen Kohlsorten verbessert sich der Geschmack mit etwas Frost. Wählen Sie kälteresistente Sorten für eine zuverlässigere Überwinterung. Ein Dach über dem Kopf schützt Mangold vor Schäden, die nach wiederholten harten Frösten auftreten können.

Feldkresse (nicht zu verwechseln mit der Brunnenkresse) ist äußerst robust. Ihr kräftiger, pfeffriger Geschmack veredelt Suppen und Salate. Das Wachstum verbessert sich im Gewächshaus.

Regenbogenmangold ist eine herrlich farbenfrohe Ergänzung für Ihre Winterpflanzenauswahl.

Grünkohl eignet sich gut als Winterkultur. Wie alle überwinternden Pflanzen schießt auch der Grünkohl im Frühjahr schnell aus. Ernten Sie die ungeöffneten Blüten als reichhaltigen Brokkoliersatz.

Lauch kommt mit den meisten klimatischen Bedingungen zurecht. Alle Sorten, die ich angebaut habe, haben den Winter unbedeckt überstanden, aber wenn Sie in einem kalten Klima anbauen, müssen Sie die widerstandsfähigsten Sorten wie „Tadorna" wählen. Die meisten samenvermehrten Porreesorten brauchen vier bis sechs Monate bis zur Reife.

Salat kann bis zum Herbst und frühen Winter in Folge gepflanzt werden, um den ganzen Win-

Flachwurzelnde Gemüsesorten wie Kopfsalat, Spinat, Mizuna (Japanischer Senfkohl) und Tatsoi (hier abgebildet) können in Schalen im Gewächshaus angebaut werden, wenn der Platz im Beet begrenzt ist. Ernten Sie das Gemüse, bevor es voll ausgereift ist, da die Wurzeln nur begrenzt Platz zum Wachsen haben.

Schön bitter

Endivie, Radicchio (hier abgebildet), Frisée und Chicorée sind botanisch eng miteinander verwandt. Die genauen Unterschiede zwischen ihnen sind nicht immer klar, und sie werden in der Küche oft auf ähnliche Weise verwendet. Ihre knackigen, bitteren Blätter sind mit schönen Mustern und Farben verziert, die jede Winter- oder Frühlingsmahlzeit aufpeppen. Verwenden Sie die rohen Blätter in einem gemischten Salat oder schmoren, grillen oder sautieren Sie die halbierten Köpfe, um ihnen die Bitterkeit zu nehmen.

Eine Handvoll Blätter gegen Ende der Kochzeit in eine Suppe zu geben, ist eine weitere gute Möglichkeit, die einzigartigen Aromen dieser Pflanzen einzubringen.

ter über zu ernten. Die kälteresistentesten Sorten bevorzugen eine Abdeckung, um zuverlässig zu gedeihen. Gärtner in extrem kalten Klimazonen müssen möglicherweise die Isolierung verdoppeln.

Mizuna ist ein krauses, mildes, senfähnliches Grün, das am häufigsten roh in Salaten verzehrt wird. Ohne ausreichende Isolierung gedeiht Mizuna im Winter nicht zuverlässig. Im Gewächshaus hat er sich bei mir sehr gut bewährt.

Zwiebeln für die Herbsternte werden in der Mitte des Sommers gesät. Später im Jahr gesäte Samen können in einigen Regionen isoliert überwintern, entwickeln sich aber nicht immer zu großen Zwiebeln und werden am besten als Schalotten gegessen. Die Tageslänge stimuliert die Zwiebelbildung, daher ist das Timing wichtig. Versuchen Sie, Schalotten oder Winterzwiebeln (siehe Seite 68) anzubauen, die im Winter meist die besten Erträge abwerfen.

Pak choi und Tatsoi überstehen den Winter zuverlässig, vor allem wenn sie in Reihen angebaut werden. Ältere Blätter, die im Herbst gereift sind, sind anfälliger für Frostschäden als jüngere Blätter, die bei niedrigen Temperaturen reifen. Ernten Sie diese älteren Blätter im Spätherbst und Frühwinter. Wie die meisten überwinternden Gemüsesorten schießen auch Pak Choi und Tatsoi im Frühjahr schnell aus.

Petersilie überwintert in milderen Klimazonen ohne Abdeckung, benötigen aber eine Isolierung, wenn die Wintertemperaturen konstant unter -7 Grad Celsius liegen.

Wurzelgemüse wie Möhren, Kohlrabi und Steckrüben wachsen in kalten Böden kaum, und das Grünzeug kann leichter Frostschäden erleiden als die Wurzeln. Verwenden Sie Gartenvlies zusammen mit einem Haufen getrockneter Blätter oder Stroh (siehe Weitere Verwendungsmöglichkeiten für Gewebeabdeckungen, Seite 146) oder zwei Lagen von Vlies über Draht- oder Kunststoffbügeln, um die Wurzeln über den Winter zu schützen. In Regionen mit besonders strengen Wintern sollten Sie die Wurzeln ernten, bevor der Boden gefriert, sie waschen und trocknen und sie in einem Ziplock-Beutel im Kühlschrank bis zu zwei Monate aufbewahren.

Spinatsamen keimen nicht, wenn der Boden warm ist, und die Pflanzen gehen schnell ein, wenn die Temperaturen im Frühjahr steigen. Säen Sie Spinat zu Beginn des Herbstes direkt aus und isolieren Sie ihn, sobald die Temperaturen nachts konstant um den Gefrierpunkt liegen. Mitten im

Eine doppelte Isolierung, wie z. B. der Anbau von Rüben unter einem Vlies im Gewächshaus, schützt die Blätter zusätzlich vor Frostschäden.

Grünkohlsorten wie dieser „Dazzling Blue“ sind kältetoleranter als ihre glattblättrigen Verwandten.

Lauch ist ein zuverlässiger Überwinterer, der im zeitigen Frühjahr und Sommer wieder wächst.

Winter säen Sie ihn erneut direkt unter einer Vliesabdeckung, wenn der Boden nicht gefroren ist. Eine letzte Direktsaat folgt dann zu Beginn des Frühjahrs. Spinat kann in vielen Klimazonen unbedeckt überleben, insbesondere überwinternde Sorten wie „Giant Winter“. Halten Sie sich zunächst an die empfohlenen Pflanztermine für Ihre Region, aber wundern Sie sich nicht, wenn Sie das vorgeschlagene Zeitfenster auf kühlere Monate eingrenzen müssen.

Ein Netz schützt diese Setzlinge vor Kohlwürmern.

Sie wollen also mehr Kohl anbauen?

Den Anbau von Blattkohl kann ich uneingeschränkt empfehlen, aber nicht unbedingt glamouröse Kohlsorten wie Brokkoli, Blumenkohl und Rosenkohl. Der Grund dafür ist, dass diese Kohlsorten weitaus schwieriger zu züchten sind, vor allem, wenn sie aus Samen gezogen werden. Wenn Sie die Samen zu früh im Frühjahr aussäen, wird ihr Wachstum durch die kalten Temperaturen gehemmt. Wenn man sie zu spät aussät, schießen sie in die Höhe, bevor man überhaupt einen Kopf hat. Bei der Herbsternte gibt es ähnliche Herausforderungen, nur dass es hier zu einer Temperaturumkehr kommt (frühe Aussaaten werden zu heiß, späte Aussaaten werden zu kalt).

Säen Sie das Saatgut für die Setzlinge wie auf Ihrer Pflanztabelle angegeben und lesen Sie den Abschnitt „Timing is alles" auf der gegenüberliegenden Seite.

Brokkoli – die Art, die man im Supermarkt kauft – übersteht häufige und wiederholte harte Fröste nicht und wird daher im zeitigen Frühjahr für eine Sommerernte oder im Spätsommer für eine Herbsternte gepflanzt.

Keimende Brokkolipflanzen – Pflanzen, die zahlreiche Blüten und nicht nur einen einzigen großen Kopf bilden – sind für die Überwinterung besser geeignet, da diese Sorten eine Kälteperiode benötigen, um die Blütenbildung anzuregen (die Blüten bilden sich im Frühjahr nach der Überwinterung). Bedecken Sie keimende Brokkolis, um sie vor schädlichen Frösten zu schützen.

Blumenkohlsorten wie „All Year Round" sind ähnlich wie keimende Brokkolis, da die Samen im Herbst ausgesät werden und die Köpfe (Multi Head) im Frühjahr nach einer Kälteperiode gebildet werden. Beachten Sie, dass nicht alle Blumenkohlsorten für den Winteranbau geeignet sind. Die überwinternden Sorten müssen in den meisten Klimazonen abgedeckt werden.

Kohlsorten sind unterschiedlich kältetolerant, wobei Wirsing oft am widerstandsfähigsten ist. Säen Sie glattblättrige Sorten wie „Golden Acre" im zeitigen Frühjahr für eine Sommerernte und erneut im mittleren bis späten Sommer für die Herbsternte. Decken Sie den Kohl in kalten Nächten ab, aber ernten Sie ihn, bevor er häufigem, starkem Frost ausgesetzt ist. January King wird ebenfalls im Mittel- bis Spätsommer ausgesät, kann aber zuverlässiger überwintern, wenn er mit einer Vliesabdeckung isoliert wird.

Rosenkohl ist meiner Meinung nach die schwierigste Kopfkohlart. Er benötigt die längste Wachstumsperiode von allen, da er im zeitigen Frühjahr gepflanzt wird, um im späten Herbst geerntet zu werden (ja, er braucht so lange, um zu reifen). Reifer Rosenkohl kann überwintern, indem man die Pflanzen mit getrockneten Blättern oder Heu isoliert und die Isolierung mit einer Vliesabdeckung fixiert.

Timing ist alles

Wenn Sie im Frühjahr pflanzen, können Sie sicher sein, dass sowohl die Tageslänge als auch die Temperatur im Laufe der Saison zunehmen. Bei Herbstpflanzungen ist das Gegenteil der Fall: Die Tageslänge und die Temperatur nehmen ab, was bedeutet, dass die Anzahl der Tage, die bis zur Reife benötigt werden, deutlich höher sein kann. Ein im Frühjahr gepflanzter Grünkohl kann bereits nach 65 Tagen geerntet werden, während die gleiche Sorte im Herbst bis zu 85 Tage benötigt, da Licht und Temperatur bis zur sogenannten Persephone-Zeit allmählich abnehmen (siehe Persephone: Göttin des Frühlings, Seite 160). Halten Sie sich an die dort aufgeführten Zeitempfehlungen, aber scheuen Sie sich nicht, davon abzuweichen und zu experimentieren. Sie werden nach und nach die Strategien finden, die für Ihre spezielle Situation geeignet sind.

In Deutschland sinkt die Tageslänge am Tag der Wintersonnenwende auf 7 (Norden) bis 8 Stunden (Süden). Die dunkle Winterzeit ist entsprechend länger und ausgeprägter in Regionen, die näher an den Polen liegen, und kürzer und weniger ausgeprägt in Regionen, die näher am Äquator liegen. Da die Pflanzen im Allgemeinen in eine Ruhephase eintreten und ihr Wachstum nahezu einstellen, wenn sie weniger als 10 Sonnenstunden pro Tag erhalten (In Berlin ist das beispielsweise am 1. November der Fall), müssen die Winter- und Herbstkulturen früh genug gepflanzt werden, damit sie vor Beginn der dunklen Jahreszeit nahezu reif sind. Das Wachstum ist dann fast nicht mehr vorhanden, aber die Pflanzen bleiben aktiv und gesund. Man kann sich das so vorstellen, dass man den Garten als lebendes Kühlhaus für den Winter nutzt. In Anhang C finden Sie Informationen darüber, wann bestimmte Pflanzen gepflanzt werden müssen, damit sie rechtzeitig zur Winter- und Frühjahrsernte reif sind.

Planen sie Ihre Erntezeit

Saatgut und Setzlinge werden je nach dem voraussichtlichen Erntetermin zu unterschiedlichen Zeiten im Sommer und Herbst gepflanzt. Tipps und weitere Informationen finden Sie unter Saatgut für vierjährige Kulturen aussäen, Seite 161.

Die im Spätherbst gesäten Salate, Mangold, Grünkohl, Steckrübe und Radicchio reiften langsam und wurden im darauf folgenden Frühjahr geerntet.

Säen Sie Herbstkulturen im mittleren bis späten Sommer. Säen Sie diese Pflanzen früh, damit sie noch vor der Persephone-Zeit reifen. Sie gehören zu den schwierigsten Kulturen, weil Sie die Samen der kühlen Jahreszeit in der Hitze des Sommers zum Keimen bringen müssen.

Säen Sie im Herbst Pflanzen für die Winterernte. Die Pflanztermine werden durch Rückwärtszählen ab dem Beginn der Persephone-Zeit bestimmt (siehe Anhang C).

Säen Sie im Spätherbst und Frühwinter frühe Frühjahrskulturen. Ihre letzte Aussaat bleibt über den Winter unreif, nimmt aber im zeitigen Frühjahr ihr Wachstum wieder auf. Überwinterte Pflanzen schießen schnell in die Höhe und werden daher oft in einer viel kleineren Größe geerntet. Aus diesem Grund kann es sein, dass sich diese frühen Frühjahrskulturen für Sie lohnen oder nicht.

Dieser im Spätherbst gesäte Spinat wurde den ganzen Winter über als „Junges Gemüse" geerntet. Reife Blätter wurden in einem kurzen Zeitfenster im zeitigen Frühjahr geerntet, bevor die Pflanze verblühte.

Persephone: Göttin des Frühlings

Persephone, die griechische Göttin des Frühlings, war die Tochter von Zeus und Demeter. Der Sage nach verliebte sich Hades in Persephone und zog sie in die Unterwelt, um sie zu seiner Frau zu machen. Demeter, die über den Verlust ihrer Tochter verzweifelt war, handelte ein Abkommen aus, das Persephone erlaubte, acht Monate des Jahres auf der Erde und die restlichen vier Monate in der Unterwelt zu verbringen. Persephones Zeit auf der Erde fällt mit einer üppigen Wachstumsperiode (Frühling, Sommer und Herbst) zusammen, die endet, wenn sie zu ihrem Mann zurückkehrt (Winter).

Eliot Coleman, Biobauer und Autor, ist bekannt für seine sorgfältige Buchführung und dafür, dass er den Begriff „Persephone" in Bezug auf den Gartenbau geprägt hat. Die Daten, die er im Laufe der Jahre auf seiner Farm sammelte, zeigten die Auswirkungen auf Pflanzen, die weniger als 10 Sonnenstunden pro Tag erhalten. Diese waren so ausgeprägt, dass er dafür einen Namen erfand: Laut Coleman ist „Persephone" die Zeit, in der die Pflanzen ihr Wachstum einstellen, während sie sehnsüchtig auf die Rückkehr der Frühlingsgöttin warten.

Saatgut für vierjährige Kulturen aussäen

Wenn es an der Zeit ist, den Herbst- und Wintergarten zu bepflanzen, ist der Boden oft heiß und trocken. Samen von kältetoleranten Pflanzen keimen unter diesen Bedingungen oft schlecht und müssen besonders sorgfältig ausgesät werden, wenn sie erfolgreich wachsen sollen.

Beachten Sie, dass nicht alle Samen im Sommer keimen. Koriander und Spinat zum Beispiel keimen nur, wenn die Bodentemperaturen konstant unter 21 °C liegen. Sie werden feststellen, dass diese Arten von Pflanzen für die Herbsternte extrem schwierig anzubauen sind und sich besser nur für die Winter- und Frühjahrsernte eignen.

Hobbygärtner in warmen Regionen sollten für die Anzucht ins Haus ausweichen. Innenraumleuchten bieten zu jeder Jahreszeit eine präzise Klimakontrolle. Säen Sie die Samen drinnen und pflanzen Sie die Setzlinge ins Freie, sobald die Temperaturen gesunken sind.

Das Gießen ist besonders wichtig. Halten Sie die Sämlinge im Sommer und Herbst gut bewässert. Häufiges Gießen, selbst ein leichtes Besprühen, hilft, den Boden zu kühlen und die Keimung zu fördern. In manchen Situationen bedeutet dies, dass man zweimal täglich gießen muss, wenn man direkt in warme Böden sät, die schnell austrocknen.

Sorgen Sie für Schatten für die Setzlinge. Wenn Sie Samen im Freien aussäen, suchen Sie sich einen schattigen, vor starken Regenfällen geschützten Platz, an dem die Samen keimen und wachsen können, bevor sie ausgepflanzt werden. Wählen Sie einen gut sichtbaren Standort, damit Sie sie regelmäßig sehen können, und denken Sie daran, sie zu gießen.

Verwenden Sie bei direkter Aussaat oder wenn kein Schatten zur Verfügung steht, ein Schattensegel, und ein Gewebe, das unterschiedlich viel Sonne abhält. Gärtner in wärmeren Regionen brauchen mehr Sonnenschutz (50 bis 75 Prozent Schatten), während Gärtner in kühleren Regionen mit weniger Schutz auskommen können (30 Prozent Schatten). Fügen Sie gegebenenfalls eine Lage durchsichtiges Plastik hinzu, um die empfindlichen Setzlinge vor zu starkem Regen zu schützen.

Die Herbstsetzlinge werden in der Sommerhitze gepflanzt und müssen daher kühl gehalten werden. Diese Herbstsetzlinge wurden im August gesät und im Schatten unter einer Plane aufbewahrt, um sie vor starken Regenfällen zu schützen.

Im Winter dient das Gewächshaus als Heim für getopftes Gemüse, Freilandgemüse und Anzuchtpflanzen, die im Frühjahr und Sommer den Garten füllen werden.

Für die Winterernte mehr anpflanzen

Denken Sie daran, dass Winterkulturen nicht sehr viel oder gar nicht wachsen, es sei denn, Sie leben in einer Region mit minimaler Saisonalität. Erwarten Sie also nicht, dass Sie kontinuierlich von einer einzigen Pflanze ernten können, wie Sie es in den wärmeren Monaten tun würden, denn es gibt nur wenig neues Wachstum, bis die Tageslänge und die Temperaturen steigen. Pflanzen Sie drei- bis fünfmal so viel wie im Frühjahr und Sommer, da Sie bei Kulturen wie Grünkohl, Mangold, Blattsalaten und Kresse nur einmal, vielleicht zweimal, eine Winterernte erwarten können.

Setzlinge im Herbst abhärten

Setzen Sie die Setzlinge im Herbst in den Garten, aber isolieren Sie sie erst, wenn die Temperaturen nachts unter 5 Grad fallen. Die Pflanzen müssen sich an niedrigere Temperaturen gewöhnen, d. h. sie brauchen erst dann Schutz, wenn es durchgehend kalt ist. Öffnen oder lüften Sie Frühbeete und niedrige Tunnel tagsüber, wenn es sonnig oder warm ist. Kontrollieren Sie regelmäßig die Innentemperatur der niedrigen Tunnel, um ein Gefühl für deren Wirksamkeit zu bekommen. Die Tunnel müssen im Herbst und im Frühjahr wahrscheinlich relativ häufig begutachtet werden, im Winter jedoch viel seltener.

Frühjahrssaatgut schützen

Pflanzen gedeihen besser, wenn sie echtes Sonnenlicht bekommen. Außerdem müssen die Setzlinge im Freiland nicht abgehärtet werden, so dass Frühbeete und Gewächshäuser ein hervorragender Ort für die Anzucht von Samen im Frühjahr sind. Die Innentemperatur des Frühbeetes oder Gewächshauses wird wahrscheinlich hoch genug sein, um die Setzlinge an sonnigen Tagen warm zu halten, aber sie brauchen zusätzliche Wärme, wenn es kühl und bewölkt ist und in der Nacht.

Saatgutmatten können für ausreichende Wärme sorgen. Legen Sie eine Anzuchtmatte auf den Boden eines Frühbeetes oder auf den Boden des Gewächshauses und setzen Sie die Töpfchen direkt darauf. Am besten sind handelsübliche Matten mit Thermostat, da sie Temperaturschwankungen besser regulieren können. Wenn der Frühbeetkasten klein genug ist, wird er die Wärme der Matte speichern und die Samen wahrscheinlich über Nacht warm genug halten. Wenn Sie eine Matte mit Thermostat verwenden, können Sie eine Schicht Vlies direkt über die Setzlinge drapieren, um sie noch besser zu isolieren (tun Sie dies nicht bei Matten mit ungeregelter Temperatur; das würde viel zu viel Wärme einschließen).

Verwenden Sie Isolierschaumstoff auf einer Anzuchtbank. Es ist am besten, die Setzlinge direkt auf den Boden im Gewächshaus zu stellen, da der Boden zusätzliche Wärme liefert. Wenn Sie eine Bank oder einen Tisch verwenden, legen Sie zunächst ein Stück Isolierschaumstoff auf, damit die Wärme der Anzuchtmatte nicht nach unten entweicht.

Das Umsetzen von Pflanzen im Haus und im Freien ist riskant. Wenn Sie keine Anzuchtmatte kaufen wollen, können Sie die Setzlinge nachts ins Haus bringen und am nächsten Morgen wieder ins Frühbeet oder Gewächshaus setzen. Je nach Anzahl der Setzlinge kann dies jedoch sehr arbeitsintensiv werden – und eine einzige Nacht der Vergesslichkeit kann ein teurer Fehler sein.

Die von den Saatgutmatten abgegebene Wärme reicht aus, um das Innere eines kleinen Frühbeetes zu beheizen, hat aber in einem großen Gewächshaus fast keine Auswirkungen. Legen Sie eine oder zwei Lagen Vlies auf die Matten im Gewächshaus, um als Isolator zu wirken. Entfernen Sie die Abdeckungen an sonnigen Tagen und bringen Sie sie wieder an, wenn die Temperatur im Gewächshaus bei Sonnenuntergang zu sinken beginnt.

SCHRITT

6

Lagern und KONSERVIEREN

Das Lagern und Konservieren von getrockneten Bohnen, Kartoffeln, Süßkartoffeln und Winterkürbissen ermöglicht es, die Früchte des Gartens noch lange nach der Ernte des Sommers zu genießen. Pflanzen und Samen, die im späten Frühjahr und frühen Sommer ausgesät werden, breiten sich in entlegene Ecken des Gartens aus. Wenn Sie großzügig Platz für diese Pflanzen einplanen, werden Sie mit einzigartigem und köstlichem Gemüse belohnt.

Kohlenhydratreiche Gemüsesorten benötigen viel Platz im Garten, vor allem, wenn Sie einen Jahresvorrat ernten wollen.

6

Der Plan

- ERWEITERN SIE IHREN GARTEN UM 60 QUADRATMETER. Süßkartoffeln und Winterkürbisse brauchen Platz, um sich auszubreiten, und Mais erfordert mindestens 20 Pflanzen, so dass dies Ihre bisher größte Erweiterung sein wird. Wenn möglich, sollten Sie diese Beete so anlegen, dass die Kletterpflanzen genügend Platz haben, um von den Beeten wegzuwachsen, anstatt wertvollen Platz innerhalb der Beete zu beanspruchen.

- WÄHLEN SIE REGIONAL PASSENDE SORTEN AUS und pflanzen Sie sie zum richtigen Zeitpunkt. Achten Sie genau auf die Länge der Vegetationsperiode und die Reifetage der gewählten Sorte. Gärtnerinnen mit kürzeren Saisons haben möglicherweise Probleme, größere Kürbisse anzubauen, während kleinere Sorten in der Regel schneller reifen. Süßkartoffeln lassen sich in den kältesten Klimazonen nicht gut anbauen. Bohnen können in allen Klimazonen angebaut werden, insbesondere schnell reifende Buschbohnen. Stangenbohnen brauchen etwas länger, gedeihen aber in einem breiten Spektrum von Klimazonen.

- BERÜCKSICHTIGEN SIE DEN BEDARF AN LANGFRISTIGER LAGERUNG. Mit Ausnahme von Mais kann stärkehaltiges Gemüse monatelang bei oder unter Raumtemperatur gelagert werden. Um die Haltbarkeit zu verlängern, sollten Sie es in einem kühlen Keller oder einer kühlen Garage aufbewahren (die Innentemperatur sollte idealerweise unter 10 Grad liegen, aber niemals unter den Gefrierpunkt sinken). Auch das Einfrieren von gekochtem stärkehaltigem Gemüse ist eine Möglichkeit. Bohnen halten sich bei Zimmertemperatur ein Jahr oder länger, wenn sie richtig getrocknet wurden.

Bevor Sie loslegen

Stärkehaltige Gemüsesorten erfordern eine große Investition an Zeit, Energie und Platz. Daher sollten Sie sich auf den Anbau von Gemüse konzentrieren, das Sie verwenden und genießen werden, wobei Sie sich darüber im Klaren sein sollten, dass einige Gemüsesorten leichter anzubauen sind als andere. Wählen Sie zunächst eine Vielzahl von Gemüsearten und -sorten aus, um zu sehen, wie sie sich bewähren. Ein misslungener Versuch in einem Jahr kann durch die Wahl einer anderen Sorte im nächsten Jahr korrigiert werden. Mit der Zeit werden Sie herausfinden, welches Gemüse und welche Sorten Ihre Zeit am meisten wert sind.

Bohnen und stärkehaltiges Gemüse brauchen viel Sonne. Einige Winterkürbis-, Bohnen- und Kartoffelsorten können mit nur sechs Sonnenstunden pro Tag erfolgreich angebaut werden, aber der Ertrag wird mit zunehmender Sonneneinstrahlung besser. Für Mais und Süßkartoffeln gilt: je wärmer und sonniger, desto besser.

Lassen Sie Platz zum Ausbreiten. Winterkürbisse und Süßkartoffeln können sich auf bis zu 6 Meter ausbreiten. Wenn Sie die Reben von den Beeten wegführen, können Sie Ihren Platz während der gesamten Vegetationsperiode optimal ausnutzen, also richten Sie die neuen Beete so aus, dass zumindest in einer Richtung Platz zum Ausbreiten bleibt. Denken Sie auch an die Verwendung von Spalieren und Kletterhilfen. Stangenbohnen werden – der Name gibt einen ersten Hinweis – an Stangen oder Spalieren angebaut, aber auch Winterkürbisse können an Spalieren wachsen. Jede dieser Anbaumethoden hat ihre Vor- und Nachteile (siehe Vorbeugung gegen den Befall, Seite 173), aber die Platzersparnis ist der Hauptgrund, Kürbisse an Spalieren zu ziehen.

Konzentrieren Sie sich auf die langfristige Nährstoffversorgung des Bodens. Bauen Sie die Beete wie immer mit viel organischem Mate-

Einige Winterkürbissorten können sich auf bis zu 6 Meter ausbreiten. Lassen Sie sie außerhalb der Beete wachsen, damit sie keinen wertvollen Platz im Garten beanspruchen.

Naturkeller

Naturkeller – unterirdische Lagerräume für Lebensmittel – werden schon seit Tausenden von Jahren genutzt. Wenn man tief genug in den Boden gräbt (etwa 3 Meter, manchmal sogar nur 1,50 Meter), findet man eine konstante Temperatur von etwa 4 Grad. Ein Naturkeller, traditionell ein kleiner Raum mit Stein- oder Zementwänden und einem Erdboden, dient im Sommer als Kühlschrank und verhindert, dass Lebensmittel im Winter erfrieren.

Die genaue Tiefe eines Naturkellers und sein Standort hängen vom Klima, der Bodenart und der Tiefe des Grundwasserspiegels ab. Keller in kälteren Regionen müssen unterhalb der Gefriergrenze liegen und sollten an einem nach Süden ausgerichteten Hang platziert werden, um mehr Wärme zu speichern. Keller in wärmeren Regionen sind an Nordhängen besser aufgehoben und müssen möglicherweise nicht so tief angelegt werden. Das im ökobuch Verlag erschienene Buch „Naturkeller" bietet hier Anleitungen und detaillierte Infos z. B. zur Bestimmung der Tiefe eines Kellers, zu Bauempfehlungen und zu den Auswirkungen von Feuchtigkeit, Temperatur, Licht und Belüftung auf die Lagerung von Lebensmitteln.

Spaghettikürbisse werden zusammen mit schwarzen Bohnen an Spalieren gezogen.

rial auf – getrocknete Blätter, Stöcke, Holzspäne, Mulch, Holzscheite und Kompost. Starkzehrer wie Kürbis und Mais benötigen viele Nährstoffe. Wenn Sie die Beete richtig anlegen, ist die Ernte für die nächsten Jahre gesichert.

Vergessen Sie nicht, die Kulturen zu wechseln. Stärkehaltige Gemüsesorten entziehen dem Boden viele Nährstoffe. Bohnen hingegen können den Boden verbessern, indem sie über eine symbiotische Beziehung mit Mykorrhizapilzen Stickstoff aufnehmen. Der Wechsel zwischen Schwach- und Starkzehrern und die Nachdüngung mit Kompost verbessern die Bodengesundheit und den Ertrag. Wenn eine Fruchtfolge nicht möglich ist, pflanzen Sie eine Winterzwischenfrucht wie Radieschen oder Erbsen, nachdem eine Starkzehrerpflanze abgeerntet ist.

Pflanzen in Symbiose

Bestimmte Pflanzen profitieren, wenn sie zusammen angebaut werden. Sie ergänzen sich in der Nährstoffverwertung oder den Wachstumsgewohnheiten, oder eine Pflanze hilft der anderen, Insekten abzuwehren. Ebenso gibt es Pflanzen, von denen man annimmt, dass sie beim gemeinsamen Anbau eher schlecht abschneiden. Das bekannteste Beispiel für erfolgreiche Mischkulturen sind die „Drei Schwestern", ein von indigenen Völkern entwickeltes System, bei dem Mais, Bohnen und Kürbis zusammen angebaut werden.

Glaubt man den gängigen Gartenbüchern, beruhen viele Empfehlungen für Begleitpflanzen auf Überlieferungen. In den meisten Fällen wird eine Pflanze davon profitieren, wenn sie mit einer an-

Ark of Taste

Die Ark of Taste wurde 1996 ins Leben gerufen, um kulturell bedeutsame Lebensmittel – Gemüse, Tierrassen, Gewürze, Getreide, Getränke, Konserven, Brot – zu dokumentieren und zu katalogisieren, die durch biologische, kommerzielle oder kulturelle Einflüsse vom Verschwinden bedroht sind. Ihre Sammlung umfasst mehr als 3500 seltene und wichtige Produkte aus 350 Ländern. Voraussetzung für die Aufnahme in die Ark of Taste ist, dass ein Lebensmittel nachhaltig angebaut wird, einen einzigartigen und/oder hervorragenden Geschmack hat und lokale oder regionale Traditionen repräsentiert. Achten Sie bei der Auswahl von Saatgut auf das Symbol der Ark of Taste, wenn Sie diese wichtige Arbeit unterstützen möchten.

Ark of Taste

deren Pflanze gepflanzt wird; man muss nicht viel darüber nachdenken. Vermeiden Sie es im Allgemeinen, Mitglieder derselben Familie zusammen zu pflanzen (zum Beispiel Dill nicht mit Karotten, beides Doldenblütler), mit Ausnahme von Kohlarten, die am besten zusammen gepflanzt werden, damit sie leicht mit einem Insektenschutznetz oder einem Vlies abgedeckt werden können. Vermeiden Sie auch Pflanzungen, die aufgrund ähnlicher Wachstumsgewohnheiten miteinander konkurrieren, wie z. B. Tomaten und Sonnenblumen, die viel vertikalen Raum benötigen.

Einige Empfehlungen zu Begleitpflanzungen

Hier finden Sie einige gängige Kombinationen, aber Sie können mit jeder Art von Zwischenpflanzung, die die Vielfalt erhöht, kaum etwas falsch machen.

Spargel

- Ringelblume

Basilikum

- Kopfsalat
- Paprika
- Tomatensorten

Bohnen

- Rüben
- Mais
- Kapuzinerkresse
- Kürbis

Rüben

- Lauch
- Gemüsekohl
- Buschbohnen
- Kopfsalat

Brokkoli

- Gemüsekohl

Kopfkohl

- Kapuzinerkresse

Mohrrüben

- Kopfkohl
- Schnittlauch
- Lauch
- Kopfsalat
- Zwiebeln
- Erbsen
- Radieschen
- Tomatensorten

Mais

- Buschbohnen, Stangenbohnen
- Salatgurken
- Dill
- Ringelblumen
- Melonen
- Erbsen
- Kürbis
- Sonnenblumen

Salatgurken

- Bohnen
- Dill
- Kopfsalat
- Kapuzinerkresse
- Radieschen
- Sonnenblumen

Aubergine

- Mohrrüben
- Zwiebeln
- Paprika

Kopfsalat

- Basilikum
- Rüben
- Kopfkohl
- Mohrrüben
- Schnittlauch
- Zwiebeln
- Radieschen
- Schalotten
- Spinat

Okra

- Basilikum
- Salatgurken
- Kopfsalat
- Radieschen

Fortsetzung auf nächster Seite

Zwiebeln

- Rüben
- Kopfkohl
- Mohrrüben
- Mangold
- Kopfsalat
- Tomatensorten

Erbsen

- Steinkräuter
- Bohnen
- Mohrrüben
- Schnittlauch
- Mais
- Salatgurken
- Radieschen
- Rüben

Paprika

- Basilikum
- Mohrrüben
- Zwiebeln
- Tomatensorten

Kartoffeln

- Basilikum
- Bohnen
- Ringelblume
- Erbsen
- Kürbis

Radieschen

- Kopfsalat
- Kapuzinerkresse
- Erbsen

Spinat

- Bohnen
- Gemüsekohl
- Koriander
- Erbsen

Tomaten

- Spargel
- Basilikum
- Ringelblume
- Mohrrüben
- Staudensellerie
- Schnittlauch
- Salatgurken
- Kapuzinerkresse
- Zwiebeln
- Petersilie
- Paprika

Sommerkürbis und Zucchini

- Kapuzinerkresse
- Zinnien

Winterkürbisse

- Buschbohnen, Stangenbohnen
- Ringelblume
- Mais
- Tagetes
- Kapuzinerkresse

Historisches Erbgut

Gärtner schwärmen von sogenannten Heirloom-Tomaten, aber die Vielzahl von Heirloom-Bohnen und -Kürbissen ist vielleicht noch beeindruckender. Wir setzen den Pumpkin-Kürbis mit dem Jack-o'-lanterns-Kürbis gleich, den Winter Squash mit Butternusskürbissen und Buschbohnen mit Pintobohnen gleich, aber diese enge Sichtweise verkennt die Vielfalt an Geschmacksrichtungen, Größen, Farben und Geschichten, die viele historisch bedeutsame Lebensmittel verkörpern. Bevor es Konserven, Kühl- und Gefriergeräte gab, um die Früchte des Sommers zu konservieren, waren diese Lebensmittel lebenswichtig.

Kürbisse, Kartoffeln und Bohnen haben zusammen mit Getreide, Fetten und tierischen Produkten Zivilisationen am Leben erhalten, lange bevor Lebensmittelketten Spezialitäten wie Palmherzen oder Kokosnuss-Aminos führten. Diese Geschichten sind heute im Erbgut einer Vielzahl weniger bekannter Sorten verankert.

Mittlerweile gibt es einige Saatgut-Unternehmen, die sich auf diese historischen Sorten spezialisiert haben und diese erfolgreich vertreiben. Auch im Standard-Sortiment vieler Betriebe sind besondere Sorten zu finden. Hier bietet heutzutage natürlich das Internet eine einzigartige Auswahl – und Versender, die sogar weltweit verschicken. Die Recherche lohnt …

Cherokee Trail of Tears-Bohnen (auch bekannt als Cherokee Black) zum Beispiel wurden von den Cherokee Anfang bis Mitte des 19. Jahrhunderts nach Oklahoma gebracht, als sie von ihrem Land in den Smoky Mountains vertrieben wurden. Und beim grün-gestreiften Cushaw-Kürbis nimmt man an, dass er seinen Ursprung bereits 7000 v. Chr. in Mesopotamien hatte.

Es gibt keinen Grund, moderne Sorten, wie zum Beispiel die Nodak-Pinto-Bohne, zu meiden, die speziell gezüchtet wurde, um in der kurzen Vegetationsperiode von North Dakota schneller zu reifen, aber ich denke, es wird Ihnen gefallen, etwas mehr über die historische Bedeutung von Vorratshaltung und die Menschen zu erfahren, die sich zum Überleben auf sie verließen.

Kürbisse anbauen

Kürbisse sind wärmeliebende Pflanzen. Daher sollten Samen oder Jungpflanzen in den Boden gebracht werden, wenn kein Frost mehr droht. Früchte, die aus Anzuchterde gezogen werden, reifen früher in der Saison, was in wärmeren Klimazonen problematisch sein kann, wenn es um die Lagerung geht: Die Früchte sind dann mitten im Sommer reif, wenn kühle Temperaturen nicht ohne weiteres verfügbar sind.

Für diejenigen, die einen Naturkeller oder einen kühlen Keller im Haus haben, ist das kein Problem, aber meine Garage (in der ich die meisten Lebensmittel aufbewahre) ist zu warm, um Kürbisse im Sommer zu lagern. Frühe Kürbisernten verfaulen oft in der Wärme. Wenn Sie keine Kühlräume für die frühe Saison haben, pflanzen Sie nur einige wenige Frühsaaten, aber heben Sie sich den größten Teil der Aussaat bis nach dem letzten Frost auf.

Wählen sie ihre Sorten

Kürbisse gibt es in allen Formen, Größen, Farben und Geschmacksrichtungen. Lesen Sie die Saatgutbeschreibungen, um die einzelnen Sorten besser kennenzulernen. Erkundigen Sie sich aber auch bei örtlichen Erzeugern, welche Sorten in Ihrer Region am besten geeignet sind. Um Ihnen die Auswahl der Sorten zu erleichtern, sollten Sie die folgenden Eigenschaften berücksichtigen.

Größe. Sweet Dumplings und Honeynut Squash sind kleine Kürbisse, die für eine Portion reichen. Candy Roasters und Blue Hubbard wiegen jeweils 10 bis 20 Pfund und sind groß genug, um eine Fußballmannschaft zu ernähren. Ich bevorzuge kleine bis mittelgroße Kürbisse, weil sie einfacher zu kochen sind und man nicht eine ganze Woche lang jeden Tag Kürbis essen muss. Andere lieben es, beeindruckende Monstrositäten in ihren Hinterhofgärten wachsen zu lassen.

Wuchsform. Die Kürbisse sind rankend, aber es gibt auch einige Sorten, die als Busch oder Halbbusch wachsen. Achten Sie auf Emerald Bush Buttercup, Burpees Butterbush, Table Gold Acorn, Sweet Dumplings, Zeppelin Delicata und Table Queen Bush. Busch-Sorten haben einen Durchmesser von etwa 1 m, Halbbusch-Sorten werden bis zu 1,5 m hoch.

Tage bis zur Reife. Kürbisse benötigen je nach Sorte 85 bis 125 Tage bis zur Reife. Kleinere Sorten brauchen im Allgemeinen weniger Zeit zum Reifen als größere Sorten. Wählen Sie Sorten mit unterschiedlichen Reifezeiten, um das Erntezeitfenster zu verlängern. Gärtner mit extrem kurzen Saisons sollten Setzlinge im Haus anbauen oder schnellreifende Sorten wählen.

Die rankende Wuchsform von Kürbissen ist ein hervorragender Akzent für Beete mit Kräutern und Gemüse. Wählen Sie nach Möglichkeit Sorten, die sich gut in Ihren Garten einfügen.

Kulinarische Verwendung. Die meisten Menschen sind mit der Konsistenz und dem Geschmack von Hokkaido-Kürbissen vertraut, aber es gibt Kürbisse in einer unglaublichen Vielzahl von Geschmacksstufen und Konsistenzen. Süße, trockene Kürbisse wie Kabocha, Red Kuri, Black Futsu und Robin's Koginut lassen sich leicht mit Brühen und Fonds zu cremigen Suppen verarbeiten – oder zu festen Aufläufen oder Pasteten, manchmal sogar ohne Zusatz von Zucker. Die Schalen vieler Kürbisse sind essbar, auch wenn das auf den ersten Blick nicht immer so wirkt. Der etwas sperrige Futsu Black beispielsweise lässt sich kaum schälen, kann aber mitsamt der Schale in Scheiben und Würfel geschnitten und geröstet werden.

Lagerfähigkeit. Frisch geerntete Kürbisse können je nach Sorte zwischen vier Wochen und einem ganzen Jahr gelagert werden. Sorten mit kurzer Haltbarkeit müssen gekocht und eingefroren oder eingemacht werden, wenn man sie das ganze Jahr über vorrätig halten will. Viele der größeren Kürbisse sind länger haltbar und können in einer kühlen Garage oder einem Naturkeller für den ganzjährigen Verzehr aufbewahrt werden.

Wenn die Reben und Blätter abzusterben beginnen, ist es Zeit, den Winterkürbis zu ernten.

SQUASH, PUMPKIN ODER GOURD?

Winterkürbisse, Pumpkin-Kürbisse, Squash-Kürbisse und die meisten Gourd-Kürbisse fallen in eine von vier Gruppen: Cucurbita moschata, C. maxima (z.B. auch Hokkaido), C. argyrosperma, oder C. pepo. Winterkürbisse und Pumpkin-Kürbisse sind in der Regel C. moschata, C. argyrosperma oder C. maxima; Squash-Kürbisse und Gourd-Kürbisse sind in der Regel C. pepo. Natürlich gibt es auch Ausnahmen. Diese Unterscheidungen werden wichtig, wenn es darum geht, Saatgut zu gewinnen (Seite 186).

Sommerkürbisse (Squash) wie Yellow Crooknecks, Zucchinis und Pattypans werden gezüchtet, um geerntet und verzehrt zu werden, wenn sie klein und zart sind. Lässt man sie einige Monate lang reifen, werden sie größer und entwickeln eine harte Außenhaut, und die Kerne reifen zu einer Art Kürbiskern heran – die Kürbisse ähneln dann eher einem Winterkürbis, Pumpkin oder Gourd.

Winterkürbisse und Pumpkins können verzehrt werden, wenn sie jung und zart sind, aber sie schmecken am besten, wenn sie eine harte Außenhaut entwickelt haben und die Reben absterben. Gourd-Kürbisse werden in der Regel gar nicht verzehrt, da sie keine schöne Konsistenz und einen bitteren Geschmack haben. Stattdessen werden sie für funktionelle Gegenstände wie Vogelhäuser, Vorratsgefäße, Schöpfkellen und Schalen oder für dekorative Zwecke verwendet.

Resistenz gegen Insekten und Krankheiten. Squash- und Pumpkin-Kürbisse sind anfällig für den Befall durch den Squash Vine Borer und den Echten Mehltau (siehe unten). Einige Sorten sind resistent, aber eine Garantie gibt es nicht. Versuchen Sie es mit resistenten Sorten wie Butternut, wenn Sie aufgrund des Schädlingsbefalls keine anderen Sorten anbauen können.

Bestäubung und Samenaufbewahrung. Squash- und Pumpkin-Samen führen selten zum gewünschten Ziel, da sie sich leicht mit anderen Squash-, Zucchini- und Pumpkin-Sorten kreuzen und so Franken-Gourds (Achtung: Wortspiel!) hervorbringen. Wenn Sie Saatgut von Kürbispflanzen entnehmen, erhalten Sie selten eine Frucht, die wie die Mutterpflanze aussieht. Siehe Einführung in die Saatgutgewinnung, Seite 186, um zu erfahren, wie man erfolgreich Samen von Kürbispflanzen verwendet.

Schäden durch den Squash Vine Borer

Winterkürbisse können an einem Spalier angebaut werden, um Platz zu sparen (obwohl ich dies bei extrem großen Sorten wegen des Gewichts nicht tun würde) und um eine gleichmäßige Reifung der Früchte zu fördern, aber das Spalier birgt ein kleines Risiko durch einen Schädling, den so genannten Squash Vine Borer. Es handelt sich um einen Schmetterling (wissenschaftlicher Name: Melittia cucurbitae) aus der Familie der Glasflügler, der in Europa bisher noch nicht heimisch ist – aber sicher nicht mehr lange auf sich warten lässt.

Kürbisreben am Spalier haben nur ein einziges Wurzelsystem, an dem der Kürbis aus dem Boden wächst. Im Gegensatz dazu haben Kürbisse, die am Boden wachsen, ein größeres Wurzelsystem Stängel, die den Boden berühren, bilden Sekundärwurzeln aus Knoten entlang der Rebe. Der Vine Borer legt seine Eier an den Kürbispflanzen ab, und die Larven bohren sich in die Reben – meistens in den Teil des Stängels, der sich direkt über der Wurzel befindet. Während die Larven fressen, wird das Gefäßsystem der Pflanze zerstört.

Da ein Spalierkürbis nur ein einziges Wurzelsystem hat, kann ein Befall mit dem Borer verheerend sein, da die Wurzel die Kürbispflanze im schlimmsten Fall nicht mehr versorgen kann. Bei Kürbissen in Bodennähe ist die Gefahr deutlich geringer, da das sekundäre Wurzelsystem die Versorgung meist übernehmen kann.

Anzeichen für einen Befall mit dem Vine Borer sind kleine Löcher in den Reben in der Nähe der Pflanzenbasis oder des Fruchtansatzes, wobei sich um das Loch herum sägemehlartige Rückstände ansammeln. Die Gärtner bemerken den Schaden oft erst, wenn er beträchtlich ist. Dem Befall vorzubeugen, ist meist schwierig. Einige Experten empfehlen, die Rebstöcke mit Alufolie zu umwickeln, was mir sehr lästig erscheint, weshalb ich es nicht tue, aber ich spaliere meine Kürbisse auch selten.

Der Vine Borer bohrt sich manchmal auch in die Früchte oder deren Stiele. Hartstielige Sorten wie Butternut sind resistenter. Der Anbau von Kürbissen in Bodennähe und der Anbau von Sorten, die gegen den Vine Borer resistent sind, sind hier die entscheidenden Ratschläge.

Der Vine Borer legt seine Eier auf den Kürbispflanzen ab, und die Larven bohren sich in die Stängel der Kürbisse.

Wissen, wann man ernten muss

Winterkürbisse und Pumpkins sollten so lange reifen, bis die Reben beginnen, braun zu werden und abzusterben. Schneiden Sie die Kürbisse mit einer Gartenschere von der Rebe ab, so dass ein etwa 2-3 cm langer Stiel an der Frucht verbleibt. Lagern Sie die Kürbisse 10 Tage lang bei etwa 24 Grad, damit die Schale abhärtet und eventuelle Verletzungen versiegelt werden. Lagern Sie den Kürbis an einem kühlen, dunklen Ort (ca. 10 Tage) für eine langfristige Lagerung. Kürbisse sollten in einer einzigen Lage mit guter Belüftung gelagert werden, z. B. auf einem Draht- oder Holzgestell.

Einige gute Entscheidungen

Im Laufe der Jahre habe ich mit verschiedenen Kürbis- und Squashsorten experimentiert. Inzwischen habe ich eine Reihe von bewährten Sorten, die ich jedes Jahr anbaue, aber auch immer etwas Neues und etwas zum Experimentieren. Es sind alles kleine bis mittelgroße, süße Sorten, die meisten mit essbarer Schale.

- Robin's-Koginut-Kürbis (aus Saatgut von Row 7 Seed*, noch kein Vertrieb in Deutschland/Österreich/Schweiz – Augen und Ohren offen halten!)
- Kürbis 898 (aus Saatgut von Row 7 Seed*)
- Futsu-Black-Kürbis, www.bingenheimersaatgut.de
- Red-Kuri-Kürbis; www.bingenheimersaatgut.de
- Black-Forest-Kabocha; www.bobby-seeds.com

*Hinweis: Die Sorten von Row 7 Seed Company sind Hybride, die speziell für einen hervorragenden Geschmack gezüchtet wurden. Auf der Website von Row 7 Seed erfahren Sie mehr über ein Unternehmen, das aus einer einzigartigen Partnerschaft zwischen Köchen und Pflanzenzüchtern hervorgegangen ist. Sie haben eine begrenzte Auswahl an unglaublich köstlichem Gemüse.

Einige meiner Lieblingskürbissorten sind Robin's Koginut, Red Kuri, Futsu Black und 898.

1

2

3

4

SCHRITT FÜR SCHRITT

Zum Spaß, nicht zum Essen: Bauen Sie ein Vogelhaus

Manche Kürbisse (Gourds) härten beim Trocknen aus und werden nicht zum Verzehr, sondern für Gebrauchszwecke angebaut. Eine einzige Pflanze kann 10 oder mehr Früchte tragen.
Die blassgrünen Kürbisse werden von Pilzen besiedelt, wenn sie anfangen, hart zu werden. Die Ranken werden braun und verwelken, während sich die Kürbisse in harte, braune Kugeln verwandeln. Lagern Sie die reifen Kürbisse drei Monate lang an einem warmen, trockenen Ort. Vor der Verwendung schrubben Sie sie gut mit Seifenwasser und einem Scheuerschwamm aus rostfreiem Stahl.

1 Bohren Sie mit einem dünnen Bohrer vier Entwässerungslöcher in den Boden des Kürbisses.

2 Bohren Sie zwei weitere Löcher in die Oberseite des Kürbisses und stecken Sie einen Draht oder eine Schnur zum Aufhängen hinein.

3 Schneiden Sie mit einem Lochsäge-Aufsatz ein Eingangsloch* in den größten Teil des Kürbisses und entfernen Sie dann alle Kerne.

4 Bemalen oder dekorieren Sie das Vogelhaus, wenn Sie möchten. Hängen Sie es im zeitigen Frühjahr in einer Höhe von 1,80 bis 3 Meter auf.

*Unterschiedlich große Einfluglöcher ziehen verschiedene Vogelarten an. Kleinere Kürbisse (10 bis 13 cm) benötigen ein 3-cm-Loch, um kleine Vögel wie Zaunkönige, Kleiber und Meisen anzulocken. Drosseln, Schwalben und kleine Spechte bevorzugen Kürbisse von 14 cm mit einem 4-cm-Loch. Die größten Kürbisse (18 cm und größer) können ein 5 bis 6 cm großes Einflugloch für größere Vögel wie Spechte und Purpurschwalben aufnehmen.

Süßkartoffeln mögen's heiß

Süßkartoffeln gehören zur Familie der Liliengewächse. Wenn die Pflanzen reif sind, kann man mit üppigen Ranken und sogar einigen trompetenförmigen Blüten rechnen. Süßkartoffeln bevorzugen konstante Bodentemperaturen über 27 Grad, eine gute Drainage und eine mäßige Nährstoffversorgung. Ideale Anbaubedingungen sind nicht leicht herzustellen, es sei denn, Sie leben in einer Region, in der sie traditionell angebaut werden. In Deutschland ist sie noch wenig verbreitet, wird aber immer populärer. Vor allem Betriebe mit Direktvermarktung, darunter viele Bio-Betriebe, haben mit einem kleinflächigen Anbau begonnen. Neben der bekannten Sorte Beauregard mit orangefarbenem Fleisch gibt es noch einige andere, die für einen Anbau in Nord- und Mitteleuropa geeignet sind.

Bauen Sie Ihre eigene Süßkartoffel an. Teile der Süßkartoffelreben werden von den gekeimten Kartoffeln abgeschnitten und zur Wurzelbildung in Wasser gelegt. Aus diesen Teilen, die Slips genannt werden, wachsen neue Pflanzen heran. Die Slips werden 10 bis 15 cm tief eingepflanzt, wobei die untersten Blätter oberhalb der Bodenlinie bleiben. Gelegentlich findet man Stecklinge, die in Sechserpacks gezüchtet werden, aber Slips sind viel häufiger. Siehe Wachsende Slips Seite 178.

Süßkartoffelreben können sich bis zu 6 Meterausbreiten. Wir haben sie am Rand des Beetes gepflanzt, wo sie sich in eine große, gemulchte Fläche ausbreiten können, ohne eine andere Pflanze zu verdrängen.

Bereiten Sie das Beet vor. Süßkartoffelreben können sich bis zu 6 Meter in jede Richtung erstrecken, also pflanzen Sie sie mit viel Platz zum Ausbreiten. Sie können die Ranken auf einen Meter Länge stutzen, aber ich finde das mühsam.

Süßkartoffeln bevorzugen sandige oder lockere Böden; in verdichteten Lehmböden gedeihen sie nicht gut. Wenn Sie schwere Böden haben, lockern Sie sie vor dem Pflanzen mit einer Mistgabel (siehe Seite 63) oder einem Spaten auf. Das Einpflanzen von lockerem, organischem Material wie verrotteten Holzspänen und getrockneten Blättern kann die gleiche Wirkung haben wie eine Überdüngung, was zum nächsten Punkt führt: Überdüngen Sie den Boden nicht. Süßkartoffeln werden traditionell in nährstoffarmen Böden angebaut, aber der Ertrag verbessert sich mit einem moderaten Nährstoffgehalt. Versorgen Sie die Beete vor dem Pflanzen mit einer kleinen Menge gut kompostierter Erde, aber düngen Sie nicht zu viel, insbesondere nicht mit Stickstoff. Zu viele Nährstoffe können zu unregelmäßigen, langgestreckten Wurzeln führen.

Zum richtigen Zeitpunkt pflanzen. Süßkartoffelslips werden am besten einen Monat nach dem letzten Frost gepflanzt, damit die Luft- und Bodentemperaturen hoch genug sind, um das Wachstum zu fördern. Um optimale Ergebnisse zu erzielen, sollten die Temperaturen über Nacht konstant bei mind. 15 Grad liegen. Frühere Anpflanzungen sollten unter Vlies erfolgen.

Erwärmen Sie den Boden, wenn Sie eine kurze Vegetationsperiode haben. Decken Sie die Beete im Winter bis zum letzten Frost mit schwarzer Plastikfolie oder niedrigen Tunneln ab, um die Bodentemperaturen zu erhöhen und eine frühere Bepflanzung vorzubereiten.

Nicht zu viel Wasser. Gießen Sie die Slips zwei bis drei Wochen nach dem Einpflanzen gut, um das Wurzelwachstum zu fördern. Danach brauchen die Pflanzen nur noch mäßig Wasser. Zu viel Wasser kann dazu führen, dass die Kartoffeln unnatürlich groß werden, einen schlechten Geschmack haben oder reißen.

Süßkartoffeln wachsen lang und schlank, wenn sie in extrem nährstoffreichen Böden angebaut werden. Die Kartoffeln sind immer noch gut zu essen, aber sie lassen sich schwerer waschen und sind nur begrenzt kulinarisch verwendbar. Bei sehr nährstoffreichen Böden sollten Sie vor der Pflanzung keinen Kompost hinzufügen.

Die größten Kartoffeln entstehen dort, wo der Slip gepflanzt wurde. Kleinere Kartoffeln werden entlang der Reben getragen, wo Sekundärwurzeln in den Boden wachsen.

Alle lieben Kohlenhydrate

Kohlenhydratreiches Gemüse braucht länger, um zu reifen, als viele der anderen Gemüsesorten, die Sie bisher angebaut haben. Schädlinge haben daher ein längeres Zeitfenster, um die Pflanzen ausfindig zu machen und an ihnen zu knabbern. Außerdem ist der Mensch nicht der einzige Organismus, der auf Kohlenhydrate angewiesen ist. Sie müssen jetzt mit weiteren „Fressfeinden" rechnen, da Ihr Garten vielleicht zum ersten Mal Waschbären, Eichhörnchen, Wühlmäuse, Krähen und Rehe anzieht.

Passen Sie Ihre Erwartungen oder Praktiken an, wenn Sie feststellen, dass die Räubereien solche Ausmaße annehmen, dass es schwierig wird, bestimmte Lebensmittel anzubauen. Ich war zum Beispiel lange kein großer Fan von Hochbeeten, weil sich die Investition von Zeit und Material nicht so leicht auszahlt. Aber in manchen Jahren werde ich von so vielen Wühlmäusen heimgesucht, dass ich Schwierigkeiten habe, Wurzeln und Knollen wie Kartoffeln, Süßkartoffeln, Möhren und Rüben anzubauen. Ich stelle jetzt einen Teil meines Gartens auf Hochbeete um, die ich speziell für den Anbau von Wurzeln und Knollen mit dünnen Drahtgittern auskleide (siehe Bild auf Seite 72). Das Gitter verhindert, dass die Wühlmäuse sich in meine Beete eingraben und meine Pflanzen zerstören.

Andere Strategien zum Schutz der Kulturen vor Schädlingen sind die frühe Aussaat, die Verwendung von Nachfolgepflanzen, die Abdeckung der Beete mit Insektennetzen und der Bau von physischen Barrieren wie Zäunen. Aber manchmal ist es am besten, weiterzuziehen und sich stattdessen auf den Anbau von Pflanzen zu konzentrieren, die sich als unproblematisch erwiesen haben.

SCHRITT FÜR SCHRITT

Süßkartoffel-Slips

Wenn Sie Ihre eigenen Kartoffeln ziehen, sparen Sie Geld und haben mehr Kontrolle über den Pflanztermin. Beginnen Sie mit den Kartoffeln im Haus, drei Monate bevor Sie auspflanzen. Am besten ist es, wenn Sie die Slips (Definition siehe S. 176) einer bekannten Sorte anbauen, die für Ihre Region eine angemessene Anzahl von Tagen bis zur Reife hat.

1 Eine Süßkartoffel mit drei oder vier Spießen vorsichtig anstechen, so dass sie auf einem Glas oder einem Gefäß liegt, das etwa zur Hälfte im Wasser steht. Legen Sie die Kartoffel mit der Spitze nach unten in das Wasser.

2 Stellen Sie die Kartoffel an ein sonniges Fenster. Wechseln Sie das Wasser einmal pro Woche und füllen Sie bei Bedarf Wasser nach. An der Spitze bilden sich mit der Zeit Triebe. Jede Kartoffel sollte 5 bis 10 Triebe entwickeln.

3 Schneiden Sie die Triebe ab, sobald sie 30 cm lang sind, und stellen Sie die Teile in Wasser, um Wurzeln zu bilden. Die Slips sind pflanzfertig, wenn die Wurzeln 5 cm lang sind.

Wie man Süßkartoffeln erntet und lagert

Ernten Sie die Kartoffeln nach 90 bis 125 Tagen Wachstum. Süßkartoffelreben sterben nach einem Frost ab, und die Kartoffeln beginnen schnell zu verfaulen, daher ist es am besten, vor dem Frost zu ernten. Wenn Sie nicht in der Lage sind, die Kartoffeln vor dem ersten Frost zu ernten, sollten Sie spätestens ein oder zwei Tage danach ernten.

Verwenden Sie einen Spaten, um nach kleineren Kartoffeln zu suchen, die sich entlang der Ranken entwickelt haben. Durch regelmäßiges Ausheben der Reben während der Vegetationsperiode kann verhindert werden, dass sie im Boden wurzeln, so dass die gesamte Energie der Pflanze in die Hauptkartoffeln fließt. Bei einer großen Ernte ist dieses Verfahren jedoch nicht mehr praktikabel. Die kleineren Sekundärkartoffeln können zum Verzehr geerntet oder an Ort und Stelle belassen werden, um zu verrotten und den Boden zu nähren.

Säubern Sie Süßkartoffeln vor der Lagerung. Spülen Sie die Kartoffeln nach der Ernte ab und legen Sie sie einige Tage zum Trocknen in die Sonne. Legen Sie beschädigte Kartoffeln beiseite, um sie zuerst zu verzehren. Legen Sie die restlichen Kartoffeln in flache Pappkartons und lagern Sie sie an einem kühlen, dunklen Ort, z. B. in einer Garage, einem Keller oder einem Naturkeller. Süßkartoffeln können unter idealen Bedingungen bis zu sechs Monate gelagert werden.

Bohnen anbauen

Früher dachte ich, dass der Anbau von Bohnen zu viel Platz und Aufwand erfordern würde. Ich wusste nicht, dass Bohnen zu den einfachsten Pflanzen gehören, die man anbauen kann, und dass die Ernte einfacher ist, als man denkt.

Bohnen wachsen vornehmlich in zwei Wuchsformen – Busch- oder Stangenbohnen. Buschbohnen sind buschig und wachsen ohne Stütze, während Stangenbohnen sich an einem Spalier oder einer Stange emporranken. Bohnen, die frisch verzehrt werden sollen, werden geerntet, wenn die Hülsen jung und zart sind. Wenn man sie reifen lässt, werden die Samen und Schoten jeder Sorte hart und trocken. Die meisten Bohnensorten werden aufgrund ihres Geschmacks und ihrer Beschaffenheit entweder als Frischbohnen (Grüne Bohnen) oder als Trockenbohnen eingestuft. Einige Sorten, wie z. B. Tiger's Eye (Samen unter www.deaflora.de), gelten als Trockenbohnen mit doppeltem Verwendungszweck: Ihre Hülsen sind zart genug, um jung gegessen zu werden, werden aber im Allgemeinen als Trockenbohnen gereift.

Stangenbohnen benötigen weniger Platz, können hohe Erträge liefern und sind besser gegen Schädlinge geschützt. Sie sind die beste Wahl für Gärtner in feuchten Klimazonen, da ihre vertikale Wuchsform eine gute Luftzirkulation ermöglicht, was zu weniger Problemen mit Pilzen führt. Die

Zu Lauben gebogene Zaungitter sind meine erste Wahl für Stangenbohnenspaliere. Biegen Sie die Gitter über Gehwege, um Platz zu sparen und Ihren Garten zu verschönern.

Bohnen reifen unterschiedlich schnell, was bedeutet, dass man nicht eine riesige Ernte auf einmal einfahren muss. Einige Sorten können bis zu 3,60 Meter hoch werden; planen Sie Ihre Stangen oder Spaliere entsprechend.

Buschbohnen reifen schneller, benötigen mehr Platz und haben eine gleichmäßigere Reife. Halten Sie sich an die für die gewählte Sorte geltenden Abstandsrichtlinien, da eine Überbelegung die Luftzirkulation behindert und das Wachstum von Pilzen fördert.

Wie man erntet

Oft heißt es, dass die Schoten vor der Ernte braun und trocken sein sollten. Ich habe jedoch die Erfahrung gemacht, dass ein zu langes Warten die Anfälligkeit für Schimmel und vorzeitige Keimung in den Schoten erhöht. Gärtnerinnen in feuchten Klimazonen sollten mit der Ernte beginnen, wenn sich die Schoten ledrig anfühlen und sich leicht öffnen lassen.

Buschbohnen werden oft ganz geerntet, wenn die Blätter absterben und die Schoten zu trocknen beginnen. Schneiden Sie die Pflanzen direkt über den Wurzeln ab und hängen Sie sie zum Trocknen kopfüber in einem Raum auf. Oder Sie nehmen die Bohnen sofort aus den Hülsen und breiten sie zum Trocknen aus.

Die Bohnen lassen sich am einfachsten mit der Hand entfernen, wenn die Schoten noch weich und ledrig sind; die Bohnen springen direkt aus der Schale, so dass sich die Schoten leicht von den Bohnen trennen lassen. Alternativ können Sie die Schoten auch in eine Papiertüte oder einen Korb geben und vollständig trocknen lassen. Sobald sie trocken sind, brechen Sie jede Schote auf, um die Bohnen herauszunehmen. Bei großen Ernten kann es hilfreich bzw. zeitsparend sein, die Bohnen zu dreschen. Dreschen Sie die Bohnen, indem Sie die knackigen, getrockneten Schoten in einen Kissenbezug oder eine Tüte geben. Sie können die Schoten mit der Hand zerdrücken, auf den Beutel treten oder den Beutel wiederholt auf den Boden schlagen. Ich habe sogar schon gesehen, wie Landwirte extrem große Ernten in Planen eingewickelt haben und mit einem Traktor über die Bohnen gefahren sind. Sobald die Hülsen zerbrochen sind, wird „die Spreu vom Weizen getrennt" – um mal ein etwas schiefes Bild zu verwenden. Traditionell wurden die Bohnen zum Trennen in eine Schüssel gegeben und an einem windigen Tag in ein anderes Gefäß geschüttet. Sie können auch in einem Korb

Nodak Pintos werden geerntet, wenn die Schoten weich und ledrig sind. In diesem Stadium öffnen sich die Schoten, und die Bohnen lassen sich leicht herauslösen.

auf und ab geworfen werden. Die schweren Bohnen fallen direkt zurück in den Korb, während die leichten Schalen weggeblasen werden.

Verwenden Sie einen Ventilator, um den Vorgang noch einfacher zu gestalten. Beginnen Sie mit der niedrigsten Einstellung und erhöhen Sie bei Bedarf die Geschwindigkeit. Schütten Sie die Bohnen aus einem Gefäß in ein anderes, das direkt vor dem Ventilator steht. Die Hülsen werden weggeblasen und die Bohnen fallen in das neue Gefäß.

Wie man lagert

Legen Sie die Bohnen nach dem Sammeln in einer einzigen Schicht auf Backblechen oder Sieben aus, um sie noch einige Wochen trocknen zu lassen. Bohnen, die mit der Hand geerntet wurden, als die Schoten noch ledrig waren, brauchen mehr Zeit. Große Ernten benötigen viel Platz zum Trocknen, deshalb trockne ich meine Bohnen schubweise bei 49 Grad in einem Dörrgerät. Die zum Trocknen der Bohnen benötigte Zeit hängt von der Größe der Bohnen, dem ursprünglichen Feuchtigkeitsgehalt und der relativen Luftfeuchtigkeit ab. Beginnen Sie mit einer Trocknungszeit von 12 Stunden und verlängern Sie die Zeit je nach Bedarf. Sobald die Bohnen vollständig getrocknet sind, legen Sie sie für mindestens 48 Stunden in den Gefrierschrank oder für 30 Minuten bei 70 Grad in den Ofen oder den Dörrautomat, um die Eier des Bohnenkäfers abzutöten. Die Bohnen können nun in versiegelten Behältern bei Raumtemperatur ein Jahr lang sicher gelagert werden.

Versuchen Sie es mal mit Mais

Von allen Nahrungsmitteln, die ich angebaut habe, ist Mais die größte Herausforderung. Die Halme wachsen wunderschön, aber dann fressen Waschbären, Rehe und Eichhörnchen fast die gesamte Ernte. In einem Jahr hat ein Waschbär alle Maisstängel in meinem Garten umgeknickt. Der Appetit der Tiere auf Mais ist so groß, dass ich jedes Mal gespannt innehalte, wenn ich Mais säe. Viele der Biobauern in meiner Region haben den Maisanbau ganz eingestellt.

Der Misserfolg des einen bedeutet jedoch nicht, dass ein anderer Hobbygärtner keinen Erfolg haben wird. Der Tierbestand an meinem Standort kann völlig anders sein als an Ihrem eigenen. Wenn Sie zum Beispiel in einer städtischen Umgebung anbauen, einen Hund draußen haben oder einen hohen Zaun um die Beete errichten, werden die meisten vierbeinigen Tiere abgeschreckt. Sie sollten es mit Mais versuchen und wissen, dass Sie nicht allein sind, wenn sich der Erfolg in Grenzen hält.

Seien Sie bei der Auswahl von Saatmais vorsichtig. Nicht alle Sorten sind für den Frischverzehr geeignet. Einige werden getrocknet und für Popcorn verwendet oder zu feinem oder grobem Mehl zum Backen oder zur Herstellung von Maisgrütze gemahlen. Wählen Sie eine Sorte aus, deren Verwendungszweck mit Ihrer Verwendung übereinstimmt. Sorten, die nicht größer werden als 1,80 m und besonders schnell geerntet werden können, sind für Maisanbauanfänger eine sichere Wahl.

Seien Sie bei der Auswahl von Saatmais vorsichtig. Nicht alle Sorten sind für den Frischverzehr geeignet.

Die Maisbestäubung verstehen

Die männlichen Blüten an jedem Halm liefern den weiblichen Blüten die Pollen. Jede Quaste, die aus einer weiblichen Blüte herausragt, verwandelt sich in ein einzelnes Korn, wenn diese Quaste Pollen erhält. Mais wird vom Wind bestäubt, so dass ein Großteil der Pollen weggeweht wird und die weiblichen Blüten an der originären Pflanze nicht erreichen kann. Um die Bestäubung zu gewährleisten, pflanzen Sie mindestens vier Reihen Mais mit mindestens fünf Pflanzen in jeder Reihe. Auf diese Weise wird ein Teil der Pollen zwischen den Pflanzen aufgefangen und sichergestellt, dass ausreichend Pollen die Quasten erreichen. Eine höhere Anzahl von Pflanzen verbessert die Bestäubung weiter, so dass mehr als 20 Pflanzen noch besser sind.

Manche Hobby-Maisbauern pflanzen nur 10 Pflanzen, weil sie wissen, dass sie von Hand bestäuben müssen. Für die Handbestäubung befestigen Sie eine Papiertüte über einer ganzen männlichen Blüte und schütteln sie vorsichtig, aber gründlich, um die Pollen zu sammeln. Anschließend stülpen Sie die Tüte über alle Quasten einer einzelnen weiblichen Blüte (vorzugsweise an einer anderen Pflanze, um eine Fremdbestäubung zu ermöglichen) und schütteln sie erneut. Wiederholen Sie diesen Vorgang, bis die Pollen von jeder männlichen Blüte gesammelt und auf jeder weiblichen Blüte abgelagert wurden. Führen Sie diesen Vorgang eine Woche lang jeden Tag durch, sobald die Pollenkörner auf den männlichen Blüten sichtbar sind. Wenn Sie sich über den Pollenstatus nicht sicher sind, schütteln Sie die Pflanze leicht oder pusten Sie auf die männliche Blüte, um zu sehen, ob ein kleiner Pollenstoß freigesetzt wird.

Niedrige Sorten wie Painted Mountain reifen schneller und sind für Maisanbauer, die zum ersten Mal anbauen, oft die beste Wahl. Säen Sie Klee zwischen die Reihen, wenn der Mais eine Höhe von 15 cm erreicht hat, um die jungen Pflanzen mit Stickstoff zu versorgen.

Vermeiden Sie Ohrwürmer

Ohrwürmer (auch Ohrkneifer) dringen in die Ähren ein und fressen die reifenden Körner. In der Regel befinden sich in jeder Ähre nur ein oder zwei Ohrwürmer, da sie auch gerne andere Ohrwürmer fressen – nur die stärksten überleben. Eine frühe Aussaat von Mais hilft, einen Befall mit Ohrwürmern zu verhindern, da diese erst später in der Saison auftreten. Leider ist Mais mit seinen empfindlichen Wurzeln eine der wenigen Pflanzen (neben Bohnen), die sich nicht für die Aussaat im Haus eignen, und kann erst in den Boden gesät werden, wenn sich der Boden erwärmt hat und keine Frostgefahr mehr besteht.

Um dieses Dilemma zu umgehen, sollten Sie die Beete so früh wie möglich mit schwarzer Plastikfolie oder Vlies abdecken, um den Boden für die Direktsaat vorzubereiten. Noch besser ist es, die Maissamen in einem großen Frühbeet auszusäen, das entfernt werden kann, sobald die Stängel gut gewachsen sind. Wählen Sie Sorten, die schneller reifen und eher geerntet werden können, bevor die Ohrwurmsaison beginnt.

Krähen fernhalten

Krähen fressen Blaubeeren und andere reife Früchte, und es ist bekannt, dass sie Setzlinge zerstören, insbesondere solche aus größeren Samen wie Bohnen, Erbsen und Mais. Krähen erkennen aufkeimende Setzlinge und reißen sie dann aus dem Boden, um das zu verzehren, was vom Samen übrig ist.

Die Aussaat im Haus und das Umpflanzen der ersten Pflanzen in den Garten beugt Krähenschäden vor, aber das Umpflanzen ist nicht immer wünschenswert. In diesen Fällen säen Sie die Mais-, Erbsen- oder Bohnensamen aus und decken die Reihen mit einem Insektennetz ab. Entfernen Sie das Netz erst, wenn die Pflanzen mindestens 25 cm groß sind.

Verwenden Sie Insektenschutznetze über Bohnen- und Maiskeimlingen, um sie vor Krähen und anderen Tieren zu schützen. Es kann entfernt werden, sobald die Pflanzen mindestens 25 cm hoch sind.

Einige Gärtner empfehlen, die Spitzen der reifenden Ähren regelmäßig mit Pflanzenöl oder dem Bio-Pestizid Bt (Bacillus thuringiensis; siehe Seite 145) zu besprühen, um Ohrwürmer zu vertreiben. Besprühen Sie die Ähren, wenn die Lieschblätter um den Maiskolben anfangen, braun zu werden und auszutrocknen, und behandeln Sie sie bis zur Ernte einmal pro Woche. Ich finde es schwierig, ein Schädlingsbekämpfungsprogramm mit wöchentlichen Anwendungen aufrechtzuerhalten, und ich vermeide den Einsatz von Pestiziden, auch wenn sie aus biologischem Anbau stammen, und entscheide mich stattdessen meistens für frühe Pflanzungen.

Eine fast perfekte Maisernte wurde über Nacht von einem „bösartigen" Räuber, wahrscheinlich einem Waschbären, verschlungen.

Das Transplantationsexperiment

Eine Gartenweisheit besagt, dass man Mais und Bohnen niemals in Töpfen ziehen und in den Garten verpflanzen sollte. Nachdem ich jedoch 15 Jahre lang Mais aus Samen gezogen habe, habe ich gelernt, mit diesen empfindlichen Wurzelpflanzen besonders vorsichtig umzugehen; dennoch ist dies keine Aufgabe für Anfänger. Wenn Sie die Aussaat beherrschen und versuchen wollen, Mais zu verpflanzen, säen Sie die Samen drei bis vier Wochen vor dem voraussichtlich letzten Wintertag mit Frostgefahr in 5-cm-Töpfe. Wenn es der Platz erlaubt, säen Sie fünf bis sechs Wochen früher in 10-cm-Töpfe. (Je nach Sorte gibt es geringfügige Unterschiede, daher sollten Sie diese Zeitvorgaben als Ausgangspunkt nehmen und entsprechend anpassen). In größeren Töpfen können sich die Wurzeln besser entwickeln, bevor sie eingepflanzt werden, so dass sie weniger anfällig für Schäden sind.

Säen Sie die Saat der Bohnen zwei bis drei Wochen vor dem Umpflanzen in 50-zellige (oder ähnlich) Anzuchtschalen.

Nehmen Sie die Setzlinge so vorsichtig wie möglich aus den Töpfen. Bei Mais vergraben Sie den Wurzelballen unterhalb der Erdoberfläche. Mais kann wie Tomaten davon profitieren, wenn er tief gepflanzt wird. Verkümmerte Pflanzen oder solche, die keine Früchte tragen, wurden bei der Verpflanzung zu stark gestört.

Wissen, wann man ernten muss

Es ist nicht immer einfach zu wissen, wann Mais geerntet werden muss. Berechnen Sie das voraussichtliche Erntedatum anhand der Tage bis zur Reife der gewählten Sorte. Markieren Sie Ihren Kalender oder stellen Sie eine Erinnerung auf Ihrem Handy ein. Kontrollieren Sie den Mais um dieses Datum herum regelmäßig, indem Sie die sich entwickelnden Ähren drücken, um zu sehen, ob sie sich voll und reif anfühlen.

Zuckermais. Ernten Sie den Maiskolben, wenn die Lieschblätter braun, die Kolbenblätter aber noch grün sind. Wenn Sie glauben, dass er reif ist, stechen Sie in ein Korn, um zu sehen, ob er das „Milchstadium" erreicht hat. Klare Flüssigkeit, die aus dem Korn austritt, zeigt an, dass der Mais unreif ist, weiß (Milchstadium) bedeutet, dass er frisch verzehrt werden kann, und das Fehlen von Flüssigkeit bedeutet, dass der Mais überreif ist.

Andere Sorten. Ernten Sie Popcorn- und Mehlmais, wenn die äußeren Kolbenblätter trocken sind. Ziehen Sie die Kolben ab und schieben Sie die Lieschblätter runter entfernen Sie sie aber nicht. Binden Sie die Kolbenblätter zu kleinen Bündeln zusammen und hängen Sie die Bündel zum Trocknen an einem geschützten Ort auf. Sobald die Körner vollständig getrocknet sind, können Sie sie mit einem Maisschäler vom Kolben lösen (Geräte mit Handkurbel für Mehlmais und Popcorn sind im Internet erhältlich). Verwenden Sie eine Getreidemühle oder einen Hochleistungsmixer, um den getrockneten Mais zu Mehl zu mahlen.

Nixtamalisierung – was ist das denn?

Wie alle Getreidesorten enthält auch Mais Antinährstoffe (Verbindungen, die sich mit Nährstoffen verbinden und sie für die Aufnahme unzugänglich machen) und darmschädigende Verbindungen wie Lektine. Durch Einweichen, Keimen oder Fermentieren von Getreide und Mehlen werden die schädlichen Verbindungen abgebaut, so dass unser Körper die meisten Nährstoffe aus diesen Lebensmitteln aufnehmen kann. Die Nixtamalisierung tut dasselbe, aber bei dieser Verarbeitungsmethode wird der Mais vor dem Mahlen eingeweicht und in Kalkwasser gekocht. Traditionell wurde für diesen Prozess Holzasche verwendet, aber heute verwenden wir Beizkalk, eine übliche Zutat für Konserven.

Maismehl, das auf diese Weise verarbeitet wird, ist als Masa Harina (Mehlteig) bekannt und eine wichtige Zutat für mexikanische, mittel- und südamerikanische Gerichte wie Tortillas, Tamales und Sopes. Ohne Nixtamalisierung lässt sich das Maismehl nicht so leicht zu einem Teig verarbeiten und eignet sich daher besser für Maisgrütze oder Maisbrot. Schauen Sie sich auf YouTube Videos zur Herstellung von Masa Harina an, wenn Sie diese nützliche Technik ausprobieren möchten.

Einführung in die Saatgutgewinnung

Saatgutgewinnung scheint einfach zu sein, aber es erfordert einige Kenntnisse über die Bestäubung. Eine Sorte kann möglicherweise wünschenswerte Eigenschaften verlieren, wenn sie von einer völlig anderen Sorte bestäubt wurde. Um die genetische Integrität von Jahr zu Jahr zu gewährleisten, muss jede Sorte von einer anderen Pflanze genau derselben Sorte bestäubt werden.

Wählen Sie offen befruchtete Sorten. Wenn sie von derselben Sorte bestäubt werden, bleiben frei befruchtete Sorten dem Typ treu. Eine Tomate „Cherokee Purple" (eine offen bestäubte Sorte), die von einer anderen „Cherokee Purple"-Tomate bestäubt wird, ergibt zum Beispiel „Cherokee Purple"-Samen. Dieselbe Tomate, die von einer „Indigo Apple"-Tomate (ebenfalls eine offen befruchtete Sorte) bestäubt wird, ergibt Samen mit unbekanntem Ergebnis.

Wählen Sie keine Hybriden aus. Oft wird Hybridisierung mit gentechnischer Veränderung verwechselt, aber die beiden Prozesse sind völlig unterschiedlich. Unter Hybridisierung versteht man die absichtliche Kreuzung von zwei verschiedenen Sorten zur Bildung einer dritten Sorte. Hybriden haben „F1" oder „F2" am Ende ihres Namens, was bedeutet, wie viele Kreuzungen vorgenommen wurden, um diese bestimmte Sorte zu erzeugen. Die gentechnische Veränderung beschreibt das tatsächliche Einfügen von Genen, meist um eine Pflanze zu züchten, die gegen Pestizide resistent ist oder ihr eigenes Pestizid produziert.

Hybridisierung gibt es schon seit Tausenden von Jahren, als die Menschen selektiv Sorten mit besonders wertvollen Merkmalen züchteten, um sie anschließend zu kreuzen. Hybridsorten bieten einen verbesserten Ertrag, einen einzigartigen Geschmack, Krankheitsresistenz oder interessante Formen oder Farben, aber es gibt keine Garantie, dass diese Eigenschaften auch bei Pflanzen vorhanden sind, die aus Hybridsaatgut gezogen werden. Weitere Kreuzungen führen zu einem unbekannten Ergebnis. Vermeiden Sie Hybriden, wenn Sie Saatgut gewinnen, um die ursprünglichen Eigenschaften zu erhalten.

Der Abstand zwischen den Sorten ist wichtig. Windbestäubte Pflanzen wie Mais können Pollen bis zu einer Meile weit verbreiten. Da Mais leicht Pollen von anderen Sorten annimmt, wird empfohlen, dass jede Maissorte mindestens 500 Meter von einer anderen entfernt gepflanzt werden sollte. Das bedeutet, dass Ihr eigenes Maissaatgut durch das Ihres Nachbarn „kontaminiert" werden kann und daher möglicherweise nicht die beste Wahl für die Saatgutgewinnung ist. Pflanzen wie Bohnen befruchten sich nur selten gegenseitig, sondern sind selbstbefruchtend. Für die Saatgutgewinnung von Bohnen ist ein Abstand von nur 6 Metern zwischen den Sorten erforderlich (siehe Pflanzabstand für die Saatgutgewinnung, Seite 191).

Die Blütezeit ist wichtig. Vor allem in kleinen Gärten ist es nicht immer möglich, den Pflanzen den nötigen Abstand für die Samengewinnung zu

Beginnen Sie mit Samen von einigen der einfachsten Pflanzen wie Bohnen, Dill, Tomaten und Blumen

geben. Achten Sie in diesem Fall auf den Zeitpunkt der Blüte. So blühen z. B. Grünkohlsorten im zeitigen Frühjahr zu ähnlichen Zeitpunkten. Anstatt alle Sorten gleichzeitig blühen zu lassen, sollten Sie nur eine Sorte zur Blüte auswählen und auf die anderen verzichten. Wenn möglich, verteilen Sie die Pflanzungen über die Saison, um die Zeitfenster der Blüte aufeinander abzustimmen.

Manches Saatgut ist leichter zu gewinnen als anderes. Die Mitglieder der Familie der Kürbisgewächse – Kürbisse, Gurken, Melonen – lassen sich leicht durch Kreuzbestäubung vermehren. Melonen können sich nicht mit Kürbissen und Kürbisse nicht mit Gurken kreuzen, aber Melonen mögen andere Melonen, Kürbisse mögen andere Kürbisse und Gurken mögen andere Gurken. Da diese Pflanzen die ganze Saison über blühen, muss man sich darauf beschränken, jeweils nur eine Sorte zu pflanzen, um die genetische Integrität zu gewährleisten. Tomaten, Bohnen, Paprika, Salat und Erbsen lassen sich nicht so leicht kreuzen und sind daher für Saatgutanfänger viel einfacher zu züchten.

Bestäuben Sie von Hand, wenn Sie sich der Herausforderung stellen wollen. Weibliche Blüten können durch einen Bestäubungsbeutel geschützt werden, um sie vor unerwünschten Pollen zu schützen. Entfernen Sie die Staubgefäße (die mit Pollen bedeckten männlichen Blütenteile) und übertragen Sie die Pollen auf die weibliche Blüte. Wiederholen Sie diesen Vorgang drei bis fünf Tage lang. Lassen Sie die Blüte geschützt im Bestäubungsbeutel, damit sie keine zusätzlichen Pollen von einer unerwünschten männlichen Blüte erhält. Entfernen Sie den Beutel, sobald die Blüte abfällt und sich die Früchte zu entwickeln beginnen.

Lassen Sie die Schoten oder Früchte vollständig ausreifen. Salat, Kohlgemüse, Karotten, Dill, die meisten Blumen, Zwiebeln und Spinat sind Beispiele für Pflanzen, die Samenköpfe bilden. Lassen Sie die Samenköpfe trocken und brüchig werden, bevor Sie sie ernten. Mit Bohnenschoten verhält es sich ähnlich. Lassen Sie sie nicht zu lange liegen, da sie sonst aufplatzen oder die Samen in den Schoten zu keimen beginnen können. Lassen Sie Früchte wie Gurken und Zucchini sehr groß werden und eine zähe Außenhaut entwickeln. Melonen, Tomaten, Winterkürbisse und Paprika werden für die Samengewinnung geerntet, wenn sie noch essbar sind.

Ich pflanze nur eine einzige Sorte Rucola für die Saatgutgewinnung an, so dass es nicht notwendig ist, die Sorten weit auseinander zu halten.

Lassen Sie die Samen etwas länger trocknen. Breiten Sie die Samen und Schoten auf einem Teller aus und lassen Sie sie nach der Ernte noch etwa eine Woche lang trocknen. Die Samen sollten so trocken wie möglich sein, um Krankheiten oder vorzeitige Keimung zu verhindern.

Eine Anmerkung zu Bohnen

Bohnen sind das am einfachsten zu gewinnende Saatgut, da sie sich nur selten fremdbefruchten und man leicht erkennen kann, wann die Hülsen reif sind. Nehmen Sie Samen von allen Bohnensorten, einschließlich Stangenbohnen, Buschbohnen, Limabohnen, Ackerbohnen und sogar Sojabohnen. Verwenden Sie die größten Hülsen mit der größten Anzahl von Bohnen pro Hülse als Saatgut. Wenn Sie jedes Jahr die besten Samen auswählen, erhalten Sie eine Bohne, die für Ihre Anbaubedingungen optimal ist. Vergewissern Sie sich, dass die Samen trocken sind, und legen Sie sie 48 Stunden lang in den Gefrierschrank, um eventuelle Eier des Bohnenkäfers abzutöten.

Eine Anmerkung zu Kohl

Trotz verschiedener Wachstumsformen gibt es nicht sehr viele Kohlarten. Mitglieder derselben Art können sich leicht gegenseitig bestäuben, wenn sie sich in einem Umkreis von 250 bis 800 Meter voneinander befinden. Die Pflanzen sind zweijährig, das heißt, sie blühen im zweiten Jahr ihres Wachstums. Meine Kohlpflanzen blühen jedoch zuverlässig im ersten Jahr, sobald die Temperaturen im Frühjahr und Frühsommer ansteigen.

Wenn Sie Saatgut gewinnen, achten Sie darauf, dass Sie jeweils nur eine Sorte jeder Art blühen lassen (siehe die Sortenlisten rechts). Sie können zum Beispiel kein Saatgut von Kohlsorten gewinnen, die gleichzeitig mit Brokkoli oder Kopfkohl blühen. Eine bestimmte Reihenfolge der Anpflanzungen oder Handbestäubung kann die Zahl der zuverlässigen Samen erhöhen, die Sie in jeder Anbausaison gewinnen können.

Hier sind einige leicht zu züchtende Sorten jeder Art:

Verwenden Sie Bestäubungsbeutel für insektenbestäubte Pflanzen wie Zucchini, um sortenechtes Saatgut zu erhalten, wenn Sie mehrere Sorten anbauen, die sich gegenseitig bestäuben können.

B. oleracea (Gemüsekohl)

- Brokkoli
- Rosenkohl
- Kopfkohl
- Blumenkohl
- Chinakohl
- Blattkohl
- Kohlrabi
- Palmkohl
- Romanesc

B. rapa

- Stängelkohl
- Mizuna
- Pak Choy
- Tatsoi
- Rüben

B. napus

- Grünkohl
- Steckrübe

B. carinata

- Äthiopischer Senf

B. juncea

- Brauner Senf

Eine Anmerkung zu Kürbis

Vier Arten von Kürbissen – Curcurbita maxima, C. argyrosperma, C. moschata und C. pepo – bieten uns eine Fülle von verschiedenen Sorten. Mit wenigen Ausnahmen sind Sommerkürbisse und Zucchinis C. pepo. Winterkürbisse und Pumpkins können einer der vier Arten angehören. Wie bei den Kohlarten können sich verschiedene Arten derselben Art (z. B. Blue Hubbard und Candy Roaster, beide C. maxima) leicht gegenseitig befruchten, und die Nachkommenschaft ist oft ein ungenießbarer Kürbis, der mit der ursprünglichen Art nichts mehr zu tun hat.

Wählen Sie von jeder Art jeweils nur eine Kürbissorte zur Blüte aus. Zum Beispiel können Sie jedes Jahr Samen von Red Kuri (C. maxima), Cushaw (C. argyrosperma), Futsu Black (C. moschata) und einer einzigen Zucchinisorte (C. pepo) gewinnen

Bestäuben Sie von Hand oder verteilen Sie die Blütezeiten, um Samen von mehreren Sorten zu erhalten. Luffa-Kürbisse sind eine eigene Art und können sich nicht mit anderen Kürbisgewächsen kreuzen; ihre Samen können daher verwendet werden, es sei denn, Sie pflanzen mehrere Luffa-Sorten.

Hier sind einige gängige Sorten jeder Art, die als Sommer- (s) oder Winterkürbis (w) gekennzeichnet sind.

C. maxima

- Blue Hubbard (w)
- Buttercup (w)
- Candy roaster (w)
- Crown pumpkin (w)
- Kabocha (w)
- Red Kuri (w)
- Turk's Turban (w)

C. argyrosperma

- Black Sweet Potato (w)
- Cushaw (w)

C. moschata

- Futsu Black (w)
- Butternut (w)
- Long Island Cheese (w)
- Tromboncino (w/s)

C. pepo

- Acorn squash (w)
- Crookneck squash (s)
- Delicata (w)
- Pattypan and scallop squash (s)
- Spaghetti squash(w)
- Straight neck squash (s)
- Zucchini (s)

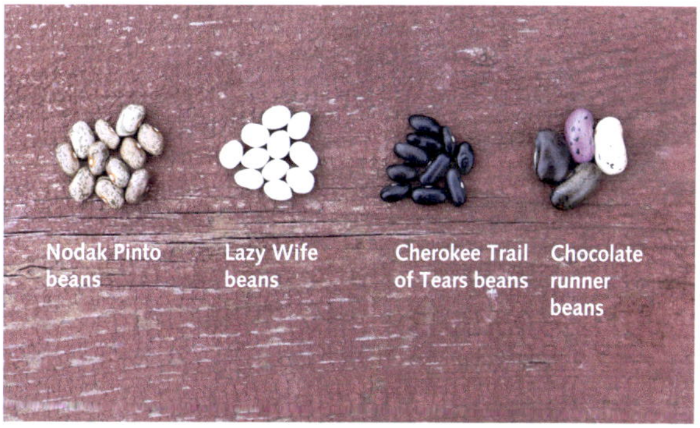

oben: Von den meisten meiner Bohnenpflanzen hebe ich jedes Jahr Samen auf.
unten: Eine Schale mit Mizuna ist im Frühjahr schnell aufgeblüht und wird für Saatgut verwendet.

SCHRITT FÜR SCHRITT

Fermentiertes Saatgut

Saatgut von Kürbisgewächsen und Nachtschattengewächsen (Tomaten, Paprika, Physalis, Auberginen usw.) kann unmittelbar nach der Ernte ein bis zwei Tage lang fermentiert werden.

1

2

3

1 Sammeln Sie die Samen und das Fruchtfleisch einer Auswahl reifer Früchte, die idealerweise an verschiedenen Pflanzen wachsen, in einem Glasgefäß. Hier bewahre ich Samen von Physalis auf, einer süßen Frucht, die einer Tomatillo ähnelt. Die Pflanzen wachsen im Garten gut 250 Meter entfernt von den Tomatillos, um eine Fremdbestäubung zu verhindern.

2 Bedecken Sie die Samen und das Fruchtfleisch mit ein paar Zentimetern Wasser und lassen Sie sie ein oder zwei Tage lang gären. Die lebensfähigen Samen sinken, während der Brei in der Schwebe bleibt.

3 Entfernen Sie das Fruchtfleisch und die oben schwimmenden Kerne, falls vorhanden, spülen Sie dann die restlichen Kerne ab und sieben Sie sie durch einen Kaffeefilter. Reißen Sie den Filter auf und legen Sie ihn flach hin, damit die Samen trocknen können. Legen Sie die vollständig getrockneten Samen in Papierumschläge und lagern Sie sie an einem dunklen Ort bei Zimmertemperatur.

Pflanzabstand für die Saatgutgewinnung

Verwenden Sie die folgende Tabelle für Ihre Saatgutgewinnung. Pflanzen, bei denen große Abstände zwischen den Sorten erforderlich sind, können verwendet werden, wenn Sie den Pollen auf ausgewählte Blüten beschränken. Wenn Sie beispielsweise nur eine einzige Sorte pflanzen oder nur eine Sorte gleichzeitig blühen lassen, entfällt die Notwendigkeit von Entfernungsangaben.

Wenn Sie die Blumen in Bestäubungstüten (siehe Seite 182) oder bei großen Blumen wie Mais sogar in Papiertüten oder Säcke aus Wachstuch stecken, schützen Sie sie vor unerwünschten Pollen. Geschützte Blüten müssen von Hand bestäubt werden. Schließlich können Sie immer Samen von fremdbestäubten Sorten aufbewahren; erwarten Sie nur keine Nachkommen, die mit der ursprünglichen Pflanze identisch sind. In einigen Fällen, wie bei Zinnien und Sonnenblumen, ist das Ergebnis trotzdem eine schöne Blume. In anderen Fällen, z. B. bei Mais, ist es besser, neues Saatgut zu kaufen, als einen fremdbefruchtenden Samen auszusäen.

Pflanze	Abstand zwischen den Sorten
Rucola	250-800 Meter
Buschbohnen, Stangenbohnen	3-6 Meter
Bohnen (Fava und Lima)	15 Meter
Rüben	800 Meter
Kopfkohl	250-800 Meter
Möhren	250-800 Meter
Sellerie	800 Meter
Mangold	250-1600 Meter
Mais	400-1600 Meter
Gurken	250-800 Meter
Auberginen	100-500 Meter
Endivien-Salat	15 Meter
Salat	3-6 Meter
Melonen	250-800 Meter
Okra	150-500 Meter
Zwiebeln	250-1600 Meter
Erbsen	3-6 Meter
Paprika	100-500 Meter
Rettich	250-800 Meter
Spinat	800 Meter
Kürbisse	250-1600 Meter
Tomatillos	250-500 Meter
Tomaten	3-15 Meter

SCHRITT

7

Frische

EIER

Eier von eigenen Hühnern sind reich an wertvollen Proteinen und Fetten, zwei Makronährstoffen, die in Nahrungsmitteln nicht so leicht zu finden und für die menschliche Gesundheit wichtig sind. Hühnermist ist eine reiche Nährstoffquelle für den Gartenboden. Diese vielfältigen und wichtigen Vorteile sind mit einer großen Verpflichtung verbunden: Die Aufzucht von Tieren ist anspruchsvoll, denn Aufschieben kann Vernachlässigung bedeuten. Es ist verzeihlich, wenn man es versäumt, zu einem optimalen Zeitpunkt zu säen, aber es ist nicht verzeihlich, wenn den Hühnern das Wasser ausgeht. Wenn Sie bereit sind, sich zu engagieren, ist die Aufzucht Ihrer eigenen Hühner nicht nur sehr lohnend, sondern auch eine Quelle der ständigen Unterhaltung!

Ein beweglicher Hühnerstall dient den Hühnern als vorübergehendes Zuhause auf einem neuen Gartenbeet. Ihre Aufgabe: Unkraut und Ungeziefer entfernen und stickstoffreichen Dünger hinzufügen.

7

Der Plan

- EINEN HÜHNERSTALL BAUEN ODER KAUFEN. Hühner brauchen nachts einen Schlafplatz in einem räubersicheren Gehege, das mit Legeboxen ausgestattet ist. Sie müssen gut belüftet werden, benötigen aber nur in extrem kalten Klimazonen zusätzliche Wärme. Die widerstandsfähigsten Rassen können Temperaturen unter dem Gefrierpunkt aushalten, wenn die Tiere vor Wind und Feuchtigkeit geschützt sind.

- ENTSCHEIDEN, WO DIE HÜHNER IHRE TAGE VERBRINGEN WERDEN. Hühner können sich in ihrem festen Stall – oder auch mal in einem beweglichen – aufhalten, in ihrem Auslauf mit klar abgesteckten Grenzen oder auch gänzlich frei herumlaufen. Jede dieser Möglichkeiten bringt ihre eigenen Vorteile und Herausforderungen mit sich. Wägen Sie also alle Optionen ab, bevor Sie sich für eine oder mehrere entscheiden.

- KAUFEN SIE JUNGHENNEN FÜR EINEN LEICHTEREN START. Das Ausbrüten von Küken ist die Königsdisziplin, die zusätzliche Ausrüstung erfordert und viel Aufmerksamkeit verlangt, um den Nachwuchs am Leben und gesund zu halten. Viele örtliche Bauernhöfe oder Züchter bieten Junghennen und Hähne an, die 8 bis 16 Wochen alt sind und gleich mit dem Scharren loslegen können. Der höhere Preis wird durch die Einsparungen an Ausrüstung, Futter und Zeit ausgeglichen, die Sie für die Aufzucht von Küken benötigen würden.

Bevor Sie loslegen

Es gibt nichts Besseres als ein frisches Ei. Die Vorfreude und die Aufregung, jeden Tag frische Eier aus dem Stall zu holen, sind Gefühle, die nie langweilig werden. Wenn Sie Ihre eigenen Hühner halten, werden Sie und Ihre Familie mit den schmackhaftesten Eiern versorgt, die Sie je gegessen haben, und Sie haben die Gewissheit, dass Sie genau wissen, wie das Huhn aufgezogen wurde. Allerdings gibt es ein paar Dinge, die Sie beachten müssen.

Es ist unwahrscheinlich, dass Sie Geld sparen. Um ehrlich zu sein, gibt es wenig bis gar keine Kosteneinsparungen, wenn Sie Ihre eigenen Legehennen aufziehen, besonders wenn Sie Bio-Futter kaufen. Wenn Sie Ihren Betrieb vergrößern, Futtermittel in großen Mengen kaufen und Eier zu einem höheren Preis verkaufen, können Sie einen Teil der Kosten decken, aber die Investitionen in Material, Tiere und Futtermittel machen sich nicht so schnell bezahlt.

Erkundigen Sie sich nach den Beschränkungen der Stadt, des Kreises oder der Nachbarschaft. Verordnungen beschränken eventuell die Anzahl der Hühner, die Sie halten dürfen, wie sie gehalten werden können und ob Sie einen Hahn halten dürfen. Informieren Sie sich über Genehmigungen, bevor Sie mit dem Bau beginnen.

Hühner zerstören Gärten. Als effiziente Wühler und Sammler reißen Hühner Pflanzen aus, zerstören Mulch und fressen alles, was sie sehen. Wenn Sie Hühner in Freilandhaltung halten möchten, brauchen Sie viel Platz zwischen Ihnen und Ihrem nächsten Nachbarn sowie Zäune um Ihre Gärten.

Hühner lieben es, herumzustreifen. Hühner streunern von Ihrem Haus weg in Gebiete, in denen sie auf Raubtiere treffen oder Nachbarn belästigen können. Einige Rassen sind eher auf der Suche nach Abenteuern, andere sind eher der Stubenhocker. Hühner können mit Leckerbissen wie getrockneten Mehlwürmern oder geknacktem Mais zurück in ihren Stall gelockt werden, aber oft merken sie den Trick und ziehen es vor, frei zu laufen.

Die Hackordnung ist real. Hühner haben eine natürliche Rangordnung, in der sie sich gegenseitig dominieren. Wenn ein Huhn die Gruppe verlässt oder ein neues Huhn eingeführt wird, muss diese Ordnung wiederhergestellt werden. Auch wenn Sie die empfohlenen Platzverhältnisse einhalten, um Zankereien zu vermeiden, sollten Sie sich darüber im Klaren sein, dass ein gewisses Picken und Krächzen von Zeit zu Zeit zu erwarten ist. Ein Eingreifen kann notwendig sein, wenn ein Huhn anfängt, Wunden zu erleiden oder von anderen Hühnern am Fressen oder Trinken gehindert wird.

Unsere Kinder zeigen ihren Freunden am liebsten unsere Hühner. Wir sparen vielleicht kein Geld, aber der Wert der Hühnerschar geht weit über Eier hinaus.

Der Schutz vor Raubtieren ist entscheidend. Wiesel, Hühnerhabichte, Waschbären, Falken, Hunde, Füchse und Katzen sind daran interessiert, Ihre Hühner zu fressen, während Eichhörnchen, Krähen und andere Aasfresser eher daran interessiert sind, ihr Futter zu essen. Sie können nicht verhindern, dass sie kommen. Planen Sie also Ihre Anlagen in dem Bewusstsein, dass Raubtiere unbedingt in Schach gehalten werden müssen. Warten Sie nicht, bis ein Problem auftritt. Sobald ein Raubtier eine zuverlässige Nahrungsquelle gefunden hat, wird es wahrscheinlich zurückkehren.

Mehr als nur Eier

Regenerative Anbaumethoden zielen darauf ab, die Qualität des Bodens im Laufe der Zeit anhand von fünf Grundsätzen zu verbessern:

- Halten Sie den Boden das ganze Jahr über mit Mulch bedeckt.
- Diversifizierung zur Verbesserung der Stabilität und Produktivität des Ökosystems.
- Lassen Sie die Wurzeln das ganze Jahr über im Boden wachsen.
- Minimierung der Bodenstörung (Direktsaat).
- Tierbestand integrieren.

Wahrscheinlich wenden Sie bereits viele der von regenerativen Landwirten empfohlenen Bodenbewirtschaftungstechniken an. Wenn Sie Hühner in Ihren Garten integrieren, können Sie sich auf das letzte Prinzip konzentrieren – die Integration von Nutztieren. Kühe, Schafe und andere Weidetiere regen die Bewegung von Kohlenstoff in den Boden an, aber die Haltung solch großer Tiere ist für Hobbygärtner mit begrenztem Platz unpraktisch. Hühner bieten einige der gleichen Vorteile, allerdings ohne den Bedarf an großen Anbauflächen.

Hühner produzieren Dung. Nutztiere wandeln Pflanzenmaterial effizient in eine reichhaltige Quelle nährstoffreichen Dungs um, der ein Segen für den Gartenbau oder den Gemüsegarten sein kann. Geflügelmist enthält alle 13 essenziellen Pflanzennährstoffe – Stickstoff, Phosphor, Kalium, Kalzium, Magnesium, Schwefel, Mangan, Kupfer, Zink, Chlor, Bor, Eisen und Molybdän – und kann als alleiniger Lieferant von Pflanzennährstoffen in einem Garten dienen.

Um diese Nährstoffe zu erhalten, müssen Sie einige Voraussetzungen erfüllen, darunter Tierfutter und eine reichhaltige Kohlenstoffquelle, um die tierischen Abfälle zu absorbieren (siehe Einrichten eines Tiefstreusystems, Seite 206), aber im Gegenzug erhalten Sie frische Eier und viele Nährstoffe für Ihren Garten.

Hühner fressen Ungeziefer und Unkraut. Mit einem beweglichen Hühnerstall (Seite 207) können Sie die Hühner auf ein bestimmtes Beet beschränken, wo sie scharren, Ungeziefer und Larven fressen, Kot ablegen und Unkraut entfernen. Dies ist eine großartige Technik, wenn ein Beet abgeerntet ist und Sie den Boden mit Nährstoffen versorgen und Schädlinge, Unkraut und Abfälle entfernen wollen, bevor Sie die nächste Ernte anbauen. Hühner in den Garten zu entlassen, ohne dass ein beweglicher Hühnerstall genutzt wird, kann jedoch katastrophale Folgen haben. Die fleißige Arbeit von ein oder zwei Hühnern mag unbemerkt bleiben, aber die Arbeit von drei oder vier Hühnern kann alles auf den Kopf stellen, besonders in einem kleinen Garten. Sie werden alles entfernen, nicht nur das Unkraut.

Der Tod ist Teil des Lebens

Es kommt zwar nur selten vor, aber es gibt Fälle, in denen ein Huhn krank oder verletzt wird und sich nicht von selbst erholt. Ein Tierarztbesuch kann teuer werden – wenn man überhaupt einen Tierarzt findet, der ein Huhn untersucht. Manchmal ist es die humanste Entscheidung, das Leiden des Huhns zu beenden, anstatt der Krankheit ihren Lauf zu lassen, die Krankheit die anderen Hühner zu übertragen oder ein längeres Leiden durch Verletzungen zuzulassen.

Setzen Sie immer Strategien ein, um die Hühner sicher und gesund zu halten, aber seien Sie sich darüber im Klaren, dass der Verlust von ein oder zwei Tieren pro Jahr, und manchmal mehr, wenn es sich um Küken handelt, zu erwarten ist. Wie Sie mit Krankheiten, Verletzungen und Todesfällen umgehen wollen, sollte eine wichtige Überlegung bei Ihrem Engagement für die Tierhaltung sein. Sprechen Sie mit anderen Züchtern und Landwirten und recherchieren Sie im Internet, um mehr über diese besonderen Überlegungen bei der Planung Ihrer Eiererzeugung zu erfahren.

Eier gibt es in einer viel größeren Vielfalt an Farben als im Supermarkt. Neben weiß und hellbraun können sie auch blassrosa, schokoladenbraun, grün oder sogar blau sein. Eine Hühnerrasse legt in der Regel aber gleichfarbige Eier.

Jeden Tag ein Ei?

Manche Hühner beginnen bereits im Alter von fünf Monaten mit dem Legen, aber es ist weitaus wahrscheinlicher, dass die ersten Eier im Alter von sechs bis acht Monaten gelegt werden, wobei größere Rassen im Allgemeinen länger brauchen, um mit dem Legen zu beginnen. Die Eier von jüngeren Tieren sind klein, werden aber langsam größer. Wenn die Hennen älter werden, legen sie weniger, aber größere Eier. Rechnen Sie damit, dass die Zahl der pro Huhn gelegten Eier jedes Jahr um 10 bis 20 Prozent abnimmt. Viele Hühnerrassen hören im Alter von sechs oder sieben Jahren ganz auf zu legen. Das bizarrerweise Westfälischer Totleger genannte Huhn ist meines Wissens die einzige Rasse, die ein Leben lang legt.

Tageslicht stimuliert die Fortpflanzungshormone, so dass Hühner im Winter, wenn die Tageslichtdauer unter 10 bis 12 Stunden pro Tag sinkt, sehr wenige Eier legen. Zusätzliches künstliches Licht kann die Produktion verbessern, aber ich empfehle es nicht. Die Eierproduktion nimmt in einer Zeit des Jahres ab, in der die Hühner die Energie benötigen, um ihre Eiweißreserven nach der Mauser aufzufüllen (siehe Seite 213) und um sich warm zu halten. Die zusätzliche Belastung durch die Eierproduktion ist unnatürlich und stellt einen zu hohen Energiebedarf für die Tiere dar.

Sie müssen die Eier täglich einsammeln. Ein Haufen Eier, der nicht eingesammelt wird, fördert die Bruttätigkeit (siehe Seite 215). Und obwohl es nicht üblich ist, fressen die Hühner ihre eigenen Eier – vor allem, wenn sie tagelang in den Nistkästen liegen – was ein Zeichen für Nährstoffmangel sein kann. Um dies zu beheben, sollten Sie die Eier häufiger einsammeln (bis zu dreimal täglich) und das Futter der Hühner mit getrockneten Mehlwürmern oder Soldatenfliegenlarven ergänzen.

Planen Sie Ihren Stall sorgfältig

Denken Sie bei der Planung eines Hühnerstalls daran, wie er zu reinigen ist. Müssen Sie Ihren Körper in seltsame und unnatürliche Positionen drehen, um die hinteren Ecken zu erreichen? Mein Hühnerstall ist schwer zu reinigen, und ich warte sehnsüchtig auf den Tag, an dem er so marode wird, dass man ihn austauschen muss. Die meisten Hühnerhalter, die zum ersten Mal einen Hühnerstall bauen, tun genau das, was ich getan habe: Ich habe meinen Hühnerstall aus Materialresten gebaut, die ich auf jede erdenkliche Weise zusammengesetzt habe.

Ich stimme diesem Ansatz insofern zu, als Hühner eine kostspielige Investition sind und die Liebe zu den Tieren wichtiger ist, als große Summen für den Bau eines Hühnerstalls auszugeben. Allerdings sollte die Wartung (einschließlich Reinigung) immer im Vordergrund stehen.

Die meisten wilden Raubtiere sind nachtaktiv, so dass ein gut gebauter Stall die meisten Bedrohungen erfolgreich abwehren kann. Für Raubtiere, die tagsüber aus der Luft kommen, wie z. B. Falken oder Hühnerhabichte, benötigt man alternative Schutzmaßnahmen, wie z. B. einen Unterschlupf direkt beim Futterhäuschen der Hühner oder eine Netzabdeckung über dem gesamten Auslauf. Küken und Jungvögel sind die einfachsten Ziele und sollten in überdachten Gehegen gehalten werden, bis sie ausgewachsen sind.

Die folgenden Haltungsformen – stationäre und temporäre Ställe, bewegliche Zäune und Freilandhaltung – bringen alle ihre eigenen Vorteile und Herausforderungen mit sich und erfordern jeweils einen anderen Aufwand. Bei richtiger Handhabung bieten die folgenden Methoden Ihren Tieren genau das, was sie brauchen, um sicher, gesund und produktiv zu bleiben.

Ich habe sorgfältig Holzreste zusammengebaut, um den Platz-, Schlafplatz- und Legenestbedarf für 12 Hühnern zu berücksichtigen. Der Stall erfüllt seinen Zweck, aber er ist extrem schwer zu reinigen – ein Umstand, dem ich gerne mehr Aufmerksamkeit geschenkt hätte.

Im Gegensatz zu regionalspezifischen Raubtieren sind Hunde allgegenwärtig. Sie sind tagsüber aktiv und dürfen in ländlichen Gebieten oft frei herumlaufen. Die einzige Möglichkeit, Hundeangriffe zu verhindern, besteht darin, einen geeigneten Zaun zu errichten oder einen Wachhund zu halten.

Hühner sind unordentlich

Hühner haben viele Reize, aber sie graben und kacken (um es mal in aller Deutlichkeit zu sagen) sehr viel.

Die Unordnung der Hühner resultiert aus der unersättlichen Wühllust und ihrem häufigen Kackdrang. Sie graben in Gartenbeeten, gemulchten Flächen, Rasenflächen, Rabatten und allen Bereichen, in denen sie Insekten vermuten, die sie gerne fressen. Sie kacken auf Terrassen, Rasenflächen, auf die Rückenlehnen von Nachbars Gartenstühlen, wobei Sie nicht wussten, dass sie sich den ganzen Nachmittag dort niedergelassen hatten, und überall sonst, wo es ihnen gefällt.

Die Freilandhaltung von Hühnern hört sich in der Theorie schön an; in der Praxis führt sie jedoch zu mehr Problemen, als die meisten Menschen zu tolerieren bereit sind. Aus diesem Grund entscheiden sich die meisten Hühnerhalter für Ausläufe, Zäune und andere Mittel, um den Zugang ihrer Hühner zu bestimmten Bereichen zumindest zu begrenzen (siehe Seite 209).

Fester Hühnerstall mit angebautem Auslauf

Die meisten Hühnerbesitzer, vor allem diejenigen mit begrenztem Platzangebot, halten ihre Tiere in einem festen Stall mit einem Auslauf im Freien, um den Bau und die Pflege zu erleichtern. Jeder Rasen oder Bodenbelag innerhalb des Auslaufs wird schnell durch das Graben der Hühner zerstört und stinkt, wenn er nicht richtig gepflegt wird. Stationäre Ausläufe sollten mit einem Tiefstreusystem (Seite 206) gepflegt werden, damit der Auslauf sauber und die Hühner gesund bleiben. Mein ordnungsgemäß verwaltetes Streu deckt fast meinen gesamten Kompostbedarf, was der Hauptgrund dafür ist, dass ich meine Hühner in einem stationären Stall und Auslauf halte.

Ausreichend Platz bieten

Überbelegung ist die Hauptursache für Kämpfe und Picken unter Hühnern. Verkleinern Sie Ihre Schar, wenn Ihnen der Stall zu voll erscheint, aber es ist am besten, das Gezänk durch die richtige Gestaltung von Stall und Auslauf zu verhindern. Auch wenn die Versuchung groß ist, sollten Sie nie mehr Hühner halten, als Sie bequem unterbringen können.

Bodenfläche. Jedes Huhn braucht ca. einen Quadratmeter Bodenfläche. Obwohl Hühner mehr Zeit auf ihren Schlafplätzen als auf dem Boden verbringen, brauchen sie dennoch ausreichend Platz, um sich zu bewegen.

Belüftung. Hühner haben empfindliche Lungen, die durch die Ansammlung von Gasen aus ihren Ausscheidungen geschädigt werden können. Sorgen Sie für eine Belüftung von mindestens 20 Quadratzentimetern pro Quadratmeter Bodenfläche. Nach dieser Berechnung benötigt ein Hühnerstall mit einer Grundfläche von 3 Quadratmetern 60 Quadratzentimeter Belüftung. Halten Sie die Lüftungsöffnungen das ganze Jahr über offen, auch im Winter. Decken Sie alle Fenster, große Ritzen und Lüftungsöffnungen zur Sicherheit mit einem feinen, aber festen Gitterstoff ab.

Der Stall dient als raubtiersicheres Gehege, während der Auslauf mit zwei Lagen Draht verstärkt ist, um vierbeinige Besucher fernzuhalten, und mit verdunkelten Netzen, um Raubtiere aus der Luft fernzuhalten.

In diesem 1,50 x 2 Meter großen Stall können problemlos 10 bis 15 Hühner untergebracht werden.

Platz zum Schlafen. Hühner schlafen nachts nicht auf dem Boden; sie benötigen einen Platz von 20 bis 25 cm pro Tier. Hühner sind flachfüßig und bevorzugen daher eine rechteckige Stange mit abgerundeten Kanten. Sie rollen gerne ihre Zehen vorne und hinten um die Stange herum herum, also verwenden Sie ein Brett mit einer Breite von etwa 5 cm. Die Schlafplätze sollten sein:

- 30 bis 90 cm über dem Boden (bei einer höheren Höhe benötigen die Hühner eine Treppe oder eine Leiter; bei einer niedrigeren Höhe haben sie möglicherweise nicht das Gefühl, dass sie einen sicheren Schlafplatz gefunden haben)
- 50 cm oder mehr von einer Wand oder Decke entfernt
- 50 cm oder mehr von einem anderen Schlafplatz entfernt

Neigen Sie die Hühnerleiter so, dass der Kot nicht auf ein darunter stehendes Huhn fällt. Befestigen Sie sie mit Schrauben.

Legenester. Für jeweils drei bis vier Hühner sollte Legenester vorhanden sein. Bringen Sie die Legenester nach Möglichkeit nicht auf dem Boden an, damit sich die Hühner sicher fühlen. Schaffen

Ein altes Trampolin und Altmetall wurden kreativ zusammengefügt, um diesen Stall zu bauen.

Materialien

Hühnerställe können aus einer Reihe von wiederverwendeten Materialien gebaut werden, von alten Türen und Sperrholzresten bis hin zu einem ausgebauten alten Schuppen. Mein Hühnerstall wurde aus dem Sperrholz einer alten Kletterwand und Steinen gebaut. Eine Freundin baute ihren aus Altmetall und einem ausgedienten Trampolin. Suchen Sie in Baumärkten nach Baumaterialien wie alten Türen, Fenstern und anderen Schrottmaterialien. Mit Kreativität lässt sich viel Geld sparen!

Es gibt keinen richtigen oder falschen Weg, einen Stall zu bauen, solange er die Vögel sicher und gesund hält. Wenn Sie nur wenig Zeit und/oder handwerkliches Geschick haben, sollten Sie sich nach Bausätzen oder vormontierten Ställen in Landwirtschafts- und Baumärkten umsehen. Beachten Sie, dass Bausätze nicht immer so viele Tiere beherbergen sollten wie angegeben.

Sie einen 30 x 30 x 30 cm großen Kasten oder eine Reihe von Kästen, die groß genug sind, um ein Huhn aufzunehmen und es gleichzeitig zu schützen und zu sichern. Hühner legen nicht in Kästen, in denen sie das Gefühl haben, dass ihre Brut Angriffen ausgesetzt ist.

Bau des Stalls

Nicht alle Ställe haben einen Boden; einige werden direkt auf den nackten Boden gebaut. Entlang der unteren Begrenzung des Hühnerstalls sollte ein Zaun eingegraben werden, um zu verhindern, dass Raubtiere darunter graben. Ställe mit einem Boden sind im Allgemeinen sicherer vor Raubtieren, da der gesamte Stall nach dem Schließen der Tür undurchdringlich ist. Wenn Sie einen Boden bauen, legen Sie ihn mit Linoleum oder selbstklebenden Fliesen aus, um die Reinigung zu erleichtern. Bedecken Sie den Boden mit 4 bis 6 cm dicken Holzspänen und wechseln Sie die Späne jede Woche aus.

Meine Nistkästen sind an der Rückseite des Stalls angebracht, damit sich die Hühner sicher fühlen. Die Kästen können zur einfachen Reinigung herausgenommen werden.

Ihr neuer Komposthaufen: Hühner

Ich vergleiche Hühner oft mit einem Müllschlucker, da sie fast alles fressen können. Manche Hühnerhalter achten mehr darauf, was sie füttern, aber ich bin der Meinung, dass fast alle kompostierbaren Dinge, mit Ausnahme von Junkfood und den unten aufgeführten Dingen, in den Hühnerstall gehören.

WAS MAN NICHT AN HÜHNER VERFÜTTERN SOLLTE

- Stark verarbeitete Lebensmittel
- Nachtschattengewächse (Kartoffeln, Tomaten, Paprika und Tomatillos)
- Koffein und Alkohol
- Ungekochte Bohnen, Nudeln und rohes Fleisch
- Abfälle aus dem Zierpflanzenbau (nur Abfälle aus dem Gemüsegarten)

Es gibt weitaus umfangreichere Listen von Lebensmitteln, die Hühner nicht fressen sollten, wie z. B. Avocadoschalen und -kerne, Kartoffelschalen und Schokolade. Ich ignoriere diese Empfehlungen weitgehend, da ich davon ausgehe, dass die Hühner instinktiv wissen, was sie fressen können und was nicht.

Wenn die Sonne untergeht, setzen sich die Hühner auf ihre Stange und kommen am Morgen aus dem Stall, wenn es hell ist. Sie tun dies aus eigenem Antrieb, ohne Zwang oder Ermutigung. Aus diesem Grund empfehle ich den Einbau automatischer Stalltüren, die sich über Zeitschaltuhren oder Lichtsensoren entsprechend öffnen und schließen. Automatische Türen sind zwar kein Muss, aber wenn man einmal vergisst, die Stalltür zu schließen, nachdem sich die Hühner schlafen gelegt haben, kann das katastrophale Folgen haben, wenn ein nächtliches Raubtier hineinschlüpft. Die Automatisierung des Systems ist eine narrensichere Methode, um die Hühner nachts zu schützen, und gibt Ihnen gleichzeitig die Flexibilität, die Hühner für ein paar Tage unbeaufsichtigt zu lassen.

Bauen sie den Auslauf

Jedes Huhn braucht mindestens 2 Quadratmeter Platz im Auslauf, um Zankereien und Überfüllung zu vermeiden. Die meisten Quellen empfehlen nur einen Quadratmeter Platz pro Huhn, aber das hat sich für mich nie als ausreichend angefühlt; mehr ist besser. Siehe Freilandhaltung von Hühnern, Seite 210, wenn Sie planen, eine Rasenfläche im Auslauf zu haben; andernfalls planen Sie mit einem Tiefstreusystem (Seite 206).

Gestalten Sie die Ausläufe so räuberresistent wie möglich. Nachtaktive Raubtiere wie Waschbären und Füchse können in den Auslauf klettern, es sei denn, er ist vollständig mit einem Dach versehen. Eine solche aufwändige Konstruktion ist nicht immer praktisch oder erschwinglich. Das Ziel eines Auslaufs ist es daher, die Hühner drinnen zu halten und Raubtiere wie Hunde am Tag draußen zu halten. Der Stall sollte einen zuverlässigen Schutz vor allen Tieren bieten, die sich nachts in den Auslauf verirren.

Ein 1,20 Meterhoher Zaun aus Draht ist in den meisten Fällen ausreichend, aber ein 1,50 Meter hoher Zaun bietet etwas mehr Schutz und verhindert, dass die Hühner herausfliegen. Fügen Sie eine Schicht aus Hühnerdraht hinzu, wenn Sie feststellen, dass sich kleinere Tiere nachts durch den Drahtzaun zwängen können. Befestigen Sie den Hühnerdraht mit Heftklammern an der Außenseite von Holzpfosten mit einer Länge von 1,5 m oder mit Kabelbindern oder Metalldraht an U-Pfosten.

Der Hühnerstall meines Nachbarn mit offenem Erdboden ist in einer Ecke des Gartens versteckt und über einen kleinen Drahttunnel mit einem Auslauf verbunden. Die obere Etage ist vor dem Wetter geschützt und beherbergt die Legenester.

Ich schlage vor, 2,40-Meter-Holzpfosten zu verwenden (graben Sie 60 cm des Pfostens in den Boden), so dass die Pfosten höher sind als der Zaun, so dass es möglich ist, Vogelnetze und verdunkelnden Stoff über die Oberseite zu spannen, während Sie Platz haben, darunter zu gehen. (Verwenden Sie 3-Meter-Pfosten, wenn Sie selber größer als 1,80 Meter sind.) Diese zusätzliche Schicht spendet Schatten und verhindert, dass die Hühner hinausfliegen und Raubvögel hineinfliegen. Schlagen Sie Nägel in die Oberseite der Pfosten, spannen Sie den Stoff und/oder das Vogelnetz über den Auslauf und haken Sie es an den Nägeln fest. Verwenden Sie Vogelnetze vor allem in schneerei-

chen Gegenden, da die Löcher größer sind als bei Sonnenschutzstoffen und sich der Schnee nicht so leicht darauf ansammeln kann.

Hühner lieben es, sich den ganzen Tag über im Auslauf aufzuhalten. Bieten Sie ihnen viele Möglichkeiten für Schlafplätze und Sitzstangen, damit sie ein wenig Flugtraining bekommen. Schlafplätze können auch als Zufluchtsort für Hühner dienen, die von einem Artgenossen belästigt werden.

Schattenstoffe und Vogelnetze, die über Pfosten gespannt werden, spenden Schatten und verhindern, dass Hühner hinausfliegen und Raubvögel eindringen.

Flügel stutzen

Einige Hühner fliegen über Zäune und müssen eventuell ihre Flügel gestutzt bekommen, um sie am Fliegen zu hindern. Stutzen Sie freilaufenden Hühnern aber nicht ohne Grund die Flügel, denn das Fliegen kann ihnen helfen, einem Raubtierangriff zu entkommen.

Um die Flügel eines Huhns zu stutzen, entfernen Sie die äußeren 8 cm der längsten Flugfedern, direkt unter einem Satz kleinerer Federn. Das ist ein schneller und schmerzloser Vorgang, solange Sie die Federn nicht zu kurz abschneiden. Stutzen Sie nur einen Flügel, das reicht, um das Huhn aus dem Gleichgewicht zu bringen; es wird danach nicht mehr in der Lage sein, über Zäune zu fliegen. Achten Sie darauf, dass Sie nicht den dicken Schaft der Federn abschneiden, sonst kann es stark bluten.

Das Stutzen ist eine Aufgabe für zwei Personen. Eine Person hält den Körper des Huhns, hält einen Flügel fest und stützt die Füße mit der anderen Hand. Die zweite Person streckt den freien Flügel aus und schneidet die Federn mit einer scharfen Schere ab. Im Zweifelsfall lieber weniger abschneiden. Wenn Sie feststellen, dass Ihre Bemühungen unwirksam waren, können Sie immer noch später mehr abschneiden. Wiederholen Sie diesen Vorgang einmal pro Jahr, da die Hühner nach der Mauser jährlich neue Federn bekommen.

Das Stutzen von Flügeln ist eine einfache Aufgabe, die jedoch zwei Personen erfordert

Bauen Sie zusätzlichen Schutz

Hühner haben nur begrenzte Möglichkeiten, sich bei Hitze abzukühlen. Wie Hunde hecheln sie dann. Stellen Sie den Stall und den Auslauf bei warmem Wetter in den Schatten oder decken Sie ihn mit einem Tuch, um eine Überhitzung zu vermeiden. In der übrigen Zeit des Jahres sollten Sie für einen überdachten Bereich sorgen, in dem die Hühner vor starker Sonne, Regen, Schnee und Wind geschützt sind. Hühner mögen es nicht, wenn sie nass sind, daher brauchen sie einen überdachten Bereich, in dem sich die gesamte Hühnerschar bei Regen versammeln kann.

Hühner halten sich sauber, indem sie Staubbäder nehmen, um abgestorbene Haut abzuschälen, abgenutzte Federn abzuwerfen und Parasiten wie Läuse und Milben zu bekämpfen. Sie graben Löcher in trockener Erde und füllen dabei ihr Gefieder mit Schmutz. Sie plustern ihr Gefieder auf, strecken ihre Flügel aus und lassen den Schmutz eine ganze Weile liegen, bevor sie ihn von ihrem Körper schütteln.

Sie können ein Staubbad schaffen, indem Sie ein Kinderbecken (oder einen anderen breiten, flachen Behälter) mit Erde gefüllt unter eine Plane oder einen Unterstand stellen. Streuen Sie etwa einmal im Monat eine dünne Schicht Kieselgur oder Holzasche auf die Erde, um die Vögel zusätzlich vor Parasiten zu schützen. Wichtig ist, dass der Bereich trocken bleibt, damit die Hühner einen Platz zum Baden haben.

Eine kleine Markise, die am Staubbad angebracht ist, bietet den Hühnern einen überdachten Platz, an dem sie sich bei schlechtem Wetter versammeln können.

Eine große Stalltür, die mit einem Gitter bespannt ist, sorgt für eine gute Belüftung. Diese batteriebetriebene automatische Tür erkennt das Licht und öffnet und schließt sich entsprechend. Andere Modelle lassen sich mit einer Zeitschaltuhr öffnen und schließen, müssen aber saisonal angepasst werden, um den Veränderungen der Tageslichtlänge Rechnung zu tragen.

SCHRITT FÜR SCHRITT

Einrichten eines Tiefstreusystems

Der Geflügelmist enthält extrem viel Stickstoff. Der Boden im Auslauf kann diesen Stickstoff bis zu einem gewissen Grad aufnehmen, aber der Überschuss verwandelt sich in Ammoniak, Distickstoffoxid und andere Formen von Stickstoffgas, die negative Auswirkungen auf die Umwelt haben (diese Ausgasung ist für den üblen Geruch des Dungs verantwortlich). Die Bewirtschaftung und Bindung des gesamten Stickstoffs erfordert die Zugabe von Kohlenstoff – als Tiefstreu –, was sowohl dem Garten als auch der Umwelt zugute kommt.

Bei einem Tiefstreusystem ist ein größerer Auslauf nicht immer besser, da Sie regelmäßig große Mengen an organischem Material bewegen müssen. Beschränken Sie sich auf nicht mehr als 15 Hühner in einem Auslauf, der nicht größer als 30 Quadratmeter ist, damit Sie nicht überfordert werden. Ich bevorzuge ein Verhältnis von zehn Hühnern in einem 20 Quadratmeter großen Auslauf. Bei mehr als zehn Hühnern finde ich es schwierig, mit der Abfallmenge Schritt zu halten.

1 Fügen Sie dem Auslauf 30 bis 50 cm Kohlenstoff (braunes Material, siehe Seite 45) hinzu: Holzspäne eignen sich gut, ebenso wie getrocknetes Laub (gemischt mit anderen Materialien, um Staunässe zu vermeiden).

2 Lassen Sie die Hühner den Rest erledigen indem sie im Einstreu scharren und graben und dabei ihre nährstoffreichen Ausscheidungen umdrehen. Würmer, Larven und andere Zersetzer beginnen, im Einstreu zu wachsen, was eine wertvolle Nahrungsquelle für die Hühner darstellt und sie weiter dazu anregt, den Kompost zu bearbeiten.

3 Werfen Sie Küchenabfälle in den Auslauf. Die Hühner fressen, was sie wollen, und mischen den Rest mit dem Inhalt des Einstreus, damit er sich schnell zersetzt. Siehe Seite 202 für weitere Informationen darüber, was an Hühner verfüttert werden kann.

4 Die Häufigkeit des Einsammelns des Einstreu hängt von der Größe des Auslaufs, der Anzahl der Hühner und dem Klima ab (in feuchtem Klima ist eine häufigere Reinigung erforderlich, da die Zersetzung schneller erfolgt). Sammeln Sie das Einstreu alle paar Monate mit einer 10-zinkigen Kompostgabel und einer Schubkarre ein, wenn sich die meisten Kohlenstoffpartikel zu reichhaltigem Kompost zersetzt haben. Sie haben zu lange gewartet, wenn der Auslauf zu stinken beginnt, was ein Zeichen für Stickstoffausgasung ist. Entfernen Sie das Einstreu sofort, wenn Sie einen üblen Geruch feststellen. Lassen Sie etwa 20 % des Einstreu im Auslauf, um den Zersetzungsprozess wieder in Gang zu bringen.

5 Lassen Sie das Einstreu ein paar Monate ruhen, bevor Sie sie im Garten ausbringen. Bei Bedarf können Sie es auch direkt in die Gartenbeete einbringen, aber es ist am besten, das Einstreu zwei bis sechs Monate ruhen zu lassen, damit es sich vollständig zersetzen kann.

Beweglicher Hühnerstall

Bewegliche Hühnerställe sind räubersichere Gehege, die es Ihnen ermöglichen, die Tiere täglich zu frischem Gras zu bringen und dabei nur eine kleine Stellfläche zu benötigen. Bei diesem System muss der Stall mobil sein – bauen Sie ihn auf Rädern oder machen Sie ihn so leicht, dass er gezogen werden kann.

Der Platz in den mobilen Ställen ist meist begrenzt.Um übermäßiges und manchmal schädliches Gezänk zu vermeiden und die Gesundheit der Hühner zu gewährleisten, sollten nie mehr als zwei Hühner in einem 4-Quadratmeter-Stall, vier in einem 8-Quadratmeter-Stall oder fünf in einem 10-Quadratmeter-Stall gehalten werden. Hühnerhalter, die mehr als nur ein paar Tiere halten wollen, sollten andere Methoden ausprobieren.

Halten Sie die Konstruktion leicht und beweglich. Bewegliche Hühnerställe sollten täglich oder wöchentlich zu frischem Gras bzw. Flächen gebracht werden, je nach Größe des Stalls und der Anzahl der Tiere darin. Wählen Sie leichte Materialien und stellen Sie Räder unter den schwersten Teil des Stalls.

Die Platzanforderungen für stationäre Ställe (Seite 200) gelten auch für mobile Ställe, insbesondere wenn Sie die Konstruktion als ständigen Hühnerstall verwenden möchten. Ställe, die als vorübergehende Einrichtungen verwendet werden (d. h. auf Beeten zur Gartenpflege oder als Zwischengehege für Küken oder Junghennen), müssen die Empfehlungen nicht so streng befolgen, da die Hühner nicht viel Zeit in diesem Gehege verbringen werden. Viele der Ställe werden der Einfachheit halber in einer A-Rahmenform gebaut, aber Sie können jede beliebige Form bauen, auch längerfristig, und dann auch den Anforderungen an die Position und Größe des Schlafplatzes, die Quadratmeterzahl des Auslaufs, die Legenester und die Belüftung gerecht werden.

Mein mobiler Hühnerstall umfasst zwei Schlafplätze, zwei Legenester und einen mit Blech abgedeckten Bereich, der als Unterschlupf dient. Diese kleine Struktur dient als Zwischengehege für die Aufzucht von Jungvögeln und als Gehege, das auf den verbrauchten Gartenbeeten aufgestellt werden kann, um die Reinigung zu erleichtern.

Nehmen Sie die Räder mit einer Flügelmutter oder Schraube ab, damit der Rahmen bei Nichtgebrauch fest am Boden anliegt, um das Eindringen von Raubtieren zu verhindern.

Eine hybride Idee für den Auslauf

Hühner brauchen mindestens 30 Quadratmeter pro Huhn, damit sie nicht das Gras im Auslauf zerstören. Diese Anforderung ist leicht zu erfüllen, wenn Sie nur zwei oder drei Hühner unterbringen müssen, aber der Bau eines großen Geheges für 10 oder mehr Hühner kann schwierig und teuer sein. Ziehen Sie in Erwägung, zwei Ausläufe zu bauen – einen kleineren mit Tiefstreu und einen zweiten mit Gras. Verbinden Sie den zweiten Auslauf mit dem kleineren Auslauf und machen Sie ihn so groß wie möglich. Begrenzen Sie den Zugang der Tiere zum größeren Auslauf, damit sie sich frei bewegen können, ohne das Gras zu zerstören.

Ich habe zum Beispiel einen 150-Quadratmeter-Auslauf an einen 20-Quadratmeter-Auslauf angeschlossen. Etwa zehn Hühner werden jeden Abend für 30 bis 60 Minuten in diesen Raum gelassen. Sie kehren dann von selbst in ihren Stall zurück. Da sie dazu neigen, an denselben Stellen zu graben, sperre ich den Zugang regelmäßig für ein oder zwei Wochen, damit sich das Gras erholen kann. Außerdem sperre ich den Zugang im Winter häufiger, wenn das Gras ruht und sich nicht so schnell erholen kann. Dieses Hybridsystem ist nicht so gut wie echte Freilandhaltung, aber es bietet mehr Bewegung und Möglichkeiten zur Futtersuche, als die Hühner sonst bekommen würden.

Beweglicher Elektrozaun

Ein beweglicher Elektrozaun ist eine der besten Methoden, um die Hühner vor Bodenraubtieren zu schützen und ihnen gleichzeitig Zugang zu frischem Gras zu ermöglichen. Zu den vielen Vorteilen des elektrischen Zauns gehören folgende:

- er bietet den Hühnern ständig Zugang zu frischem Futter
- er vermeidet die Notwendigkeit eines umfangreichen permanenten Zaunbaus
- er unterdrückt die Übertragung von Parasiten durch kontaminierte Fäkalien
- er verbessert die Qualität des Grases, weil es von den Vögeln gedüngt wird

Elektrische Zäune sind nur dann sinnvoll, wenn Sie genügend Platz für die Rotation haben. Die Zäune werden im Allgemeinen wöchentlich auf frisches Gras gesetzt, aber die Häufigkeit hängt von der Qualität des Rasens oder der Weide und der Anzahl Ihrer Hühner ab. Lassen Sie die Tiere nie so lange auf einer Fläche, dass das Gras zerstört wird. Setzen Sie die Tiere erst dann wieder auf eine andere Fläche, wenn sich das Gras vollständig erholt hat.

Der Zaun. Elektrische Zäune sind in einer Standardlänge von 50 Meter oder einer halben Länge von 25 Meter erhältlich. Die Enden der Umzäunung müssen nicht aneinander stoßen, was bedeutet, dass eine bestehende Struktur wie ein Gebäude in die Zaunlinie integriert werden kann. Die meisten Menschen verwenden 1 Meter hohe Zäune, aber 1,20 Meter hohe Zäune können notwendig sein, um die Hühner zum Beispiel vor Hunden zu schützen. Längere, höhere Zäune sind teurer und schwieriger zu versetzen.

Stromversorgung. Die Zäune können über Batterien, Solaranlagen oder Steckdosen mit Strom versorgt werden. Solarbetriebene Geräte sind am teuersten, bieten aber auch die größte Flexibilität. Die anfänglichen Kosten werden oft im Laufe der Zeit durch den Wegfall des Batteriewechsels wieder wettgemacht. Die Größe des Stromversorgungsgeräts, das für den Zaun benötigt wird, hängt von der Länge des Zauns und der Höhe des Grases am unteren Ende des Zauns ab. Wenn Sie das Gras am unteren Ende des Zauns mähen, kann sich die Energie besser über die Länge des Netzes verteilen. Wenden Sie sich vor dem Kauf eines Bausatzes an einen Elektrozaunlieferanten wie Premier 1 Supplies, um sicherzugehen, dass Sie einen für Ihre Situation geeigneten Bausatz wählen.

Der Elektrozaun bietet eine hervorragende Schutzbarriere für nächtliche Raubtiere, aber es ist ratsam, auch den Stall vor Raubtieren zu schützen. Befolgen Sie die Bauempfehlungen unter Stationärer Stall mit Auslauf (Seite 200).

Elektrozäune sind eine bequeme Möglichkeit, Ihre Hühner in Schach zu halten und sie gleichzeitig zu frischem Gras zu führen.

Freilaufende Hühner

Die Freilandhaltung von Hühnern ist der Traum einer jeden Hühnerhalterin. Die Vögel sind sicherlich am glücklichsten und gesündesten, wenn sie auf diese Weise gehalten werden, da sie reichlich Bewegung und unbegrenzten Zugang zu Futter erhalten. Aber freilaufende Hühner leben gefährlich und können eine Plage sein. Die Freilandhaltung ist daher nur in bestimmten Situationen möglich, aber selbst dann ist sie eine riskante Angelegenheit. Wenn Sie sich für die Freilandhaltung entscheiden, sollten Sie die folgenden Vorschläge berücksichtigen.

Umzäunen Sie Ihre Grundstücksgrenzen, um die Hühner drinnen und die Raubtiere am Tag draußen zu halten. Raubtiersichere Hühnerställe (gemäß den auf Seite 200 aufgeführten Spezifikationen für stationäre Hühnerställe) sind nach wie vor erforderlich, da viele Raubtiere in der Nacht an Zäunen hochklettern und diese überwinden können.

Umzäunen Sie Gärten, um Hühner fernzuhalten. Verwenden Sie zusätzliche Zäune, um die Bereiche zu begrenzen, in denen sich die Hühner frei bewegen können.

Geben Sie ihnen Platz. Selbst große eingezäunte Bereiche sind anfällig für Schäden durch Hühner. Geben Sie jedem Huhn mindestens 30 Quadratmeter Platz, bei minderwertigem Gras mehr. Drei Hühner benötigen zum Beispiel mindestens 90 Quadratmeter, wenn Sie den Rasen innerhalb des Zauns erhalten wollen.

Beaufsichtigen Sie freilaufende Hühner. Lassen Sie Ihre Hühner nicht herumlaufen, wenn niemand zu Hause ist, um sie im Auge zu behalten, und reagieren Sie auf alle Anzeichen von Not.

Versorgung mit Futter und Wasser

Hühner brauchen nicht viel Aufmerksamkeit, aber sie brauchen regelmäßige Pflege. Verwenden Sie automatisierte Systeme für die Fütterung, das Tränken und sogar das tägliche Öffnen und Schließen der Stalltür, um Ihre Arbeit zu vereinfachen, nicht um Nachlässigkeit zu fördern. Wenn Sie die täglichen Bedürfnisse der Hühner erfüllen, bleiben sie gesund und munter und Sie können sich über viele frische Eier freuen.

Hühner sind anfällig für Dehydrierung, besonders wenn es heiß ist. Tränken gibt es in verschiedenen Größen, von 1 bis 25 Litern. Mit 20 Litern können 10 Hühner etwa eine Woche lang mit Wasser versorgt werden. In einigen Büchern wird empfohlen, dem Wasser eine kleine Menge Bleichmittel beizumischen, um es sauber zu halten, aber das kann die Darmflora der Tiere schädigen. Rei-

Vorrichtungen für die Wasserversorgung gibt es in verschiedenen Ausführungen. Die hier gezeigte Tränke ist eine der gebräuchlichsten Ausführungen – suchen Sie im Internet, was Ihren Bedürfnissen am besten entspricht. Einige Tränken werden für eine kontinuierliche Wasserversorgung an einen Schlauch angeschlossen, andere sind mit Heizungen ausgestattet, um ein Einfrieren im Winter zu verhindern.

nigen Sie stattdessen die Tränke regelmäßig und fügen Sie 1 Esslöffel Apfelessig pro Liter Wasser hinzu, um Algenwachstum zu verhindern. Erhöhen Sie die Tränke 25 bis 30 Zentimeter über den Boden, damit die Hühner keinen Schmutz und keine Abfälle in die Tränke kicken.

Ein einzelnes Huhn frisst etwa 1 Pfund Futter pro Woche. Legehennenfutter ist speziell für Hühner mit einem ausgewogenen Nährstoffprofil aus Proteinen, Fetten und Kohlenhydraten konzipiert. Am einfachsten ist es, das Futter bei einem renommierten Futtermittelhersteller zu kaufen. Wenn Sie aber selbst Futter herstellen möchten, finden Sie im Internet Rezepte für selbst gemachte Rezepturen.

Krümel sind am nährstoffreichsten, da pelletiertes Futter wertvolle Nährstoffe und Enzyme verlieren kann, wenn sie beim Pressen auf hohe Temperaturen erhitzt werden. Allerdings neigen die Hühner dazu, sich durch die Krümelzu picken, ihre Lieblingszutaten zu nehmen und den Rest zurückzulassen. Um dies zu verhindern, füttern Sie nur so viel, wie die Tiere an einem Tag fressen können. Oder verwenden Sie einen rechteckigen Futterautomaten mit einem mit einem Sieb abgedeckten Trog am Boden, um das Picken zu minimieren. Das Futter wird erst dann freigegeben, wenn der Bereich darunter frei von Futter ist. Die Hühner müssen alles auffressen, bevor weiteres Futter nachgeschüttet wird.

Hühnerschrot ist viel billiger als Hühnerfutter, aber wie Mais ist es eher ein Leckerbissen als eine Mahlzeit. Mais und Schrot sollten nicht mehr als 10 % des Futters ausmachen, um eine übermäßige Gewichtszunahme zu vermeiden.

Dieser verzinkte Geflügeltränkeautomat mit großem Fassungsvermögen verhindert, dass die Hühner in ihr Futter treten und es durchwühlen, um ihre Lieblingsleckerbissen herauszupicken. Dieses Design sorgt für eine kontinuierliche Fütterung, im Gegensatz zu einigen der zylindrischen Versionen, bei denen das Futter stecken bleiben kann.

Vögel in Freilandhaltung benötigen zu bestimmten Zeiten des Jahres weniger Futter. Hühner, die Zugang zu frischem Gras haben, können sich einen Großteil ihres Futters selbst beschaffen und benötigen daher weniger Futter. Die genaue Menge an Zusatzfutter hängt von der Jahreszeit ab, da im Sommer mehr Futterquellen zur Verfügung stehen als in den Wintermonaten. Reduzieren Sie die Futtermenge nie so stark, dass die Eierproduktion zurückgeht, was ein Zeichen für eine unzureichende Ernährung wäre.

Füttern Sie Hühner in stationären Ausläufen mit Grünzeug und Käfern. Hühner, die in stationären Ausläufen ohne Zugang zu frischem Gras eingesperrt sind, haben nur begrenzten Zugang zu wertvollen Nahrungsquellen wie Grünzeug und Käfern. Bringen Sie Unkraut und andere Pflanzenreste aus dem Garten zu den Tieren, um dieses natürliche Futtermuster wiederherzustellen. Wenn Platz und Klima es zulassen, bauen Sie Vogelmiere, Vogelwicke, Gräser, Getreide und andere Winterkulturen an, um Ihre Vögel im Winter mit frischem Grün zu versorgen. Getrocknete Larven der Soldatenfliege, die in der Regel preiswerter sind und einen höheren Proteingehalt haben als getrocknete Mehlwürmer, sind eine praktische Käferquelle. Füttern Sie jedes Huhn mit etwa einem Esslöffel Mehlwürmer pro Tag. Streuen Sie die Würmer einfach auf den Boden des Auslaufs.

Füttern Sie die Vögel mit Grit. Vögel haben keine Zähne, daher ist Grit ein wesentlicher Bestandteil ihrer Verdauung. Sie schlucken ihre Nahrung im Ganzen, wo sie in ein Sammelorgan, den Kropf, gelangt. Der Kropf ist morgens leer, aber am Ende des Tages voll, da das Huhn ihn mit Nahrung füllt. Ein Klumpen, der spät am Tag aus einer Seite des Huhns herausragt, bedeutet, dass der Kropf voll ist. Vom Kropf wandert das Futter in den Magen und dann in den Kaumagen, wo winzige Gesteinsbrocken (Grit) das Futter in kleinere Stücke zerteilen. Einige handelsübliche Futtermarken enthalten Grit, aber wenn Sie keine dieser Marken verwenden, stellen Sie den Hühnern eine kleine Schale mit gekauftem Grit zur Verfügung, auf die sie nach Belieben zugreifen können.

Winterpflege

Hühner sind widerstandsfähiger als Sie vielleicht erwarten. Einige der größeren Rassen wie Australorp, Wyandotte, Barred Rock, Delaware, Rhode Island Red und Orpington können problemlos Temperaturen unter dem Gefrierpunkt aushalten, ohne dass sie mit zusätzlicher Wärme versorgt werden. Kleine Kämme und Kehllappen sind ein Anhaltspunkt für die Kältetoleranz einer Rasse, da sie näher am Körper des Vogels bleiben und besser vor Kälte geschützt sind, so dass die Gefahr von Erfrierungen geringer ist.

Mein unbeheizter Stall fällt selten unter -15 Grad, aber ich habe Berichte von Leuten gelesen, die selbst bei -40 Grad keine Heizung benutzen. Wenn man den Hühnern die Möglichkeit gibt, sich auf natürliche Weise an die jahreszeitlich bedingten Temperaturen zu gewöhnen, beugt man Erfrierungen vor, da sich die Kämme, Kehllappen, Füße und andere freiliegende Extremitäten an die Kälte gewöhnen. Erfrierungen treten viel häufiger bei Hühnern auf, die nachts in warmen Ställen schlafen und ihre Tage bei eisigen Temperaturen im Freien verbringen.

Erwägen Sie den Einsatz zusätzlicher Wärme nur, wenn die Außentemperaturen konstant unter -12 °C liegen. Vermeiden Sie die Verwendung von Wärmelampen, da diese bei häufigem und kontinuierlichem Betrieb bekanntermaßen Feuer fangen können. Suchen Sie stattdessen nach Heizkissen und anderen Heizgeräten mit geringer Wattzahl, die speziell für den Einsatz in Ställen entwickelt wurden. Alternativ können Sie den Stall auch an eine Scheune oder eine andere isolierte Struktur anbauen, um den Vögeln die nötige Wärme zu geben.

Auch im Winter muss ein Stall gut belüftet bleiben (siehe Seite 200). Versiegeln Sie den Stall nicht, um die Wärme einzuschließen, denn dadurch wird auch Feuchtigkeit eingeschlossen, die der Hauptgrund für Erfrierungen bei Hühnern ist. Sorgen Sie einfach dafür, dass die Vögel einen trockenen, windgeschützten Platz zum Schlafen oder

Halten Sie den Körper eines Huhns mit einem Arm fest, während Sie mit dem anderen die Füße stützen, damit es sich sicherer fühlt, wenn es angefasst wird. Beachten Sie, dass nicht alle Hühner gerne angefasst werden.

Nisten haben, reichlich Futter, damit sie ausreichend Körperwärme produzieren, und ausreichend Wasser. Ich lasse meine große automatische Tränke im Winter ruhen, weil sie einfriert; stattdessen gebe ich jeden Morgen (bei besonders niedrigen Temperaturen manchmal auch zweimal täglich) einen halben Liter frisches, warmes Wasser in eine Schale. Wenn Sie in einem kälteren Klima leben und nicht verhindern können, dass das Wasser für die Hühner einfriert, benötigen Sie möglicherweise einen Wassererhitzer.

Hühner mausern sich im Spätherbst

Jedes Jahr im Spätherbst oder Frühwinter mausern sich die Hühner: Ein Prozess, bei dem alte Federn durch neue ersetzt werden, um sich auf die kommenden kälteren Monate vorzubereiten. Die Vögel können eine harte Mauser (bei der sie fast alle Federn verlieren und große Hautpartien freilegen) oder eine weiche Mauser (die länger dauern kann und vielleicht nicht einmal auffällt, wenn das Huhn nur ein paar Federn auf einmal verliert) durchlaufen.

Hühner sehen während der Mauser völlig zerzaust aus, vor allem, wenn bei Kälteeinbrüchen große Teile der nackten Haut freigelegt werden. Trotz ihres Aussehens ist dies ein natürlicher Prozess, und meine Hühner haben kalte Nächte immer ohne Eingriffe überlebt.

Hühner hören auf zu legen, wenn sie sich mausern. Federn bestehen aus Proteinen; während der Mauser werden die Proteinreserven von der Eierproduktion auf das Federwachstum umgelenkt. Glücklicherweise fällt dieser Zeitraum oft mit kürzeren Tagen zusammen, an denen die Hühner ohnehin nicht viel legen.

Mausernde Hühner sehen in der Regel ziemlich schrecklich aus, aber die Mauser ist ein natürlicher Prozess, der jedes Jahr stattfindet.

Wählen Sie Ihre Hühner aus

Sie können Hühner online in Hühner-Shops (z.B. www.landleben.bio) oder am besten bei örtlichen Bauern und Züchtern kaufen. Die Aufzucht von Küken ist zwar unterhaltsam, macht aber viel Arbeit, und Sie müssen bis zu acht Monate auf das erste Ei warten. Der Kauf von Junghennen im Alter von 8 bis 16 Wochen ist viel einfacher, da die Vögel bereits voll befiedert und bereit für das Leben im Freien sind. Sie brauchen keine Wärmelampen oder Unterstände im Haus.

Eine Anleitung zum Ausbrüten von Küken finden Sie auf Seite 219. Ich schlage jedoch vor, dass Sie sich zunächst bei örtlichen Bauernhöfen, Facebook-Gruppen und Gartenbauvereinen erkundigen, ob jemand in Ihrer Gegend im Frühjahr und Sommer Junghennen verkauft. Wenn Sie Küken kaufen, sollten Sie sie im späten Frühjahr oder im Hochsommer erwerben, wenn die Temperaturen wärmer sind und die Tiere früher ins Freie gesetzt werden können. Junghennen, die bei noch niedri-

Führen Sie neue Junghennen ein, indem Sie ein Gehege bauen, in dem die alten und neuen Hühner einige Tage lang ohne Körperkontakt miteinander auskommen können. Über Nacht können alle friedlich im Stall schlafen, aber tagsüber sollten Sie die Neuankömmlinge vom Rest der Bande trennen. Rechnen Sie mit einigen Streitereien, wenn Sie die neuen Hühner in die bestehende Gruppe entlassen und die Hühner eine neue Hackordnung festlegen, aber der Übergang wird friedlicher sein.

gen Temperaturen gekauft werden, müssen länger im Haus gehalten werden.

Die folgenden Überlegungen sollen Ihnen den Einstieg erleichtern. Ich habe einige der gängigsten Rassen empfohlen, aber es gibt zahlreiche andere Rassen, die hier nicht aufgeführt sind. Lesen Sie die Rassebeschreibungen sorgfältig durch: Sie werden feststellen, dass bestimmte Eigenschaften für Sie wichtiger sind als andere. Wählen Sie zu Beginn eine Vielzahl von Rassen, damit Sie sich mit ihren einzigartigen Persönlichkeiten und interessanten Eigenschaften vertraut machen können. Verfeinern Sie Ihre Auswahl im Laufe der Zeit, wenn Sie herausgefunden haben, was Ihnen zusagt.

Verschiedene Rassen für verschiedene Bedürfnisse

Legehennenrassen wie Leghorn, Hamburger oder Ancona sind relativ kleine, schlanke Tiere, die bereits im Alter von fünf Monaten legen und bis zu 300 Eier pro Jahr legen. Große, schnell wachsende Hühner wie Cornish-Kreuzungen sind bereits im Alter von 8 bis 10 Wochen schlachtreif und werden in der Regel für die Fleischproduktion und nicht für Eier verwendet. Diese Hühner könnten auch niemals so viele Eier produzieren.

Barred Rock-, Delaware-, Orpington-, Wyandotte-, Plymouth Rock-, Sussex-, Dominique-, Rhode Island Red- und Australorp-Hühner gelten

Umgang mit einer brütenden Henne

Hennen können auch dann brüten, wenn es keinen Hahn gibt, der die Eier befruchtet. Eine brütende Henne verbringt die meiste Zeit des Tages im Nest, unabhängig davon, ob sich Eier unter ihr befinden oder nicht. Der Versuch, sie aus dem Nest zu entfernen, führt zu Krächzen und Picken. Dennoch ist es für die Henne am besten, sie irgendwann aus dem Nest zu entfernen.

Hennen können drei bis vier Wochen lang brüten, während sie auf das Schlüpfen der Eier warten, aber sie werden nicht aufhören, wenn am Ende der Brutzeit keine Küken kommen. Längeres Brüten kann sich nachteilig auf die Gesundheit der Henne auswirken und sollte durch tägliches Einsammeln der Eier verhindert werden – eine Henne, die sieht, wie sich die Eier im Nistkasten stapeln, neigt eher zum Brüten. Wenn eine Henne brütet und das Ausbrüten von Eiern nicht zu erwarten ist, entfernen Sie sie aus dem Nistkasten und versperren Sie ihr nach Möglichkeit den Zugang. Ihr Verhalten wird sich innerhalb von drei oder vier Tagen normalisieren, wenn sie richtig behandelt wird.

als Zweinutzungshühner, da sie gute Legehennen sind, aber auch groß genug werden, um gegessen zu werden. Zweinutzungshühner wachsen nicht sehr schnell, aber sie sind eine gute Option für den Hühnerhalter, der entweder an der Aufzucht historischer Rassen interessiert ist oder sich so weit wie möglich selbst versorgen will und sowohl Eier als auch Fleisch aus derselben Brut haben möchte. Zweinutzungshühner sind in der Regel gutmütiger als die kleinwüchsigen Legehennen.

Temperament

Verschiedene Hühnerrassen haben ein einigermaßen berechenbares Temperament. Es gibt immer Ausreißer, die im Guten wie im Schlechten von den Erwartungen abweichen, und die Art und Weise, wie Sie Ihre Hühner behandeln, ist der größte Faktor, der ihr Verhalten bestimmt. Dennoch sollten Sie immer das erwartete Temperament eines Tieres berücksichtigen, wenn Sie entscheiden, ob es eine gute Ergänzung für Sie wäre.

Buff Orpington ist eine der freundlichsten und gutmütigsten Rassen. Als durchschnittliche Legehennen sind sie nicht die beste Wahl für jemanden, der eine maximale Produktion anstrebt. Sie sind jedoch eine gute Wahl für jemanden, der eine anständige Anzahl von Eiern von einem neugierigen und freundlichen Huhn erhalten möchte.

Kleinwüchsige Legehennen wie Leghorns und Hamburger gehören zu den produktivsten Eierproduzenten, aber sie sind dafür bekannt, dass sie unabhängig, flatterhaft und relativ uninteressiert an Menschen sind. Diese Vögel eignen sich nicht so

Manche Leute bezeichnen Buff Orpingtons wegen ihres menschenfreundlichen Wesens als die Golden Retriever der Hühnerwelt.

Barred Rocks gehören zu meinen bevorzugten Zweinutzungshühnern, weil sie ein freundliches Temperament haben, kältetauglich sind und zuverlässig Eier produzieren.

gut für die Haltung in einem stationären Auslauf wie einige der größeren, weniger aktiven Zweinutzungsrassen wie Australorps, Cochins oder Buff Orpingtons.

Rassen wie die Rhode Island Reds haben den Ruf, anderen Hühnern gegenüber aggressiv zu sein. Das Mischen von gutmütigen Rassen wie Buff Orpingtons mit Rhode Island Reds kann zu übermäßigem Gezänk führen, vor allem in einem kleineren Raum. Rhode Island Reds und Leghorns eignen sich besser für größere Gehege, in denen die Hühner viel Platz haben, um zu fressen und sich zu bewegen. Wählen Sie Hühner mit einem für Ihren Raum geeigneten Temperament.

Brutverhalten

Viele moderne Vögel haben den Instinkt, ein Gelege auszubrüten, verloren, aber Rassen wie Australorp, Orpington, Cochin und Silkie haben sich diese brütende Eigenschaft erhalten. Brütende Hühner werden extrem temperamentvoll und stellen das Legen ein, weil ihr Körper aufgrund von Hormonveränderungen die Futter- und Wasseraufnahme drastisch reduziert, während sie sich drei Wochen lang dem Sitzen auf einem Nest widmen. Brütende Hühner rupfen sich manchmal sogar die Federn aus dem Bauch, was einen direkten Hautkontakt mit den Eiern und damit eine bessere Wärmeübertragung ermöglicht. Wählen Sie Rassen, die für ihre Bruttauglichkeit bekannt sind, wenn Sie Küken aufziehen wollen.

Ameraucanas sind eine gute Zweinutzungsrasse. Es gibt sie in einer Vielzahl von Farben und sie haben einen unverwechselbaren Kranz aus Gesichtsfedern.

Die Wyandotte ist eine der auffälligeren Rassen. Das Gefieder ist in Gold, Silber, Blau oder Schwarz gehalten (hier abgebildet).

Merkmale der gängigen Rassen

Rasse	Eier/Jahr	Eierfarbe	Temperament
Ameraucana	200	Blau	Ruhig und fügsam
Australorp	250	Braun	Fügsam, neugierig und ruhig
Barnevelder	200	Hellbraun bis Dunkelbraun	Ruhig und fügsam; sogar die Hähne sind für ihre Freundlichkeit bekannt
Barred Rock	280	Braun	Neugierig und fügsam
Buff Orpington	250	Hellbraun	Sehr ruhig und fügsam
Cochin	170	Hellbraun	Ruhig und unterwürfig; brüten
Cuckoo Maran	150	Schokoladenbraun	Ruhig und fügsam
Dominique	250	Braun	Ruhig und fügsam
Hamburger	200	Weiß	Aktiv und wachsam (wird nicht gerne eingesperrt)
Jersey Giant	175	Braun	Ruhig und fügsam; sogar die Hähne sind für ihre Freundlichkeit bekannt
Leghorn	280	Weiß	Intelligent, aktiv und wachsam (werden nicht gerne eingesperrt)
Rhode Island Red	260	Hellbraun	Unabhängig und dominant
Speckled Sussex	250	Hellbraun	Ruhig und fügsam
Wyandotte	200	Braun	Ruhig und fügsam

Waschen und lagern von eigenen Eiern

Die Eier sind mit einer schützenden Proteinschicht überzogen, die das Ei versiegelt und das Eindringen von Bakterien verhindert. Ungewaschene Eier können bei Raumtemperatur zwei Wochen und im Kühlschrank drei Monate aufbewahrt werden. Das Waschen der Eier ist nicht notwendig, kann aber wünschenswert sein, um an der Schale anhaftenden Schmutz zu entfernen. Halten Sie die Legenester sauber, um schmutzige Eier zu vermeiden, aber Schmutz ist manchmal unvermeidlich, vor allem in besonders feuchten Perioden.

Ich wasche Eier nur, wenn sie besonders schmutzig sind oder wenn ich sie an einen Freund oder in der Familie verschenke. Zum Waschen werden die Eier unter warmem Wasser abgespült und mit den Händen, einem Geschirrtuch oder einem Reinigungspad von Schmutz befreit. Die Eier können zum Trocknen auf ein sauberes Handtuch gelegt werden, aber sobald der Schmutz entfernt ist, müssen sie im Kühlschrank aufbewahrt werden. Gewaschene Eier sind im Kühlschrank zwei Monate lang haltbar.

Um genügend Eier für den Winter aufzubewahren, wenn die Hühner nicht legen, bewahren Sie ungewaschene Eier im Kühlschrank auf. Beschriften Sie jede Charge deutlich mit einem Datum. Wechseln Sie den Vorrat im Laufe des Herbstes und Winters, indem Sie die ältesten Eier zuerst verwenden und die frisch gelegten Eier zunächst aufbewahren.

Brutkästen können aus einer Vielzahl von wiederverwendeten Materialien gebaut werden: ein alter Aktenschrank, ein großer, stabiler Karton, eine aus alten Paletten gebaute Konstruktion. Was auch immer Sie verwenden, es muss die Küken sicher, trocken und warm halten.

Wie man Küken ausbrütet

Der Kauf von Junghennen ist viel einfacher als die Aufzucht von Küken, aber vielleicht möchten Sie die Erfahrung der Kükenaufzucht machen oder haben keine andere Möglichkeit. In diesem Fall sollten Sie mit dem Kauf von Küken warten, bis der Außenstall fertig ist. Hühner wachsen schnell; sie werden den Platz im Freien brauchen, bevor Sie es merken, und ich kann Ihnen versichern, dass Sie darauf brennen werden, die neuen Hühner so schnell wie möglich ins Freie zu bringen.

Hahn oder Henne?

Bei gezüchteten Hühnern ist das Geschlecht zum Zeitpunkt des Kaufs bekannt, während bei Küken das Geschlecht nicht bekannt ist. Das Geschlecht ist erst dann bekannt, wenn das Huhn etwas älter ist. Viele Menschen ziehen es vor, geschlechtsbestimmte Küken zu kaufen, damit sie die gewünschte Anzahl von männlichen und weiblichen Tieren auswählen können. Das Problem beim Kauf von geschlechtsbestimmten Küken ist, dass die männlichen Küken aus großen Brütereien oft zu Tausenden unter schrecklichen Bedingungen getötet werden.

Aus diesem Grund empfehle ich dringend, Küken mit unbestimmtem Geschlecht zu kaufen. Sie sollten die Küken nach Möglichkeit auch in lokalen Betrieben kaufen, die zumindest humanere Methoden für den Umgang mit überzähligen Hähnen haben. Auch wenn Sie geschlechtsbestimmte Küken kaufen, kann es passieren, dass Sie irgendwann einen Hahn bekommen. Werden Sie ihn behalten oder verschenken? Wird er im Suppentopf landen? Überlegen Sie sich, was Sie mit dem Hahn machen wollen, wenn die Zeit gekommen ist.

Einrichten einer Brutmaschine

Wählen Sie ein Behältnis. Wählen Sie eine große Plastikwanne, ein verzinktes Metallbecken oder ein anderes Behältnis, das mindestens 30 cm tief ist und ein paar Quadratzentimeter Platz pro Küken bietet. Tiefere „Gehege“ verhindern ein Entweichen, wenn Ihre Vögel älter und beweglicher werden. Zu Flache müssen mit einem Gitter oder Maschendraht abgedeckt werden. Legen Sie den Boden des Behältnisses mit ein paar Zentimetern Kiefernspänen oder mehreren Lagen Zeitungspapier aus.

Sorgen Sie für zusätzliche Wärme. Stellen Sie eine Wärmelampe oder ein Heizkissen auf eine Seite der Brutmaschine, um zusätzliche Wärme zu

erzeugen. Sichern Sie eine Wärmelampe immer, um Brände zu vermeiden, und lassen Sie sie nie so nahe an den Küken stehen, dass sie die Lampe berühren könnten. Heizen Sie nie die gesamte Brutmaschine: Lenken Sie die Wärme nur auf eine Seite, damit die Vögel in den kühleren Bereich ausweichen können, wenn es ihnen zu warm wird. Je größer die Tiere werden, desto weniger Zeit verbringen sie direkt unter der Wärmequelle. Erhöhen Sie die Position der Lampe, wenn Sie bemerken, dass sie die Wärme ständig meiden.

Verwenden Sie eine sichere Tränke. Küken können ertrinken, wenn sie untergetaucht werden, oder sie unterkühlen, wenn sie nass werden. Wäh-

Ein mobiler Hühnerstall eignet sich hervorragend als Zwischengehege für Küken und, in diesem Fall, für Entenküken, die zwar genug Federn haben, um die Bruthöhle zu verlassen, aber noch nicht groß genug sind, um in ihr festes Gehege zu kommen.

Ist es eine Henne oder ein Hahn?

Die Größe des Kammes oder Kehllappens wird oft als Indikator für das Geschlecht herangezogen, aber bei einigen Rassen, wie z. B. Leghorns, haben Hennen große Kämme, die mit denen eines Hahns verwechselt werden könnten. Die zuverlässigste Methode, das Geschlecht eines Huhns zu bestimmen, ist die Bestimmung der Sattelfedern – der Federn direkt vor den Schwanzfedern – im Alter von drei Monaten. Hähne haben lange, spitze Federn, während die Federn der Henne rund sind. Die Nackenfedern eines Hahns – die Federn um den Hals – sind ebenfalls viel länger als die einer Henne.

Wenn es Ihnen immer noch schwer fällt, das Geschlecht Ihrer Hühner zu bestimmen, warten Sie, bis sie etwa vier Monate alt sind, und hören Sie auf das verräterische Krähen.

Beachten Sie die spitzen Sattelfedern und die langen Nackenfedern des Hahns, beides charakteristische Merkmale eines männlichen Vogels.

len Sie eine kleine Tränke, in die sie nicht hineingehen können.

Verhindern Sie, dass die Küken in ihrem Futter stehen. Kaufen Sie ein Futtergerät, das speziell dafür ausgelegt ist, dass die Küken nicht im Futter stehen, oder beschränken Sie ihren Zugang zum Behälter. Oft hilft es, einen kleinen Ball in die Mitte einer kleinen Futterschale zu legen.

Wechseln Sie das Einstreu häufig. Das Einstreu für die Küken muss alle vier bis sieben Tage gewechselt werden, je nach Anzahl der Küken und der Größe der Brutmaschine.

Übergang ins Freie

Die heranwachsenden Küken verbringen immer weniger Zeit unter oder in der Nähe der Wärmequelle, wenn ihre Federn wachsen. Lassen Sie die zusätzliche Wärmequelle nach vier Wochen ganz weg, wenn die Temperaturen über 24 Grad liegen. Wenn die Temperaturen zwischen 10 und 20 Grad liegen, warten Sie, bis die Küken vollständig befiedert sind, etwa sechs bis acht Wochen.

Küken und Jungtiere sind einem höheren Raubtierrisiko ausgesetzt und benötigen möglicherweise sofort eine Behausung wie einen vollständig geschlossenen Hühnerstall, der Angriffe von Raubvögeln und Bedrohungen am Boden verhindern kann. Die Hühner können sich frei bewegen, sobald sie ihre ausgewachsene Größe erreicht haben.

Ausbrüten im Freien

Das Ausbrüten im Freien kann das Durcheinander der Küken aus Ihrem Haus fernhalten, aber Sie brauchen ein zugfreies Gehege, das gegen Raubtiere geschützt ist. Ich fange mit meinen Küken im Haus an, bringe sie aber in einen Außenstall, sobald sie versuchen, aus der Brutmaschine zu entkommen.

Die Außentemperaturen müssen nachts über 10 Grad liegen, damit die Vögel warm genug bleiben (selbst dann brauchen Sie zusätzliche Wärme für Jungtiere, die noch nicht voll befiedert sind). Stellen Sie die Tränke und den Futternapf über eine mit Stoff ausgekleidete Öffnung, um übermäßige Verschmutzung zu vermeiden. Befestigen Sie Wärmelampen an der Decke des Stalls, um Brände zu vermeiden.

Die Brutapparate können im Freien aufgestellt werden, wenn keine zugfreie Garage oder ein anderer geeigneter Raum zur Verfügung steht. Brüten Sie erst dann im Freien, wenn die Temperaturen zuverlässig über 10 Grad liegen, da die Vögel sonst unterkühlen könnten.

Anhang A: Saatgut-Empfehlungen

Lesen Sie die Saatgutpackungen für sortenspezifische Empfehlungen. Einige Pflanzen wie Okra und Basilikum lassen sich am besten in Innenräumen anbauen. Pflanzen wie Spinat können in milden Klimazonen im Spätherbst und Winter häufiger nacheinander gepflanzt werden. Verwenden Sie diese Tabelle als Richtlinie. Beachten Sie jedoch, dass je nach Klima und Sortenauswahl Abweichungen möglich sind.

Pflanze	Pflanz-tiefe	Saatabstand	Reihen-abstand	Pflanzen-abstand	Tage bis zur Ernte	Nachfolge-pflanzung
Aubergine	0,75 cm	Töpfchen	60 cm	45 cm	70-90	N/A
Basilikum	0,75 cm	2,5 cm	45 cm	20-30 cm	70	N/A
Blattkohl	0,75 cm	3 Samen / 30 cm	45 cm	25-40 cm	85	Alle 4-6 Wochen
Blumenkohl	0,75 cm	Töpfchen	45 cm	45 cm	75-110	N/A
Brokkoli	0,75 cm	Töpfchen	30-45 cm	30-45 cm	75-100	N/A
Buschbohnen	2,5 cm	7,5 cm	45 cm	15 cm	50-80	Alle 4-6 Wochen
Chicorée, Radicchio	0,75 cm	8 Samen / 30 cm	30 cm	20 cm	60-80	Alle 3 Wochen, wenn kühl
Dill	1,25 cm	10 Samen / 30 cm	30 cm	7 cm	90	Alle 6 Wochen
Erbsen	2,5 cm	2,5 cm	90 cm	5-10 cm	60-80	N/A
Grünkohl	0,75 cm	3 Samen / 30 cm	30 cm	20-30 cm	55-70	Alle 4-6 Wochen
Gurke	2 cm	4 Samen / 30 cm	1,20 m	30 cm	50-70	Alle 6 Wochen
Kopfkohl	0,75 cm	Töpfchen	45 cm	45 cm	65-120	N/A
Koriander	0,75 cm	10 Samen / 30 cm	20-30 cm	5-10 cm	55	N/A
Kresse	1,25 cm	10 Samen / 30 cm	25 cm	10-15 cm	40-50	Alle 3 Wochen, wenn kühl
Kürbis	2 cm	2 Samen / Hügel	1,50 m	60-90 cm	50-65	Alle 6 Wochen
Lauch	1,25 cm	Töpfchen	45 cm	15-20 cm	120-150	N/A
Mais	2,5 cm	3 Samen / 30 cm	60 cm	30-45 cm	60-110	N/A
Mangold	1,25 cm	4 Samen / 30 cm	30 cm	20-25 cm	55	Alle 4-6 Wochen
Melonen	2,5 cm	2 Samen / Hügel	1,20 m	60 cm	60-110	N/A
Mizuna	0,75 cm	2,5 cm	15-20 cm	10 cm	40	Alle 4 Wochen, wenn kühl

Pflanze	Pflanz-tiefe	Saatabstand	Reihen-abstand	Pflanzen-abstand	Tage bis zur Ernte	Nachfolge-pflanzung
Mohrrüben	0,75 cm	15-30 Samen / 30 cm	45 cm	5 cm	70-90	Alle 4 Wochen
Okra	2 cm	22,5 cm	45 cm	45 cm	65	N/A
Pak Choi	0,75 cm	5 cm	30 cm	20-30 cm	45-55	Alle 4 Wochen, wenn kühl
Paprika	0,75 cm	Töpfchen	60 cm	45-60 cm	70-110	N/A
Petersilie	0,75 cm	Töpfchen	30 cm	15 cm	75	N/A
Radieschen	1,25 cm	2,5 cm	15 cm	5 cm	30-50	Alle 3 Wochen
Rosenkohl	0,75 cm	Töpfchen	60 cm	60 cm	100-150	N/A
Rote Bete	1,25 cm	2,5 - 5 cm	30-45 cm	7-12 cm	60-85	Alle 4 Wochen, wenn kühl
Rübe	0,75 cm	8 Samen / 30 cm	30-45 cm	7-10 cm	50-80	Alle 4 Wochen, wenn kühl
Rucola	0,75 cm	10 Samen / 30 cm	15-20 cm	5-10 cm	30-40	Alle 4 Wochen, wenn kühl
Salat	0,75 cm	12 Samen / 30 cm	20-30 cm	15 cm	30	Alle 3 Wochen
Sellerie	0,3 cm	Töpfchen	45 cm	30 cm	75	N/A
Spinat	1,25 cm	10 Samen / 30 cm	20-30 cm	7-12 cm	40-55	Alle 3 Wochen, wenn kühl
Stangenbohnen	2,5 cm	5 cm	60 cm	7-15 cm	80-110	N/A
Steckrübe	2,5 cm	10 Samen / 30 cm	45 cm	12,5 cm	70-90	N/A
Tomaten	0,75 cm	Töpfchen	1,20 m	60-90 cm	70-110	N/A
Winterkürbis	2,5 cm	2 Samen / Hügel	3 m	1,50 m	70-120	N/A
Zucchini	2 cm	2 Samen / Hügel	1,50 m	60-90 cm	60	Alle 6 Wochen

Anhang B: Härtezonen und Platzbedarf für ausgewählte Stauden

Die folgende Tabelle dient als Orientierung, ist jedoch keineswegs verbindlich. Möglicherweise finden Sie Sorten, die so gezüchtet wurden, dass sie größer oder kleiner sind als die hier vorgestellten Sorten. Das Gleiche gilt für die Klimazonen (Winterhärtezonen): Einige Sorten können in einem atypischen Bereich angebaut werden. Verwenden Sie diese Tabelle als Ausgangspunkt, befolgen Sie jedoch die Empfehlungen auf der Samenpackung oder dem Pflanzenetikett.

Pflanze	Abstand	USDA Klimazone
Astern	45-60 cm	3-8
Beinwell	60 cm	3-9
Blut-Ampfer	45 cm	4-8
Erdbeeren	45 cm	3-10
Etagenzwiebel	10 cm	3-9
Fenchel	60 cm	5-9
Fingerhut	60 cm	4-9
Gänse-blümchen	60 cm	5-8
Goldruten	60 cm	3-8
Krokusse	15 cm	3-8
Lavendel	45-60 cm	5-9
Liebstöckel	60 cm	3-9
Mädchenaugen	50-60 cm	4-9
Mauerpfeffer	20-60 cm	4-9
Meerrettich	90 cm	3-8
Seidenpflanzen	60 cm	4-9
Mohn	30 cm	3-8
Monarda	45-60 cm	4-9
Narzissen	30 cm	3-8
Oregano	60 cm	5-12

Pflanze	Abstand	USDA Klimazone
Pfingstrosen	90 cm	3-8
Phlox	60 cm	4-8
Prachtscharte	45 cm	3-8
Rhabarber	90 cm	3-8
Rittersporn	45 cm	3-7
Roselle	45 cm	3-7
Rosmarin	60 cm	7-10
Rudbeckie	60 cm	3-10
Salbei	60 cm	5-8
Schafgarbe	45 cm	3-9
Schnittlauch	45 cm	3-10
Schwertlilie	45 cm	3-8
Sonnenhüte	60 cm	5-8
Spargel	30-45 cm	2-11
Taglilien	60 cm	4-9
Thymiane	20-30 cm	5-9
Topinambur	60 cm	3-8
Tulpen	30 cm	3-8
Zuckerwurzel	90 cm	3-8

Anhang C: Aussaat-Tabelle Herbst/Winter

Die Herbsternte wird im Sommer gesät, wie unten angegeben. Ziehen Sie für Winter- und Frühlingsernten die angegebene Anzahl an Wochen von Ihrem Persephone-Startdatum ab, um zu erfahren, wann die Samen idealerweise gesät werden. Zum Beispiel beginnt meine Persephone-Periode am 30. November. Finden Sie Ihre Daten, indem Sie nach einem Tageslängenrechner suchen; es gibt mehrere online. Persephone beginnt, wenn die Tageslänge unter 10 Stunden fällt, siehe Seiten 159 und 160.

Pflanze	Wann säen für die Herbsternte	Wann säen für die Winterernte (Wochen vor Persephone, S. 159f)	Wann säen für die Frühjahrsernte (Wochen vor Persephone, S. 159f)
Blattkohl	Sommer	13-15 Wochen	8 Wochen
Brokkoli	Spätsommer	Nicht empfohlen	10 Wochen
Chicorée, Radicchio, Endivie, Frisée	Spätsommer	10 Wochen	7 Wochen
Grünkohl	Sommer	15 Wochen	8 Wochen
Kopfkohl	Sommer	15 Wochen	Nicht empfohlen
Koriander	Spätsommer	10 Wochen	7 Wochen
Kresse	Spätsommer	5-6 Wochen	5-6 Wochen
Lauch	Frühsommer	20 Wochen	15 Wochen
Mangold	Sommer	10 Wochen	7 Wochen
Mizuna	Spätsommer	8 Wochen	5 Wochen
Mohrrüben	Sommer	13 Wochen	Nicht empfohlen
Pak Choi und Tatsoi	Sommer	10 Wochen	7 Wochen
Petersilie	Sommer	12 Wochen	10 Wochen
Rote Beete	Spätsommer	13 Wochen	Nicht empfohlen
Rucola	Spätsommer	8 Wochen	5 Wochen
Salat	Spätsommer	8-10 Wochen	7 Wochen
Sellerie	Sommer	15 Wochen	Nicht empfohlen
Spinat	Spätsommer	7 Wochen	4 Wochen
Steckrübe	Sommer	10 Wochen	7 Wochen
Zwiebeln	Sommer	15 Wochen	12 Wochen

Danksagung (im Original)

Thanks to Erin for showing me how to make gardens beautiful, and to Howie and Melany for their contagious excitement around ecological processes that seem insignificant (dare I say „boring“) to the layperson. Beauty and science make me the gardener I am today.

Thanks to Carolyn and Kathy for providing opportunities to find my love for teaching. I would never have ventured to become an author had I not found so much joy in educating others.

Thanks to my kids, Owen and June, for their daily reminders of how little I actually know. Humility is a repeated theme in gardening and I'm grateful to have so much practice.

Thanks to Makenna, whom I'll forever credit with seeing something in me that I didn't see in myself—I've now written not one, but TWO books, Makenna!

And last, thanks to Lisa and Carleen, who waved their editorial wands over my discombobulated mess of a manuscript and transformed it into something worth buying and even sharing with friends. Editorial work is rarely appreciated for what it is: magic.

Literatur

Kleine grüne Archen: Passivsolare Gewächshäuser selbst gebaut, Claudia Lorenz-Ladener, 5. Auflage 2021

Permakultur im Hausgarten: Handbuch zur Planung und Gestaltung. Mit vielen Beispielen, Jonas Gampe, 7. Auflage 2023

Saatgut aus dem Hausgarten: Blumen-, Kräuter- und Gemüsesamen selbst gewinnen, Marlies Ortner, 4. Auflage 2022

Anders gärtnern: Permakultur-Elemente im Hausgarten, Margit Rusch, 9. Auflage 2022

Vogel-Futterplätze: einfach aus Weide flechten, Jonathan Ridgeon, 2. Auflage 2023

Essbare Wildpflanzen aus dem Hausgarten 150 Arten: Obst, Kräuter, Gemüse, Marlies Ortner, 5. Auflage 2022

Naturkeller: Neubau und Umbau von Räumen zur Frischlagerung von Obst und Gemüse, Claudia Lorenz-Ladener, 19. Auflage 2024

Auf Augenhöhe mit Hühnern: Erlebnisse mit gefiederten Mitbewohnern, Silke Braemer, 2. Auflage 2022

Der sanfte Schnitt: Schonend schneiden im Naturgarten. Obstbäume, Rosen, Wildgehölze und mehr, Ulrike Aufderheide, 4. Auflage 2020

Das Biogarten-Praxisbuch: Anleitung zum naturgemäßen Gärtnern in Bildern, Susanne Bruns, 1. Auflage 2022

Index

I

J

K

L

M

N

O

Weitere Bücher im ökobuch Verlag

Anders gärtnern

Permakultur-Elemente im Hausgarten. Ob Kräuterspirale, Krater- bzw. Hochbeet, Kartoffelturm, Wurmfarm oder Erdgewächshaus mit Hühnerstall, bei allem dient die Natur als Vorbild. Mit vielen Anleitungen für einen Hausgarten, in dem die Bereiche harmonisch zusammenwirken und sich gegenseitig fördern. Von Margit Rusch. 96 Seiten, mit vielen farbigen Abbildungen, 16,95 €

Mein kleiner Permakultur-Garten

300 kg Ernte auf 150 m^2 Fläche mitten in der Stadt. Der Autor Josef Chauffrey beschreibt die Kultivierung eines Reihenhausgartens nach Permakultur-Prinzipien und zeigt, wie sich beachtliche Ernteerfolge an Obst u. Gemüse erzielen lassen. 110 Seiten, mit vielen farbigen Abbildungen, 16,95 €

Das Biogarten-Praxisbuch

Anleitung zum naturgemäßen Gärtnern in Bildern. Hier wird das notwendige Wissen vermittelt, um erfolgreich den Boden zu bestellen und reichhaltig gesundes Obst und Gemüse zu ernten. Susanne Bruns. 224 Seiten, viele Abbildungen, 18,95 €

Permakultur im Hausgarten

Mit diesem Buch gibt der Autor einen Leitfaden an die Hand, wie ein Hausgarten Stück für Stück zum persönlichen und vielseitigen Permakultur-Garten gestaltet oder umgestaltet werden kann. Jonas Gampe. 144 Seiten, mit vielen Abbildungen, 16,95 €

Auf 300 qm Gemüseland

… den Bedarf eines Haushalts ziehen. Wie man auf kleinstem Raum einen Nutzgarten anlegt und erfolgreich bewirtschaftet, können wir von unseren Vorfahren lernen. Mit schnellen, praktischen, alphabetisch geordneten Infos über die wesentlichen Pflanzen, über Anbau- und Arbeitsmethoden. Von Arthur Janson. Neugestalteter Nachdruck der Erstausgabe von 1926. 170 Seiten, 16,95 €

Saatgut aus dem Hausgarten

Nach einer Einführung in die Saatgutgewinnung und in die Praxis der Vermehrung werden die nötigen Hilfsmittel, Ernte, Reinigung und Lagerung der Samen sowie Aussaat und Aufzucht beschrieben. Mit kurzen Pflanzenporträts aller im Hausgarten üblichen Kräuter, Gemüse und Blumen. Von Marlies Ortner. 138 Seiten, mit vielen farbigen Abbildungen, 19,90 €

Trocknen und Dörren mit der Sonne

Bau & Betrieb von Solartrocknern. Ein Buch für alle, die einen funktionstüchtigen Solartrockner kostengünstig selbst bauen möchten, um Obst, Gemüse und Kräuter natürlich und hochwertig haltbar zu machen. Außerdem: Praxis des Trocknens mit vielen Tipps aus langjähriger Erfahrung. Herausgegeben von Claudia Lorenz-Ladener. 96 Seiten, mit vielen farbigen Abbildungen, 16,95 €

Terrassen und Decks aus Holz selbst gebaut

Planungsüberlegungen, sinnvolle Konstruktionen, Materialempfehlungen. Viele Beispiele und Schritt-für-Schritt-Bilder vermitteln das Wissen zum Bau schöner Holzdecks. Von Peter Himmelhuber. 102 Seiten, mit vielen farbigen Abbildungen, 16,95 €

Mein Garten lebt

Vögel, Schmetterlinge, Igel, Wildbienen und andere nützliche Tiere ansiedeln. Mit Bauanleitungen und Gestaltungsideen, um durch Nisthilfen, Schlafquartiere u.ä, Gärten tierfreundlich zu gestalten. Von Peter Himmelhuber. 96 Seiten, mit vielen farbigen Abbildungen, 16,95 €

Natürlich konservieren

Die 250 besten Rezepte, um Gemüse und Obst möglichst naturbelassen haltbar zu machen und ein maximum an Vitaminen, Nährstoffen und Geschmack zu erhalten. Herausgegeben von Terre Vivante. 160 Seiten, mit vielen Abbildungen, 16,95 €

Trockenmauern für den Garten

Bauanleitung & Gestaltungsideen. Ob Sitzplätze oder Hochbeete einzufassen, eine Hangfläche zu terrassieren oder das Grundstück einzugrenzen: Mit einfachen Werkzeugen kann jeder kostengünstig eine schöne und dauerhafte Trockenmauer selbst bauen. Von Jana Spitzer und Reiner Dittrich. 96 Seiten, mit vielen farbigen Abbildungen, 16,95 €

Hütten von Kindern selbst gebaut

Das Buch zeigt schön illustriert, wie Kinder ohne großen Aufwand ihr eigenes kleines Reich erschaffen können, mit Baumaterialien, die fast alle draußen zu finden sind: Spielhäuschen, Kuppelbau, Schlupfwinkel, Beobachtungsversteck. Ab 8 Jahre. Von Louis Espinassous. 58 Seiten, mit vielen Abbildungen, 16,95 €

Kleine Baumhäuser und Hütten

… kinderleicht gebaut. Hier wird gezeigt, wie Baum- und Stelzenhäuser gebaut werden können. Mit Anleitungen für verschiedene Konstruktionen und Bildern von realisierten Beispielen. Von David Stiles. 96 Seiten, mit vielen farbigen Abbildungen, 16,95 €

Holzbacköfen im Garten

Detaillierte Bauanleitungen vom einfachen Lehmofen bis zum gemauerten Brotbackhäuschen. Mit vielen Erfahrungen und Ratschlägen sowie pfiffigen Tipps und Rezepten. Herausgegeben von Claudia Lorenz-Ladener. 138 Seiten, mit vielen Abbildungen, 17,95 €

Gestalten mit Stein im Garten

Pflastern von Wegen, Terrassen und Zufahrten, Anlegen von Treppen und das Errichten von Mauern und Hangbefestigungen, mit Hinweisen zur Materialwahl, zu Aufwand und Kosten, und mit Anregungen für eigenes Schaffen. Von Peter Himmelhuber. 126 Seiten, mit vielen farbigen Abbildungen, 16,95 €

Naturkeller

Grundlagen der Kühllagerung und Anleitungen für Planung und Bau naturgekühlter Lagerräume im Haus und Freiland. Von Claudia Lorenz-Ladener. 140 Seiten, mit vielen Abbildungen, 19,90 €

Gestalten mit Holz im Garten

Bodenbeläge, Holzdecks, Zäune, Rankgerüste, Lauben. Bauanleitungen und Gestaltungsideen für Nützliches und Dekoratives aus Schnittholz und aus grünem Holz. Von Heidi Howcroft. 136 Seiten, mit vielen Abbildungen, 18,95 €

Einfache Lauben und Hütten selbst gebaut

Einfache Paradiese zum Selbstbauen. Bauanleitungen für schnell zu errichtende Behausungen (Tipi, Baumhaus, Kuppelbau, Hogan etc.), sowie für schöne Lauben für den Garten oder die freie Natur. Von Claudia Lorenz-Ladener. 160 Seiten, mit vielen farbigen Abbildungen, 16,95 €

Kleine grüne Archen

Passivsolare Gewächshäuser als Alternative zum transparenten Standard-Gewächshaus. Das Buch zeigt, wie Solargewächshäuser freistehend, angelehnt oder teilweise in der Erde versenkt auch selbst gebaut werden können. Von Claudia Lorenz-Ladener. 128 Seiten, mit vielen farbigen Abbildungen, 22,90 €

Mit Weiden bauen

Anleitungen für Zäune, Laubengänge, Wigwams, Sitzplätze und grüne Kuppeln. Arbeiten mit lebendem Material, aus dem sich viele schöne, nützliche Dinge herstellen lassen.
Von Jon Warnes. 60 Seiten, mit vielen farbigen Abbildungen, 16,95 €

Färben mit Pflanzen

Färbepflanzen - Rezepte - Anwendung. Aufbereitung und Anwendung heimischer Färbepflanzen zum Färben von Wolle und Stoffen werden in zahlreichen Rezepten detailliert beschrieben.
Von Dorit Berger. 96 Seiten, mit vielen farbigen Abbildungen, 16,95 €

Bauen mit Frischholz

Vom Spalier bis zur Laube – frisches grünes Holz ist ein ausgezeichnetes Material, um daraus nützliche Gartenobjekte herzustellen. Mit Schritt-für-Schritt-Anleitungen für Pflanzbehälter, Spaliere, Bänke, Lauben usw. Von Alan und Gill Bridgewater. 80 Seiten, mit vielen Abbildungen, 16,95 €

Essbare Wildpflanzen aus dem Hausgarten

150 Arten: Obst, Kräuter, Gemüse. Wie eine dauerhafte Pflanzenlandschaft aus fruchttragenden Bäumen und Sträuchern, wilden Stauden sowie Kräutern und essbaren Bodendeckern geschaffen werden kann. Mit mehr als 70 Pflanzenporträts essbarer Wildfrüchte, Wildkräuter und Wildgemüse und Tipps zu deren Verwertung. Von Marlies Ortner. 126 Seiten, mit vielen Abbildungen, 16,95 €

Bunte Körbe aus Gräsern und Kräutern

Die Technik des Korbwickelns neu entdeckt. Anleitungen zur Herstellung von bunten Körben durch Wickeln und Vernähen von Strängen aus heimischen Faserpflanzen. Mit vielen Schritt-für-Schritt-Anleitungen. Von Walter Friedl. 96 Seiten, mit vielen farbigen Abbildungen, 17,95 €

Hauserneuerung

Instandsetzen - Modernisieren - Energiesparen - Umbauen: mit Anleitung zur Selbsthilfe. Das Buch beschreibt ausführlich den behutsamen, handwerklich sachgerechten und umweltverträglichen Umgang mit alter Bausubstanz. Von G. Haefele, W. Oed und L. Sabel. 256 Seiten, mit vielen Abbildungen, 28,90 €

Vom Altbau zum Effizienzhaus

Energietechnische Gebäudesanierung in der Praxis: Nachträgliche Wärmedämmung der Gebäudehülle, Fenstererneuerung, sowie Sanierung der Haustechnik einschließlich Lüftung, Heizung, Sanitär und Elektro. Hrsg. von Ingo Gabriel und Heinz Ladener. 200 Seiten, mit vielen farbigen Abbildungen, 28,90 €

Praxis: Holzfassaden

Material, Planung, Ausführung. Das Buch zeigt nicht nur die gestalterischen Möglichkeiten moderner Holzfassaden, sondern stellt zahlreiche vorbildliche Beispiele und Detaillösungen mit Ecken, Sockel, Dach- und Fensteranschlüssen vor. Von Ingo Gabriel. 112 Seiten, mit vielen farbigen Abbildungen, 28,- €

Handbuch Lehmbau

Umfassendes Lehrbuch und Nachschlagewerk: Es zeigt Einsatzmöglichkeiten, Eigenschaften und Verarbeitungstechniken des Baustoffes Lehm. Mit Forschungsergebnissen und Beschreibungen ausgeführter Lehmhäuser. Von Gernot Minke. 222 Seiten, mit vielen Abbildungen, 38,- €

Neues Bauen mit Stroh in Europa

Bauen mit großformatigen Quadern aus gepresstem Stroh: gebaute Beispiele, erprobte Bauformen und Konstruktionen, Besonderheiten, neue Projekte und Forschungen. Von H. u. A. Gruber u. H. Santler. 112 Seiten, mit vielen Abbildungen, 16,95 €

Handbuch Strohballenbau

Ein Konstruktions-Handbuch, das Konzeption, Bautechnik und alle Details beschreibt, um aus Strohballen gut gedämmte, dauerhafte Häuser zu bauen. Mit vielen Konstruktionsdetails und Beispielen. Von Gernot Minke und Benjamin Krick. 152 Seiten, mit vielen farbigen Abbildungen, 29,90 €

Haus der Zukunft

Ein Drittel aller Treibhausgase entsteht (noch) bei uns Zuhause. Das Buch möchte motivieren und zeigen, wie unser Zuhause in 20 bis 40 Jahren aussehen könnte und welche Wege dorthin führen. Von Simon Grieger. 196 Seiten, mit vielen farbigen Abbildungen, 24,90 €

Regenwasser für Garten und Haus

Ein kompetenter Ratgeber für Planung und Bau von Regenwassersammelanlagen nach dem Stand der Technik: Bemessung, Genehmigung, Speichertanks, Pumpen, Rohrleitungen, Zubehör. Von Karlheinz Böse. 96 Seiten, mit vielen Abbildungen, 16,95 €

Autonome Stromversorgung

Auslegung, Aufbau und Praxis autonomer Stromversorgungsanlagen mit Batteriespeicher für Beleuchtung und für netzferne Handwerks- u. Landwirtschaftsbetriebe. Von Philipp Brückmann und Georg Bopp. 126 Seiten, mit vielen Abbildungen, 22,90 €